云南省极小种群野生植物研究与保护

孙卫邦　杨　静　刀志灵　主编

云南仅存的唯一一株野生水松

科学出版社
北　京

内 容 简 介

本书系统阐述了极小种群野生植物这一保护生物学领域新概念的起始、沿革与理论创新，重点总结了云南省在极小种群野生植物保护和研究方面的成果，并对152种分布于云南省的极小种群野生植物配以图文，介绍了这些物种的保护等级、识别特征、保护价值、分布现状和已开展的保护工作。

此外，本书还特别对已开展了系统研究和采取了综合保护（建立保护小区等形式进行就地保护、种质资源保存和人工繁殖基础上的迁地保护、种群增强 / 回归与种群恢复等）措施的苏铁属植物、华盖木、毛果木莲、滇桐、漾濞槭、大树杜鹃、旱地木槿和贯叶马兜铃等进行了全面论述、提炼和分析。

本书对专业从事极小种群野生植物研究与保护、植物学、生物多样性保护、自然保护地管理等科学研究和教学，以及政府决策与管理部门的人员具有参考价值。

图书在版编目（CIP）数据

云南省极小种群野生植物研究与保护 / 孙卫邦，杨静，刀志灵主编．—北京：科学出版社，2019.6

ISBN 978-7-03-060713-3

Ⅰ．①云… Ⅱ．①孙… ②杨 … ③刀 … Ⅲ．①野生植物－种群数量－研究－云南 Ⅳ．①Q948.527.4

中国版本图书馆CIP数据核字（2019）第040909号

责任编辑：马 俊 李 迪 孙 青 / 责任校对：郑金红

责任印制：肖 兴 / 设计制作：金舵手世纪

科 学 出 版 社 出版

北京东黄城根北街16号

邮政编码：100717

http://www.sciencep.com

北京汇瑞嘉合文化发展有限公司 印刷

科学出版社发行 各地新华书店经销

*

2019年6月第 一 版 开本：889×1194 1/16

2019年6月第一次印刷 印张：19 3/4

字数：620 000

定价：298.00 元

（如有印装质量问题，我社负责调换）

资助出版

中国科学院昆明植物研究所

云南省林业和草原局

云南省科学技术厅

资助项目

NSFC-云南省联合基金重点项目“极小种群野生植物高风险灭绝机制及保护有效性研究”（U1302262）

国家科技基础资源调查专项项目“中国西南地区极小种群野生植物调查与种质保存”（2017FY100100）

中国科学院重点部署项目“中国植物园联盟建设（Ⅱ期）本土植物全覆盖保护计划”（KFJ-3W-No.1）

国家重点研发计划典型脆弱生态修复与保护技术研究重点专项项目“西南高山峡谷地区生物多样性保护与恢复技术”（2017YFC0505200）

NSFC-云南省联合基金重点项目“金沙江干热河谷典型脆弱生态系统中受威胁植物的濒危机制解析及其综合保护”（U1602264）

云南省科技人才和平台计划项目“云南省极小种群野生植物综合保护重点实验室建设”（2018DG004）

云南省科技创新人才计划项目“中国科学院昆明植物研究所极小种群野生植物保护与利用省创新团队建设”（2019HC015）

编写委员会名单

主　　任　孙　航　任治忠　郭辉军

副主任　王卫斌　杨永平　钟明川

委　　员（按姓名汉语拼音排序）

蔡　磊　刀志灵　龚　洵　贺佳飞　李　鹏　李晓贤　刘德团

孙卫邦　向如武　杨　芳　杨　华　杨　静　朱卫东

主　　编　孙卫邦　杨　静　刀志灵

编写人员（按姓名汉语拼音排序）

蔡　磊　常　帅　陈　高　陈　叶　陈娅玲　刀志灵　段正攀

冯　石　葛　佳　龚　洵　蒋　宏　李聪佳　李盛辉　李有寿

廖荣丽　刘　健　刘德团　刘静溪　罗桂芬　马永鹏　秦　燕

孙卫邦　唐　荣　陶丽丹　王　斌　杨　华　杨　静　杨佳俊

姚　刚　张　品　张雪梅　郑进烜　周　元

图片拍摄者名单（按姓名汉语拼音排序）

鲍　蕾　蔡　磊　陈　高　寸德山　刀志灵　方震东　葛　佳

龚　洵　韩春艳　韩周东　何疆海　和兆荣　黄渝松　纪运恒

蒋　宏　蒋　蕾　李　攀　李　嵘　李聪佳　李剑武　李景秀

刘　成　刘　健　刘德团　刘艳春　鲁成荣　罗开文　马永鹏

毛星星　毛云锐　莫明忠　牛　洋　邱　琼　申仕康　施济普

孙　军　孙　露　孙卫邦　唐　辉　唐　荣　童　清　王文广

王跃华　王中轩　肖　波　徐　健　许崇华　许国云　许为斌

亚吉东　杨　斌　杨　静　杨佳俊　杨加文　杨治国　姚　刚

俞宏渊　喻智勇　张　挺　张登林　张贵良　张雪梅　张亚洲

郑海磊　周　元　朱仁斌　朱鑫鑫

序

生命出现在地球上已有约 40 亿年，而生命的形式在漫长的生态和地质变化过程中也在不断的进化。从化石记录中，人类得以窥见曾经在不同地质时期丰富多彩的生物多样性。遥远的过去，由于地球气候和地质的巨大变化导致数次物种大灭绝事件。当前，地球上的生物物种正在经历的第六次大灭绝却主要是由人类各类活动所引起的。中国是全球 12 个生物多样性最丰富的国家之一，是世界生物多样性保护的重要阵地，肩负着保护环境、建设生态文明的大国责任。党的十八大以来，我国将生态文明建设提到前所未有的高度，提出要树立尊重自然、顺应自然、保护自然的生态文明理念，把生态文明建设放在突出地位；要更加自觉地珍爱自然，更加积极地保护生态。十九大进一步提出了加快生态文明体制改革、建设美丽中国的总体要求和实现路径。2018 年，全国生态环境保护大会在北京召开，会议提出了实现美丽中国的两个阶段性目标，即：到 2035 年，生态环境质量实现根本好转，美丽中国目标基本实现；到本世纪中叶，建成美丽中国。

植物是生态系统的初级生产者，决定性地深刻影响着地球的生态环境。植物的遗传资源和物种多样性，具有不可代替的生态、经济、科研和文化价值，也是人类社会赖以生存和发展的宝贵资源。保护植物物种，对生态系统多样性、生物物种多样性、维护生态平衡、发展绿色经济、建设生态文明和实现美丽中国的目标有重要的作用。根据最新的评估资料，我国有 10.84% 的高等植物受到各种威胁。云南省素有“植物王国”之称，是我国植物多样性资源最丰富的省份。《云南省生物物种红色名录（2017 版）》对 19 333 种云南省的高等植物进行了评估，受威胁物种数就达 2 054 种（极危 285 种、濒危 700 种和易危 1 069 种）。因此，如何有效拯救云南省濒临灭绝植物物种资源，也是“云南努力成为生态文明建设排头兵”的重要任务之一。

事实上，云南省一直重视植物种质资源的保护工作。云南省于 2005 年首次提出了极小种群野生植物这一科学概念，并率先实施了极小种群野生植物的拯救保护工作。2010 年云南省人民政府批复了由云南省林业厅（现云南省林业和草原局）和云南省科学技术厅上报的《云南省极小种群物种拯救保护规划纲要（2010—2020 年）和紧急行动计划（2010—2015 年）》（云政复［2010］15 号），在国内率先开展了极小种群野生植物的抢救性保护。2012 年国家林业局（现国家林业和草原局）和国家发展和改革委员会联合下发了“关于印发《全国极小种群野生植物拯救保护工程规划（2011—2015 年）》的通知”（林规发［2012］59 号），全面开启了我国极小种群野生植物的拯救保护工作。

2013 年，在国家林业局、云南省林业厅和中国科学院昆明植物研究所支持下，《云南省极小种群野生植物保护实践与探索》（孙卫邦主编）出版发行。该书对极小种群野生植物进行了概述，同时对云南省在极小种群野生植物保护方面取得的经验进行了归纳和总结，为云南省乃至全国系统开展极小种群野生植物保护工作提供了指导。自我国全面开启极小种群野生植物的保护工作以来，云南省无论是在极小种群野生植物的研究，还是在保护方面都取得了丰硕的成果。为此，系统总结我国，特别是云南省在极小种群野生植物的研究与保护方面的进展，是推动该领域学科发展的重要工作。

《云南省极小种群野生植物研究与保护》一书，全面阐述了极小种群野生植物概念的起始、沿革与理论创新，重点总结了云南省在保护和研究极小种群野生植物方面的成果（第一章），并对一些典型物种的系统研究与保护进行了提炼和分析（第三章）。此外，该书还重点对 152 个在云南省分布的极小种群野生植物配以图文，展示了这些物种的识别特征、保护价值、分布现状和已开展的保护工作（第二章）。本书的出版不仅对从事极小种群野生植物研究与保护的科技人员来说有参考价值，而且对从事植物学、生物多样性保护、自然保护地管理等科学研究和教学的人来说，也是很有裨益的。因而，在该书出版之际，乐意为此作序。

中国科学院院士

2019 年 2 月 26 日于昆明

前言

野生植物是生态系统的重要组成部分，一种植物常与10～30种其他生物共存，一种植物灭绝将会导致10～30种生物的生存危机。因此，在一定程度上讲，对物种的有效保护不但是生物多样性保护的核心内容，也是维持生态系统平衡的重要前提和保证。覃海宁等于2017年在《生物多样性》上发表了《中国高等植物受威胁物种名录》，按IUCN物种受威胁等级的评估标准，该名录共对我国35 784种高等植物进行了评估，结果显示：有3 879种（占总评估物种数的10.84%）为受威胁物种，包括极危614种、濒危1 313种和易危1 952种。孙航等完成的《云南省生物物种红色名录（2017版）》，共对19 333种云南的高等植物按IUCN的标准进行了评估，发现受威胁物种数达2 054种（占总评估物种数的10.62%），包括了极危285种、濒危700种和易危1 069种。可见，云南作为我国生物物种最为丰富的省，也是我国植物物种受威胁最严重的省，其受威胁的高等植物数量占全国受威胁植物总数的52.70%。云南省在保护我国植物种质资源方面，任重道远！

基于物种受威胁状况及长期的保护实践，云南省于2005年在全国率先提出了急需优先开展拯救保护的极小种群野生物种（动物与植物）的概念。随后，极小种群野生植物（Plant Species with Extremely Small Populations，简称PSESP）这一为了“抢救性拯救保护”的我国濒临高度灭绝风险的野生植物、指导我国生物多样性保护和服务于国家生态文明建设的保护生物学领域的新概念得到不断发展。经过十四年的研究、实践和发展，“极小种群野生植物”这一概念的理论创新，引起了国际保护生物学领域的广泛关注，得到了我国各级政府部门的高度重视，并启动了国家和地方层面的政府立法保护。文献检索发现，极小种群野生植物这一概念已出现在91篇文献中，其中包括了国际刊物的文章15篇；从2009年起，涉及极小种群野生植物的文献数量年平均增长10%。在立项支持有关极小种群野生植物研究与保护项目方面，仅2014～2018年5年间的资助项目就达到了49个（包括2个国家科技部重点支持项目和10个国家自然科学基金项目）。2017年，环境保护部、国家发展和改革委员会联合下发了“关于印发《生态保护红线划定指南》的通知（环办生态［2017］48号）”，在《生态保护红线划定指南》中明确了把极小种群物种分布的栖息地纳入生态红线的划定，在同年的《云南省生态保护红线划定工作方案》的一级管控区，也明确指出其范围包含了极小种群物种分布栖息地区域。此外，2018年9月21日，云南省第十三届人民代表大会常务委员会第五次会议审议通过了《云南省生物多样性保护条例》，该条例是我国首部有关生物多样性保护的地方法规，在其第三章第十八条中，明确把极小种群物种的保护列入物种及基因资源保护的范围。

2013年，在国家林业局（现国家林业和草原局）、云南省林业厅（现云南省林业和草原局）和中国科学院昆明植物研究所的支持下，孙卫邦主编了《云南省极小种群野生植物保护实践与探索》，此书的出版，为我国极小种群野生植物的保护工作提供了有益借鉴和指导。《云南省极小种群野生植物研究与保护》力求在《云南省极小种群野生植物保护实践与探索》的基础上，基于2017年启动的国家科技基础资源调查专项项目"中国西南地区极小种群野生植物调查与种质保存"的231个目标物种中分布于云南的152个物种，系统总结云南省在这些物种的研究与保护方面取得的重要进展、成果，内容包括：极小种群野生植物研究与保护概论、云南省的极小种群野生植物和典型极小种群野生植物研究与保护共三章。第一章（极小种群野生植物研究与保护概论）系统论述了极小种群野生植物概念的提出与发展、云南省在极小种群野生植物保护方面的规划与行动计划、保护成效以及保护研究进展。第二章（云南省的极小种群野生植物）对152个物种配以图文，详细论述了其识别特征、分布现状、保护价值、保护现状等，同时标注了其属于极小种群野生植物的出处［G为列入《全国极小种群野生植物拯救保护工程规划（2011—2015年）》（国家规划）的物种、S为仅列入《云南省极小种群物种拯救保护规划纲要（2010—2020年）和紧急行动计划（2010—2015年）》以及西南地区其他省的规划在云南有分布的物种（省级规划）、G&S为同时列入了国家规划和省级规划的物种、2017FY100100为仅列入国家科技基础资源调查专项项目"中国西南地区极小种群野生植物调查与种质保存"的目标物种］、国家保护等级、受威胁等级（参照覃海宁等2017年发表在《生物多样性》的名录）、是否列入了CITES附录及IUCN等级等。第三章（典型极小种群野生植物研究与保护）重点对已开展了系统研究和采取了综合保护（建立保护小区等形式进行就地保护、种质资源保存和人工繁殖基础上的迁地保护、种群增强/回归与种群恢复等）措施的苏铁属（*Cycas*）植物、华盖木（*Manglietiastrum sinicum*）、毛果木莲（*Manglietia ventii*）、滇桐（*Craigia yunnanensis*）、漾濞槭（*Acer yangbiense*）、大树杜鹃（*Rhododendron protistum*）、旱地木槿（*Hibiscus aridicola*）和贯叶马兜铃（*Aristolochia delavayi*）等进行了全面论述和总结分析。

本书第二章（云南省的极小种群野生植物）涉及的152个物种的排列方式为：在按蕨类植物、裸子植物和被子植物进行排列的基础上，蕨类植物、裸子植物和被子植物中的科、属、种则按拉丁名首字母顺序排列，并附有中文名和拉丁名索引。在第三章（典型极小种群野生植物研究与保护）中涉及的8个物种按裸子植物（苏铁属）和被子植物进行排列，被子植物内物种按其所属科在哈钦松分类系统中的位置进行排列，同科内的物种按其所属的系统位置进行排列。

需要说明的是，本书除了已列入编写委员会和编著者名单的人员以外，还得到中国科学院、国家林业和草原局、云南省林业和草原局、云南省科学技术厅、中国科学院昆明植物研究所、国家科技基础资源调查专项"中国西南地区极小种群野生植物调查与种质保存"项目团队等相关专家的支持，照片收集得到了诸多同仁的无私奉献，在此一并致谢！

由于编著者知识有限，书中难免有疏漏，敬请批评指正。

编著者

2019年2月于昆明

目 录

第一章

极小种群野生植物研究与保护概论

第一节 极小种群野生植物概论

一、极小种群野生植物的提出过程

野生物种是自然生态系统中的重要组成部分。被称为“植物王国”和“动物王国”的云南省是中国生物资源最为丰富的省份，同时也是野生物种受威胁最为严重的地区。为了拯救保护濒临高度灭绝风险的野生生物，2005 年云南省林业厅（现云南省林业和草原局，下同）组织专家编制了《云南省特有野生动植物极小种群保护工程项目建议书》（云南省林业厅和云南省林业科学院，2005）（以下简称《保护工程项目建议书》）。《保护工程项目建议书》提出了拟实施保护的 8 种动物和 10 种植物。8 种动物是：滇金丝猴（*Rhinopithecus bieti*）、白掌长臂猿（*Hylobates lar*）、黑长臂猿（*Hylobates concolor*）、黑颈鹤（*Grus nigricollis*）、绿孔雀（*Pavo muticus*）、白尾梢虹雉（*Lophophorus sclateri*）、黑颈长尾雉（*Syrmaticus humiae*）和哀牢髭蟾（*Vibrissaphora ailaonica*）；10 种植物包括法斗观音座莲（*Angiopteris sparsisora*）、天星蕨（*Christensenia assamica*）、巧家五针松（*Pinus squamata*）、水松（*Glyptostrobus pensilis*）、伯乐树（*Bretschneidera sinensis*）、馨香木兰（*Magnolia ordoratissima*）、华盖木（*Manglietiastrum sinicum*）、蒜头果（*Malania oleifera*）、滇桐（*Craigia yunnanensis*）和大树杜鹃（*Rhododendron protistum* var. *giganteum*）。

《保护工程项目建议书》提到了**“野生动植物极小种群”**的概念，但并未对这一概念进行定义。《保护工程项目建议书》上报到国家林业局（现国家林业和草原局，下同）后，未获得立项支持。但是，基于云南省有关科研院所（中国科学院昆明植物研究所、中国科学院西双版纳热带植物园、云南大学、云南省林业科学院、西南林业大学、云南省环境科学研究院）长期对受威胁植物的研究与保护实践的工作积累，2008 年 9 月，国家林业局、云南省林业厅和中国科学院昆明植物研究所在昆明联合举办了首届“全国极小种群野生植物保护研讨会暨回归自然启动仪式”，该会议把**“极小种群野生植物”**单独提出来进行研讨，并启动了由中国科学院昆明植物研究所负责技术支撑的华盖木、西畴青冈（*Cyclobalanopsis sichourensis*）和杏黄兜兰（*Paphiopedilum armeniacum*）回归自然的试验示范工作，这标志了国家层面对极小种群野生植物拯救保护工作的重视。

2009 年 12 月，云南省林业厅和云南省科学技术厅组织编制了《云南省极小种群物种拯救保护规划纲要（2010—2020 年）和紧急行动计划（2010—2015 年）》（以下简称《规划纲要与行动计划》）。《规划纲要与行动计划》于 2010 年 3 月 28 日得到云南省人民政府的批复（云政复［2010］15），《规划纲要与行动计划》中指出：**极小种群物种**是指分布狭窄或呈间断分布，长期受到外界因素胁迫干扰，呈现出种群退化和数量持续减少，种群（population）及个体（individual）数量都极少，已低于稳定存活界限的最小生存种群（Minimum Viable Population，MVP），而随时濒临灭绝的野生动植物（云南省林业厅和云南省科学技术厅，2009）。这是对包括动物和植物的极小种群物种（没有“野生”二字）的定义。

2010 年 8 月，在国家林业局组织编制的《全国极小种群野生植物拯救保护实施方案（2011—2015 年）》（送审稿）（以下简称《实施方案》）中，首次使用**极小种群野生植物**。《实施方案》中对“稳定存活界限”和“极小种群野生植物国家级就地保护点”以“专栏”的形式进行了说明，但未对**极小种群野生植物**进行说明或定义（国家林业局，2010）。2010 年 8 月 25 日，国家林业局组织专家对《实施方案》进行了论证。《实施方案》论证会后，受国家林业局的委托，中国科学院昆明植物研究所孙卫邦研究员对该方案进行了修改和补充，认为有必要对**极小种群野生植物**这一概念进行科学定义，提出了**极小种群野生植物**是指分布地域狭窄，长期受到外界因素胁迫干扰，呈现出种群（population）退化和个体（individual）数量持续减少，种群和个体数量都极少，已经低于稳定存活界限的最小生存种群 MVP，而随时濒临灭绝的野生植物（基于《规划纲要与行动计划》中**极小种群物种**的定义）。2011 年 4 月，我国植物保护科学工作者们致信时任国务院总理温家宝，建议将《全国极小种群野生植物野生植物拯救保护规划》尽早纳入国家有关发展规划，由国家发改委对极小种群野生植物拯救保护规划予以审批并立项投资，通过工程加以实施。2012 年 3 月 23 日，国家林业局、国家发展和改革委员会（以下简称国家发改委）联合下发了“关于印发《全国极小种群野生植物拯救保护工程规划（2011—2015 年）》的通知”（林规发［2012］59 号）（以下简称《保护工程规划通知》），在《保护工程规划通知》的附件《全国极小种群野生植物拯救保护工程规划（2011—2015 年）》（在《实施方案》的基础上修订形成）中，采纳了孙卫邦研究员建议的**极小种群野生植物**的定义，将其作为“四个专栏”中的“专栏二：极小种群野生植物”放入了《全国极小种群野生植物拯救保护工程规划（2011—2015 年）》中。这一概念 / 定义在《云南省极小种群野生植物保护实践与探索》（孙卫邦，2013）中正式出版发行，并被广泛引用。极小种群野生植物的英文“Plant Species with Extremely Small Populations（PSESP）”也不断出现在国际主流学术刊物的论文中（Ren et al.，2012；Ma et al.，2013；Yang et al.，2015，2016c，2017，2018；Chen et al.，2016a，2016b；Sun，2016；Sun et al.，2016，2019；Wade et al.，2016；Wang et al.，2016，2017b；Cai et al.，2017；Yang and Sun，2017；Chen and Sun，2018；Li et al.，2018）。此外，中国科学院昆明植物研究所昆明植物园（以下简称昆明植物园）从 2014 年开始，每年编辑发行一期内部交流刊物《极小种群野生植物拯救保护通讯》（*Communication for Conserving Plant Species with Extremely Small Populations*），也进一步推动了这一概念 / 定义的不断普及（昆明植物园，2014—2017 年）。

综上所述，从 2005 年**野生动植物极小种群**提出，到 2010 年**极小种群物种**概念的形成，至 2012 年**极小种群野生植物**这一概念 / 定义正式编入《全国极小种群野生植物拯救保护工程规划（2011—2015 年）》和 2013 年《云南省极小种群野生植物保护实践与探索》正式出版发行，以及目前这一概念 / 定义不断在国内外主要学术论著中出现、普及推广，历经了不断发展和完善的过程。实践已经证明，**极小种群野生植物**这一概念的提出是保护生物学领域的一次重大概念突破，正在影响着我国乃至世界珍稀濒危物种的综合研究与保护实践，意义重大、深远。

二、极小种群野生植物的概念和特点解析

1. 概念

极小种群野生植物（Plant Species with Extremely Small Populations，PSESP）是指分布地域狭窄或呈间断分布，长期受到自身因素限制和外界因素干扰，呈现出种群退化和数量持续减少，种群及个体数量都极少，已经低于稳定存活界限的最小生存种群，而随时濒临灭绝的野生植物（孙卫邦，2013）。稳定存活界限是指保证某一物种在一个特定的时间内能稳定健康地生存（一般指 99% 的概率存活 1 000 年）所需的最小有效种群大小（个体数量），这是一个种群数量的阈值，低于这个阈值，种群会逐渐趋于灭绝。

实际上，每一个物种的最小生存种群大小是不一样的，需要进行研究才能确定。基于国内外学者

对植物最小生存种群的研究成果，结合云南省长期的保护实践和中国的国情，研究提出了种群成熟个体小于 5 000 株，隔离亚种群成熟个体不超过 500 株，作为中国极小种群野生植物“抢救性保护”的指导性标准，但重点是成熟个体数量不超过 1 000 株，特别是那些成熟个体数量少于 100 株的植物种类（Sun，2016；Yang and Sun，2017；Sun et al.，2019）。

需要进一步明确的是，极小种群野生植物不包括自然稀有种，外界干扰特别是对物种的过度采集利用和对其生境的破坏等人为干扰，是判断某一物种是否列入极小种群野生植物的必要条件（孙卫邦和韩春艳，2015）。

2. 特点

种群数量少、生境狭窄或呈间断分布、人为干扰严重和濒临灭绝，是极小种群野生植物最显著的四个特点（孙卫邦，2013）。

种群数量少 种群数量少是极小种群野生植物的一个显著特点。一些极小种群野生植物，由于其自身原因或受到人类活动及自然灾害影响，其种群数量已低于或逐渐接近于最小生存种群数量。因为种群数量极少，对环境变化反应更为敏感，遗传多样性更易丧失，野生种群面临高度灭绝风险。因而，极小种群野生植物比正常种群更易灭绝；同样，当种群规模因栖息地丧失、破坏或侵害而缩小时，种群内遗传多样性丢失速率也将迅速加快，随之而来将导致物种的消失；种群数量极少，是孤立种群走向灭绝的一个准确征兆（孙卫邦，2013）。虽然我们提出了种群成熟个体小于 5 000 株，隔离种群成熟个体不超过 500 株，作为中国极小种群野生植物“抢救性保护”的指导性标准（Sun，2016；Sun et al.，2019），但这一指导性标准需要随着研究工作的不断深入而进行调整，鼓励针对一些典型的（成熟个体少于 100 株）、能涵盖不同生活型植物（乔木、灌木、藤本和草本等）和生态型（水生、湿生、中生和旱生等）植物开展最小生存种群大小的系统研究。

生境狭窄或呈间断分布 生境狭窄或呈间断分布是极小种群野生植物的另一显著特点。这些物种可能只生长在其地理分布区中一个或少数几个地点，其多数种类具有区域特有性特点；由于物种对生境的要求较严格，如果物种生存的生境受到人类活动的影响，其生存环境也将不复存在，很容易走向灭绝（孙卫邦，2013）。对于分布区狭窄和对生境要求苛刻的物种，保护其生境显得尤为重要。

人为干扰严重 由于极小种群野生植物具有种群小、数量少和分布区狭窄等特点，决定了这些物种对人类干扰反应极为敏感。对一些生存在小生境，对生境要求苛刻的极小种群野生植物来说，人为干扰产生的物种生存压力更为突出（孙卫邦，2013）。随着经济社会的不断发展，人类对自然资源的需求随之增加，造成过度开发利用生物资源和环境破坏事件时有发生。这些人类活动的干扰，致使野生物种、特别是极小种群野生植物的生存受到各种威胁，将会增加其灭绝的速率，使其灭绝风险增高。

濒临灭绝 极小种群野生植物是在其自然生境中面临高度灭绝风险的类群。由于物种种群数量极少，已达到或低于其最小生存数量，并且很多物种生境范围比较狭窄或仅零星分布于人类活动最频繁的区域（路边、房前屋后、田边地头等），一旦遭受较强的自然灾害、人为干扰或一些偶然因素，这些个体或种群就会瞬间消失，人类就永远失去了这些宝贵的基因资源。

三、极小种群野生植物的价值和保护意义

野生植物作为野生物种的重要组成部分，其与人类的生存和发展密不可分，人类的发展历史就是

不断地发掘和驯化利用植物的历史。极小种群野生植物是在特殊地区的特定环境条件下长期形成的，其种群数量急剧下降，已经低于稳定存活界限的最小生存种群，是难以维系其正常繁衍而濒临灭绝的种类（孙卫邦和韩春艳，2015）。也就是说它们是物种水平生物多样性保护中，亟待优先拯救保护的种类，是当前生物多样性保护的核心工作之一。事实上，许多极小种群野生植物具有药用、食用、保健、材用、工业原料、观赏等价值，一些种类还在生物演化史上处于十分重要的地位，有些种类的基因资源犹如潜在的“绿色金矿”，将会被人类不断发掘利用。可以说，拯救保护极小种群野生植物就是保护国家可持续发展的战略生物资源。具体来说，极小种群野生植物的价值主要包括经济利用价值、科学研究价值、潜在利用价值和生存价值 4 个方面（孙卫邦，2013）。

1. 经济利用价值

人类的生存与发展离不开植物，人类驯化利用植物已有 6 500～7 000 年的历史。目前，约 25 000 种植物被人类利用，其中被栽培的种类约 1 500 种；据不完全统计，我国有 80% 的中成药和大部分保健品原料来自野生植物，全世界大约有 30 亿人使用的医药产品来源于野生植物，产生的经济效益十分巨大（孙卫邦，2013）。极小种群野生植物中，许多是具有经济利用价值的资源植物，如药用植物胡黄连（*Picrorhiza scrophulariiflora*）、云南白药主要原料重楼属（*Paris*）植物（编著者研究团队最近调查研究显示，至少 7 种重楼属植物已成为濒临高度灭绝风险的极小种群野生植物）、种子中神经酸含量极高的蒜头果、材用价值较高的紫檀（*Pterocarpus indicus*）、园林景观价值突出的一些木兰科植物［华盖木、毛果木莲（*Manglietia ventii*）、馨香木兰、壮丽含笑（*Michelia lacei*）等］、杜鹃属植物［荔波杜鹃（*Rhododendron liboense*）、广南杜鹃（*R. guangnanense*）和贵州大花杜鹃（*R. magniflorum*）等］以及山茶科植物［云南金花茶（*Camellia fascicularis*）、毛瓣金花茶（*C. pubipetala*）和顶生金花茶（*C. pinggaoensis* var. *terminalis*）等］、亚热带石漠化生境治理的树种滇桐以及金沙江干热 / 干暖河谷脆弱生态系统修复树种云南梧桐（*Frimiana major*）（唐荣等，2017；Yang et al.，2018）。

2. 科学研究价值

一些极小种群野生植物在生物演化历史上处于十分重要的地位，对其开展研究有助于探讨物种的形成机制与演化历史（孙卫邦，2013）。国家 I 级重点保护野生植物水杉（*Metasequoia glyptostroboides*），是我国特有的珍稀孑遗植物，也是著名“活化石”，对我国植物区系的古老性质、古气候变化、古地理变迁及裸子植物系统发育研究具有重要科学意义；同样被称为“活化石”的国家 I 级重点保护野生植物水松，不但有重要的科学研究价值，还是珍贵的用材树种和防护林树种（孙卫邦，2013）。我国特有的松科常绿乔木银杉（*Cathaya argyrophylla*）（列入国家 I 级重点保护野生植物名录），以“植物界大熊猫”和“活化石”著称于世，对研究松科植物的系统发育、植物区系地理、古地理及第四纪冰期气候等均有重要科学价值。有些极小种群野生植物还在生物演化历史上处于十分重要的地位。国家 I 级重点保护野生植物华盖木，为木兰科单型属常绿乔木，属孑遗和狭域分布的中国特有种，对研究世界被子植物起源、木兰科系统演化和区系地理等均有重要价值。木兰科单种属植物观光木（*Tsoongiodendron odorum*）（国家 II 级重点保护），在木兰科中处于较进化的位置，是研究木兰科系统分类的重要类群（孙卫邦，2013）。

3. 潜在利用价值

一些极小种群野生植物的种质资源价值目前尚不清楚，但在将来会被进一步研究、挖掘和创新利用，服务于经济建设与社会发展。野生植物保存着丰富的遗传资源及基因多样性，为人类的生存与持续发展提供了广阔的空间。随着高新生物技术的进步，野生植物蕴藏的基因资源，已经显示出巨大的经济开发潜力。李振声院士曾说“一个物种可以决定一个国家的经济命脉，一个基因可以影响一个民族的兴衰”就是对种质资源重要性的生动描述。从这个意义上讲，每一种极小种群野生植物都可以说是一座潜在的“绿色金矿”，但它们目前却正在逐步消失。我们急需切实拯救保护这一宝贵财富，增加国家物质资源的储备存量和选择空间，促进国民经济的可持续发展（孙卫邦，2013）。

4. 生存价值

一些极小种群野生植物，尽管其本身的直接价值有限或目前尚不清楚，但它们的存在能为该地区人民带来荣誉感或心理上的满足。无疑，文山兜兰（*Paphiopedilum wenshanense*）、漾濞槭（*Acer yangbiense*）、巧家五针松、弥勒苣苔（*Paraisometrum mileense*）等这些用地名命名的极小种群野生植物，会唤起这些地区的人民热爱家乡和敬畏自然的豪情。

综上所述，极小种群野生植物具有经济、科学、生存等方面的价值。一旦这些美丽的物种在地球上永久消失，人类的损失不仅是目前已知的可用资源，更重要的是其蕴藏的潜在价值，还有天地万物间息息相关的智慧（孙卫邦，2013）。

四、极小种群野生植物种类概述

虽然极小种群野生植物具有明确的界定标准，但要确定某一物种是否是“真正的极小种群植物”还是比较困难的。目前，国家、各省（自治区、直辖市）发布及有关项目制定的部分名录，主要是基于现有的调查资料、文献、标本记录等进行确定，是指导性的名录。随着研究和野外调查工作的不断深入，这些名录应不断地进行修订、更新和完善，一些新的种类需要增加进来，同时名录中的一些种类可能会被剔除，这样才能更好地指导物种的拯救保护与研究工作。因此，有必要建立一个区域性或国家层面的极小种群野生植物数据动态平台。国家科技基础资源调查专项项目“中国西南地区极小种群野生植物调查与种质保存”的目标之一就是要构建西南地区极小种群野生植物数据库，这个数据库将为西南乃至我国的极小种群野生植物研究与保护提供支撑（Yang and Sun，2017）。

1. 列入《全国极小种群野生植物拯救保护工程规划（2011—2015 年）》中的极小种群野生植物

国家林业局和国家发改委 2012 年 3 月联合下发的《全国极小种群野生植物拯救保护工程规划（2011—2015 年）》（国家林业局，2011）中，提出了至 2015 年年底需要拯救保护的极小种群野生植物名录，其物种选择原则是：

（1）全国重点保护野生植物资源调查、相关专项调查明确的“个十百千物种”（野外种群总株数是个位数、十位数、百位数或 5 000 株以下的物种）；

（2）全国重点保护野生植物资源调查、相关专项调查明确的分布极度狭窄（仅存 1～2 个分布点）的野生植物；

（3）野外株数在 10 000 株以内，但因利用过度、破坏严重、生存压力大且分布范围相对狭窄的国家、省级重点保护野生植物；

（4）我国特有的、分布区相对狭窄的国家、省级重点保护野生植物；

（5）野外株数虽多于 10 000 株，但作为区域代表种，具有重要的经济开发价值或科研价值，能带动野生植物保护利用可持续发展的典型种；

（6）满足上述原则，且物种分布、生境、致濒原因等相对明确，能够提出科学有效的保护措施的野生植物。

根据以上原则，共选择了 120 种植物。其中：国家Ⅰ级重点保护野生植物 47 种，国家Ⅱ级重点保护野生植物 67 种，省级重点保护植物 6 种。从种群数量来看，10 株以下的有 9 种，其中国家Ⅰ级重点保护的有普陀鹅耳枥（*Carpinus putoensis*）、百山祖冷杉（*Abies beshanzuensis*）和天目铁木（*Ostrya rehderiana*）3 种，国家Ⅱ级重点保护的有绒毛皂荚（*Gleditsia japonica* var. *velutina*）、广西火桐（*Erythropsis kwangsiensis*）、羊角槭（*Acer yangjuechi*）、秦岭石蝴蝶（*Petrocosmea qinlingensis*）、丹霞梧桐（*Firmiana danxiaensis*）和西昌黄杉（*Pseudotsuga xichangensis*）6 种；野外株数 10～99 株的有 30 种，野外株数 100～999 株的有 47 种，野外株数 1 000～9 999 株的有 32 种，野外株数＞10 000 株的有 2 种（国家林业局，2011）。从物种现有野外分布点来看，54 种只有一个分布点，仅存 2 个分布点的有 22 种,23 种有 3～4 个分布点，野外有 5～9 个分布点的有 14 种,7 种的分布点在 10 个以上（国家林业局，2011）。

需要特别指出的是，这 120 种由国家层面提出拯救保护的“第一批极小种群野生植物”多数未能按工程规划实施；同时，从学术角度讲，一些种类纳入极小种群野生植物并不科学，因为其种群数量很不清楚或已知种群数量很大。

2. 列入《规划纲要与行动计划》中的种类

在云南省人民政府批复的《规划纲要与行动计划》中，列出了至 2020 年前需要拯救保护的极小种群物种共 62 种，其中在 2015 年前需要采取紧急行动进行优先保护的共 20 种，包括了国家Ⅰ级重点保护野生植物 20 种、国家Ⅱ级重点保护野生植物 28 种、IUCN 评估为受威胁的种类 52 种（极度濒危 45 种和濒危 7 种）和缺乏数据 1 种、云南特有植物 30 种、在国内仅云南分布的有 3 种。这些物种中，在自然保护区内分布的有 39 种。

以种群大小而言，优先保护的 62 种极小种群野生植物中，野外株数在 10 株以下的有 8 种，包括国家Ⅰ级重点保护野生植物水松和滇藏榄（*Diploknema yunnanensis*），以及国家Ⅱ级重点保护野生植物法斗观音座莲和天星蕨；野外株数为 11～100 株的有 20 种；野外株数为 101～1 000 株的有 20 种；野外株数超过 1 000 株的有 14 种。在 62 种优先保护的极小种群野生植物中，野外只有 1 个分布点的有 17 种，野外仅存 2 个分布点的有 17 种，野外有 3～4 个分布点的有 19 种，野外有 5～9 个分布点的有 6 种，野外有 10 个以上分布点的有 3 种。

3. 列入国家科技基础资源调查专项项目“中国西南地区极小种群野生植物调查与种质保存”（2017FY100100）的种类

2017 年 2 月 16 日，中华人民共和国科学技术部批准“中国西南地区极小种群野生植物调查与种质保存”项目立项（国科发基〔2017〕38 号）。该项目包括了西南地区云南、贵州、四川、重庆、广西西部（百色、崇左、河池和防城港）和藏东南地区（林芝和昌都）共计 490 个县共 145.93 万 km^2 的区域，约占国土陆地面积的 15.2%（孙卫邦，2017）。

项目共列出了极小种群野生植物共 231 种（含种下等级），隶属于 68 科 124 属，包括：蕨类植物

6种（隶属5科5属）、裸子植物32种（隶属6科13属）、被子植物193种（隶属57科106属）。其中，国家重点保护野生植物68种（Ⅰ级34种、Ⅱ级34种）（占29.4%）；未列入国家重点保护野生植物名录的种类163种（孙卫邦，2017）。

在231种植物中，包括重点调查与种质保存的“目标物种”143种，它们是政府部门发布的、分布于中国西南地区的种类［包括国家林业局及国家发改委发布的种类和西南地区省（自治区、直辖市）发布的种类］，隶属53科90属。其中：蕨类植物5科5属6种、裸子植物5科12属28种、被子植物43科73属109种。国家重点保护野生植物60种（Ⅰ级31种、Ⅱ级29种），占重点调查与种质保存物种总数的42%；未列入国家重点保护野生植物名录的物种83种（孙卫邦，2017）。

此外，在231种植物中还包括了88种开展一般性调查和数据采集的“潜在目标物种”，其隶属32科46属，包括：裸子植物2科2属4种、被子植物30科44属84种。国家重点保护野生植物8种（Ⅰ级3种、Ⅱ级5种），占一般性调查和数据采集物种总数的9.1%；未列入国家重点保护野生植物名录的物种80种。这些“潜在目标物种”是根据极小种群野生植物的概念、定义，并参考《中国高等植物受威胁物种名录》（覃海宁等，2017）有关信息，按照西南地区特有、种群数量少于5 000株（成年株）、每个种群的成年株不超过500株、生境遭到不同程度的干扰等条件而确定的。主要目的是摸清其地理分布范围、种群数量及生境现状，为确定优先保护的新增种类提供依据。

第二节 保护规划与行动计划

一、保护规划

有关极小种群野生植物保护最早的规划是2005年云南省林业厅组织中国科学院昆明植物研究所、中国科学院西双版纳热带植物园、云南省林业科学院、西南林业大学、云南省环境科学研究院等单位专家共同讨论提出并编制的《保护工程项目建议书》，提出使用“野生动植物极小种群”这一名称，旨在保护18种云南省特有的受威胁野生动植物，但该建议书并未获立项支持。

2007年，云南省林业厅组织编制了《云南省生物多样性保护工程规划（2007—2020年）》，并获得云南省人民政府批准实施，在规划中特别提出了针对极小种群物种的保护措施。2008年，《云南省人民政府关于加强滇西北生物多样性保护的若干意见》中将“极小种群物种拯救保护工程”列为十大保护工程之一，进入政府保护层面。2008年3月，国家林业局就着手组织编写《全国极小种群野生植物保护实施方案（2008—2015年）》（后改为《工程规划》），历经5年时间才完成发布了《工程规划》。2008年9月，国家林业局、云南省林业厅和中国科学院昆明植物研究所在昆明联合举办了首届“全国极小种群野生植物保护研讨会暨回归自然启动仪式”，开展了华盖木、西畴青冈和杏黄兜兰回归自然的试验示范工作，这是首次从国家层面对极小种群野生植物开展拯救保护工作。2009年，在“森林云南”建设中，《关于加快林业发展建设森林云南的决定》，提出深入实施生物多样性保护工程，切实做好濒危野生动植物和极小种群保护工作。

2009年12月，云南省林业厅和云南省科学技术厅组织编制了《云南省极小种群物种拯救保护规划纲要（2010—2020年）和紧急行动计划（2010—2015年）》，总共提出了亟须保护的62种极小种群野生植物，其中需要在 2015 年以前优先采取紧急保护行动的有 20 种，其余 42 种需要在 2020 年以前采取拯救保护行动。该《规划纲要与行动计划》于 2010 年 3 月 28 日得到云南省人民政府的批复（云政复［2010］15 号），批复同时指出：极小种群物种拯救保护是生态文明建设和生物多样性保护的一个重要组成部分，是减缓和防范物种灭绝的重要工作，肯定了极小种群物种选择的科学性、重要性和《规划纲要与行动计划》的必要性和迫切性。倡议全省各州市克服资金问题，积极配合《规划纲要与行动计划》工作的落实，合力推进极小种群物种拯救保护工作。2011 年 4 月，云南省编制了我国第一个极小种群野生植物保护小区（点）建设试点方案——《云南省极小种群野生植物保护小区（点）建设试点方案》(以下简称《试点方案》)，并上报国家林业局进行请示。《试点方案》选取了云南典型的华盖木、云南蓝果树（*Nyssa yunnanensis*）、滇藏榄（*Diploknema yunnanensis*）、弥勒苣苔和西畴青冈 5 个物种作为本次保护小区（点）建设试点项目物种，因地制宜地建立自然保护小区或保护点，结合物种分布点实际情况，采取保护设施建设，落实管护机构、人员及管护措施，进行扩繁试验等有针对性的措施，实现物种保护的目标。《试点方案》在 2011 年 10 月得到了国家林业局的批复（林护发［2011］57 号），《国家林业局关于同意云南省极小种群野生植物保护小区（点）建设试点方案的复函》指出《试点方案》符合国家有关要求和物种资源保护战略，对科学有效地保护极小种群物种、建设生态文明和“森林云南”，以及推进“面向西南开放的桥头堡”建设有重要意义，并指出试点工作在资金上优先支持，确保极小种群野生植物拯救保护试点工作顺利进行。10 月 26 日，时任国家林业局副局长印红在云南昆明“云南省极小种群野生植物保护建设试点启动仪式”上讲话，指出了我国极小种群野生植物保护的迫切需要；指出，国家林业局自 2007 年开始启动相关工作，编制了《全国极小种群野生植物拯救保护规划》，并建议纳入国家发展规划。国家林业局肯定了云南省在极小种群野生植物拯救保护方面所做的努力，指出这一系列的拯救保护工程对于科学有效地保护极小种群野生植物，保护我国珍稀濒危野生植物具有积极的引领作用。

2012 年 3 月，国家林业局和国家发改委（林规发［2012］59 号）发布了《全国极小种群野生植物保护工程规划（2011—2015 年）》(以下简称《保护工程规划》)，确定了 120 种极小种群野生植物作为第一期拯救保护对象，同时要求各地区根据《保护工程规划》的建设内容和相关要求，制定本地区极小种群野生植物拯救保护的实施方案，切实采取有效措施，全面推进极小种群野生植物拯救保护工作，为野生植物保护作出新贡献。之后，全国大部分省（自治区、直辖市）都各自发布了极小种群野生植物拯救保护工程建设实施方案。2012 年 11 月，云南省林业厅与云南省发改委组织编制了《云南省极小种群野生植物拯救保护工程建设实施方案（2012—2015 年）》(以下简称《实施方案》)，从极小种群野生植物的定义、云南极小种群野生植物的现状、致危原因及保护管理存在的问题方面分析，提出了指导思想、建设目标、建设内容、项目申报、资金筹措及保障措施等具体方案。《实施方案》指出：极小种群野生植物资源是国家战略资源，各地要高度重视极小种群野生植物拯救保护和管理工作，要按照《工程规划》和《实施方案》确定的目标和任务，明确拯救保护对象的具体内容，加快实施和落实，同时也要组织开展极小种群的保护宣传活动。2013 年，“全国极小种群野生植物保护实践与经验交流”会议在云南省西双版纳傣族自治州召开，来自全国各地的极小种群野生植物保护工作者和相关科研单位专家，对拯救保护极小种群野生植物的工作经验进行了交流。形成了以保护极小种群野生植物不灭绝为根本，以原生地种群拯救和生境保护为重点，以就地保护、近地保护、迁地保护、种质资源保存和野外回归为重要手段，完善保护管理和科研监测体系，加大科技支撑和宣传教育力度，加强对外交流与国际合作，促进物种资源的良性循环和可持续利用，实现野生植物保护事业的健康发展等共识。

同时提出各级政府和有关部门要从建设生态文明和美丽中国的战略高度，充分认识极小种群野生植物物种保护的重要性和紧迫性。

二、保护行动

1. 项目支持

国家林业局（现国家林业和草原局）和云南省林业厅（现云南省林业和草原局）从2009年开始，持续专项投资支持基层林业、自然保护区管护部门、在滇科研院所等单位，以《工程规划》和《规划纲要与行动计划》为指南，全面开展极小种群野生植物的拯救保护行动。2009～2017年，云南省累计投入极小种群野生植物拯救保护专项资金2 158万元，实施拯救保护项目92个，项目内容包括专项调查、科学研究、就地保护、近地保护、迁地保护与种质资源保存、野外回归和监测、科普宣传等方面。通过项目实施，极小种群野生植物保护的多种保护设想和措施得以实践，有效促进了植物拯救保护事业的快速发展。表1.2.1是国家林业局和云南省林业厅组织实施的极小种群野生植物的拯救保护项目（截至2017年年底）。

表1.2.1 云南省极小种群野生植物的拯救保护项目（2009～2017年）

序号	项目名称	实施单位	实施年份	投入金额/万元
1	华盖木保护设施设备购置	马关古林箐省级自然保护区管护局	2009	30
2	云南蓝果树保护设施设备购置	普洱市林业局	2009	30
3	滇桐保护设施设备购置	铜壁关省级自然保护区盈江管理所	2009	20
4	毛枝五针松保护设施设备购置	麻栗坡县林业局	2009	20
5	杓兰保护设施设备购置	碧塔海省级自然保护区管护所	2009	20
6	云南金钱槭保护设施设备购置	老君山省级自然保护区管护局	2009	20
7	玉龙蕨保护设施设备购置	玉龙雪山省级自然保护区管护局	2009	20
8	紫荆木保护设施设备购置	河口县林业局	2009	20
9	云南肉豆蔻保护设施设备购置	勐腊县林业局	2009	20
10	萼翅藤保护设施设备购置	盈江县林业局	2009	20
11	喙核桃保护设施设备购置	保山市林业局	2009	20
12	极小种群植物近地保护评估	中国科学院西双版纳热带植物园	2009\2010	5\5
13	巧家五针松抢救保护实施方案编制	云南省绿色环境发展基金会	2009	2
14	巧家五针松生境恢复、野外救护\设施设备建设\人工繁育与重建\迁地保护与繁育项目	云南药山国家级自然保护区管护局	2009\2010\2011\2012\2012\2013\2017	5\10\15\5\20\8\10
15	杏黄兜兰、西畴青冈、华盖木回归苗培育\回归试验与研究	中国科学院昆明植物所	2009\2010\2011\2012	6\30\15\15
16	杏黄兜兰回归及后续管理监测	高黎贡山国家级自然保护区保山管理局	2009\2010\2011\2012\2013\2014	6\5\6\5\7\5
17	西畴青冈、华盖木回归/管护和监测	文山国家级自然保护区管理局小桥沟管理分局	2009\2014\2016	8\5\10
18	蓝果树资源拯救设施设备购置	西双版纳国家级自然保护区管护局	2010	20
19	灰秆苏铁保护设施设备购置	个旧市林业局	2010\2011	10\20
20	华盖木、毛枝五针松等珍稀野生动植物拯救设施设备购置	文山国家级自然保护区管理局小桥沟管理分局	2010	20

续表

序号	项目名称	实施单位	实施年份	投入金额 / 万元
21	华盖木、西畴青冈回归后续管理监测	马关古林箐省级自然保护区管护局	2010\2011\2012\2013\2014	10\5\5\8\5
22	景东翅子树野外救护及种群恢复	云南省林业科学院	2010	10
23	蒜头果拯救与保护设施设备购置	广南县林业局	2011	17
24	蒜头果拯救与保护设施设备购置	富宁县林业局	2011	17
25	五裂黄连拯救与保护设施设备购置	云南金平分水岭国家级自然保护区管护局	2011	20
26	弥勒苣苔拯救与保护设施设备购置\保护小区建设	石林县林业局\石林圭山国家森林公园管理处	2011\2014	20\30
27	云南蓝果树调查\人工繁育及种群重建\云南蓝果树、毛枝五针松的种苗繁育和引种回归\云南蓝果树幼苗抗旱性和人工繁育研究\基于遗传多样性的云南蓝果树科学保育\回归种群管理与监测	云南省林业科学院	2011\2012\2013\2013\2014\2015\2015\2016\2017	10\10\30\45\30\25\20\20\20
28	华盖木种群调查与保护	云南大围山国家级自然保护区屏边管理分局	2011	10
29	滇桐种群监测与扩繁	马关古林箐省级自然保护区管护局	2011	7
30	富民枳的人工繁育及种群重建\拯救设施设备建设\繁育和重引入\扩繁和回归	昆明市濒危动植物拯救中心	2012\2012\2013\2014\2015	10\20\10\30\20
31	紫檀研究与扩繁	云南森林自然中心	2012\2013	10\5
32	华盖木等极小种群物种苹果软件的制作与发布\编制《云南极小种群华盖木》宣传用书	云南风格有限公司	2012	13
33	编制《云南极小种群野生植物及保护》宣传用书	中国科学院昆明植物研究所	2012	20
34	华盖木（漾濞槭）、西畴青冈回归自然植物的科学管护、动态监测和数据采集	中国科学院昆明植物研究所	2012\2013\2014\2016	10\10\5\10
35	杏黄兜兰回归试验与研究、监测	中国科学院昆明植物研究所	2012\2013\2014	5\5\5
36	滇藏榄拯救设施设备建设	瑞丽市林业局	2012	20
37	云南金钱槭拯救设施设备建设	文山国家级自然保护区老君山管理分局	2012	20
38	云南杓兰拯救设施设备建设	玉龙县林业局	2012	20
39	旱地油杉保护小区建设	云南元江国家级自然保护区管护局	2013	20
40	云南肉豆蔻拯救设施设备建设与保护	景洪市林业局	2013	20
41	西畴青冈保护小区建设\回归试验研究、监测\管护与监测	富宁县林业局	2013\2014\2016	20\5\10
42	毛果木莲保护小区建设\就地保护	云南金平分水岭国家级自然保护区管护局	2013\2014	20\10
43	水松的人工繁育和野外救护\保护小区（点）建设与种苗繁育研究	富宁县林业局	2013\2015	7\10
44	多歧苏铁的调查监管与种群重建	红河州林业局	2013	5
45	华盖木保护	河口县林业局	2013	25
46	滇南苏铁拯救保护\监测与扩繁	云南大围山国家级自然保护区个旧管理所	2013\2014	10\5
47	云南金花茶种群结构与繁育技术研究	云南大围山国家级自然保护区河口管理分局	2013	10
48	灰干苏铁野外监测与扩繁\救护与繁育项目	云南大围山国家级自然保护区个旧管理所	2014\2015	5\10

续表

序号	项目名称	实施单位	实施年份	投入金额 / 万元
49	文山州观光木、拟单性木兰和德保苏铁野外救护与繁育	文山州林业局	2014	12
50	漾濞槭、文山兜兰和斑叶杓兰人工繁育与回归自然研究	中国科学院昆明植物研究所	2014	12
51	景东翅子树保护小区建设及设施设备购置	景东县林业局	2014	20
52	连香树保护小区建设及设施设备购置	镇雄县林业局	2014	20
53	胡黄连保护小区建设及设施设备购置	贡山县林业局	2014	20
54	鹅掌楸保护小区建设及设施设备购置	盐津县林业局	2014	20
55	华盖木就地保护	云南金平分水岭国家级自然保护区管护局	2014	10
56	大树杜鹃的拯救与保护	腾冲县林业局	2014	30
57	普洱市景东县花山镇景东翅子树监测与保护\保护小区建设和种苗繁育	普洱市景东县花山镇林业服务中心	2014\2015	15\20
58	德宏州极小种群野生植物救护繁育基地建设	德宏州林业局中心苗圃	2014	30
59	滇桐的抢救性保护	中国科学院昆明植物研究所	2014	20
60	伯乐树繁育研究与管理	云南无量山国家级自然保护区南涧管理局	2014	15
61	馨香木兰野外救护与繁育	麻栗坡县林业局	2014	20
62	八蕊单室茱萸拯救保护	勐海县林业局	2014	30
63	藤枣保护与繁育救护项目	镇康县南捧河省级自然保护区管理局	2014	15
64	滇南风吹楠拯救保护设施设备购置与保护小区建设	澜沧县林业局	2015	20
65	秃叶黄檗拯救保护设施设备购置与保护小区建设	维西县林业局	2015	20
66	伯乐树拯救保护设施设备购置与保护小区建设	砚山县林业局	2015	20
67	圆叶玉兰拯救保护设施设备购置与保护小区建设	宣威市林业局	2015	20
68	攀枝花苏铁及须弥红豆杉野外救护与繁育	轿子山国家级保护区管理局	2015	10
69	紫荆木野外救护与繁育	云南大围山国家级自然保护区屏边管理分局	2015	8
70	多毛坡垒野外救护与繁育	云南黄连山国家级自然保护区管护局	2015	20
71	斑叶杓兰繁育	玉龙雪山省级保护区管护局	2015	8
72	弥勒市弥勒苣苔保护小区	弥勒市林业局	2015	20
73	滇桐就地保护小区建设和增强型引种回归试验	盈江县林业局	2015	20
74	喙核桃保护小区（点）建设与种苗繁育研究	富宁县林业局	2015	10
75	旱地油杉拯救与保护	云南哀牢山国家级自然保护区新平管理局	2015	20
76	五裂黄连迁地保育研究及示范	云南省林业科学院	2015	10
77	云南杓兰资源调查与繁育研究	云南省林业科学院	2015	10
78	极小种群物种拯救保护技术专题培训	云南省林业厅	2015	15

续表

序号	项目名称	实施单位	实施年份	投入金额 / 万元
79	谭清苏铁拯救保护设施设备购置与保护小区建设	绿春县林业局	2016	22
80	藤枣拯救保护设施设备购置与保护小区建设	西双版纳国家级自然保护区管护局	2016	22
81	景东翅子树人工繁育与保存项目	云南省普洱市景东亚热带植物园管理局	2016	10
82	极小种群信息共享平台建设	云南省林业调查规划院	2016	20
83	迁地保护园建设	云南省林业科学院	2016	45
84	极小种群野生植物保护效果评估	中国科学院昆明植物研究所	2016	15
85	极小种群野生植物天星蕨拯救保护	中国科学院昆明植物研究所	2016	10
86	漾濞槭就地保护小区建设、回归和监测保护设施设备购置	漾濞县林业局	2017	20
87	德保苏铁野外救护与繁育	富宁县林业局	2017	10
88	滇南苏铁繁育	双柏县林业局（双柏县恐龙河保护区）	2017	10
89	喙核桃野外救护与繁育	麻栗坡县林业局	2017	10
90	丽江极小种群野生植物近地保护基地建设和云南杓兰等 3 种杓兰属植物的种质资源收集与人工繁育研究	云南省林业科学院	2017	45
91	云南穗花杉的抢救性保护	中国科学院昆明植物研究所	2017	12
92	极小种群野生植物近地和迁地保护基地建设	云龙县林业局漕涧林场	2017	40

在极小种群野生植物科研项目方面，2013 年，NSFC（国家自然科学基金）- 云南省联合基金重点项目支持了我国第一项极小种群野生植物技术研究项目“极小种群野生植物高风险灭绝机制及保护有效性研究”（U1302262）。该项目通过研究 5 种极小种群野生植物的野外开花结实、种子散布及幼苗建成的关键生物学因子，通过遗传多样性水平与遗传结构特征研究揭示极小种群野生植物的高风险灭绝机制，同时评估现有“抢救性保护”的有效性。2016 年，国家重点研发计划典型脆弱生态修复与保护研究重点专项项目“典型极小种群野生植物保护与恢复技术研究”（2016YFC0503100）启动，该项目拟构建极小种群野生植物的种群生态学和保护生物学理论体系，研发极小种群野生植物保护和更新复壮技术体系，形成从基础理论、共性技术到试验示范全链条式的极小种群野生植物保护工程科技支撑体系，具有明显的社会、生态及潜在的经济效益。2017 年国家科技基础资源调查专项项目“中国西南地区极小种群野生植物调查与种质保存”（2017FY100100）立项，这也是我国第一个针对大范围区域进行极小种群野生植物调查的项目，该项目涵盖中国西南的大部分地区，包括了野外调查、种质资源采集保存、人工繁殖及活体保存等内容，该项目有利于科学保护该区域植物资源，并有效支撑中国极小种群野生植物的科学保护、持续利用的基础理论与关键性发展。

2. 平台与团队建设

1995 年，国家林业局依托云南省林业科学院建立了“云南珍稀濒特森林植物保护和繁育重点实验室”，长期在云南开展珍稀濒危植物、国家重点保护野生植物和极小种群野生植物的调查研究，形成了野生植物保护的技术体系。2017 年，依托中国科学院昆明植物研究所申报的“云南省极小种群野生植物综合保护重点实验室”（Yunnan Key Laboratory for Integrative Conservation of Plant Species with

Extremely Small Populations）获批建设。该实验室的定位是：立足云南，面向西南，辐射全国，以在自然界中濒临高度灭绝风险的极小种群野生植物为对象，采用多学科理论和研究手段的交叉与融合，系统研究这些典型极小种群野生植物的形成、维持与可能的灭绝机制，并构建种质资源保藏、种群保育及生境恢复的保护技术集成体系，为我国极小种群野生植物的种群恢复、生物多样性保育作出重要贡献，也为全球极小种群野生植物的科学拯救和保护提供理论指导和技术支撑。实验室的建设目标是：建成集极小种群野生植物保护的基础理论研究和关键技术研发集成创新为一体、特色鲜明、具有重要国际影响力的实验室，成为我国极小种群野生植物综合保护的研究中心，引领全球极小种群野生植物的科学拯救与有效保护。该实验室团队人员配备合理，设施齐全，具有开展极小种群野生植物保护研究的综合能力，将对更多的云南省极小种群野生植物开展系统的综合保护研究。2018 年，由孙卫邦研究员作为带头人申报的“中国科学院昆明植物研究所极小种群野生植物保护与利用省创新团队”入选云南省创新团队，该团队获云南省科学技术厅专项经费支持，在 3 年培育期满后，省科学技术厅将对各省创新团队（培育对象）进行认定考核，通过考核的正式授予“云南省创新团队”称号。该研究团队从 2004 年开始即开展极小种群野生植物的拯救保护工作，目前在国内处于领先地位，已经对一批极小种群野生植物物种开展了综合保护。未来 5～10 年内，该团队将深度聚焦重点科研方向，优化科研队伍，围绕极小种群野生植物科学保护的基础理论、关键技术集成体系、保护试验示范等开展科学研究与技术攻关，形成一支具有国际影响力的科技队伍。

3. 政策

2014 年，环境保护部印发了《国家生态保护红线——生态功能基线划定技术指南（试行）》，成为中国首个生态保护红线划定的纲领性技术指导文件。2015 年，环境保护部印发的《生态保护红线划定技术指南》规定，确定生态保护红线范围：依据生物多样性保护功能评估与分级结果，将生物多样性极重要区划入生态保护红线。针对尚未纳入保护区的国家Ⅰ和Ⅱ级重点保护野生动植物、极小种群以及未纳入保护名录的其他珍稀濒危保护物种，采用物种分布模型预测可能的分布范围，结合物种实际分布情况最终划定确保物种长期存活的保护红线。2017 年，从“贯彻落实《关于划定并严守生态保护红线的若干意见》视频会议”上可以看到，我国生态保护红线涉及林业的划定范围已经明确，主要包括国家公园、自然保护区、森林公园、湿地公园以及极小种群物种分布的栖息地、国家一级公益林、重要湿地、沙化土地封禁保护区、野生植物集中分布地等。其中已明确规定要用法律保护“极小种群物种”的生境。

2018 年 9 月 21 日，由云南省第十三届人民代表大会常务委员会第五次会议审议通过的《云南省生物多样性保护条例》，该条例第三章第十八条：县级以上人民政府应加强本行政区域内野生生物物种及其遗传资源的保护，完善就地保护、迁地保护、离体保存相结合的生物多样性保护体系和保护网络，对珍稀濒危物种、极小种群物种实施抢救性保护，对云南特有物种和在中国仅分布在云南的物种实施重点保护。条例在第三十九条对“极小种群物种”的含义进行了专门阐述。

4. 论著及保护宣传

2013 年，在国家林业局野生动植物保护与自然保护区管理司、云南省林业厅和中国科学院昆明植物研究所的支持下，孙卫邦研究员主编的《云南省极小种群野生植物保护实践与探索》正式出版发行，该书首次对极小种群野生植物的概念、特点、价值及保护意义进行了全面的梳理和论述，同时对云南省极小种群野生植物的保护与实践，从野外调查、科学研究、保护规划行动及科普宣传教育等方面进行了阐述，并列出了保护的案例及相关文件资料。自 2015 年起，由昆明植物园每年编辑一期的内部交流资料《极小种群野生植物拯救保护通讯》，主要针对全国科研院校、自然保护区及林业部门等在极小种群野生植物综合保护方面做的工作进行总结和报道。四期通讯共收录相关资讯 47 篇，主要包括极小种群野生植物相关会议及项目启动信息等；研究案例 33 个类群及物种，主要针对极小种群野生植物的综合保护方面；探索发现 46 篇，即相关项目及调查的新发现；文献和报道 10 余篇，主要是近年来关于极小种群野生植物保护的影响较大的文章和基层保护经验和访谈共 8 个报道，报道主要以新闻媒体采访形式展现。2016 年，中国科学院昆明植物研究所孙卫邦研究员应邀作为客座主编（Guest Editor-in-Chief），在 *Plant Diversity* 期刊组织发行了第一个极小种群野生植物保护专辑，该专辑对部分极小种群野生植物，如滇桐的遗传多样性、土沉香（*Aquilaria sinensis*）的传粉生物学和种子传播、西畴青冈的保护及果实生物学、茶果樟（*Cinnamomum chago*）的保护生物学以及华盖木的繁殖生物学等综合保护进行了深入研究和探讨，基于不同现状，将会开展更多的科学研究，并提出了不同的保护策略。

第三节　云南省极小种群野生植物保护成效

一、抢救性保护成效

云南省已纳入政府层面保护行动计划的极小种群野生植物共计 87 种。截至 2017 年年底，已实施专项保护 52 个物种，已建设了 30 个保护小区（保护点）、18 个迁地保护基地（苗圃）、4 个近地保护实验基地，20 个物种开展了回归实验。华盖木、漾濞槭、巧家五针松、滇南苏铁等 20 种极小种群野生植物繁育人工种群 10 万余株，回归 30 000 多株，迁地保护的壮丽含笑、华盖木、滇桐、云南金钱槭、萼翅藤、富民枳、漾濞槭等已开花，部分种类能正常结实。云南省深入贯彻落实国家层面的《保护工程规划》和云南省《规划纲要与行动计划》，提高保护意识，努力开展试验示范，探索保护管理新模式，取得了显著成效，得到国家的高度肯定，推动了中国植物多样性保护事业的发展（Sun et al., 2019；张一诺和武建雷，2011）

1. 专项调查成效

系统开展极小种群野生植物资源调查，进一步掌握其地理分布及种群现状，是实施极小种群野生植物抢救保护的基础和前提，为科学制定拯救保护措施提供依据（孙卫邦和韩春艳，2015）。通过第一次全国重点保护野生植物资源调查、第二次全国重点保护野生植物资源调查以及本土植物全覆盖调查项目的实施，云南省获得了极小种群植物的种群状况和受威胁因素等基础数据（表 1.3.1）。一些认为可能已经在野外灭绝的种类或分布点，通过调查重新被发现。例如，天星蕨曾在金平县驮马发现，但多年未发现过野外种群，推测该分布点已经灭绝。中国科学院昆明植物研究所孙卫邦研究团队在河口县大围山国家级自然保护区发现了一个包含 10 株天星蕨的新分布点（Cai et al.，2018）。

表 1.3.1 云南省极小种群植物基础信息

序号	中文名	数量 / 面积	主要分布地	保护区有分布	威胁因素
1	法斗观音座莲	3 株	西畴	是	分布区狭窄，零星分布，常受到人为干扰
2	二回原始观音座莲	156 株 /300hm^2	马关、麻栗坡、西畴	是	盗采，原始生境破坏
3	玉龙蕨	11 678 株 /405.78hm^2	玉龙、香格里拉、德钦	是	推测气候变化可能是关键因素
4	天星蕨	10 株	河口	是	种植大量草果，生境遭到严重破坏，天然更新不良
5	滇南苏铁	21 680 株 /157.184 5hm^2	楚雄、双柏、元江、新平、个旧、蒙自、屏边、元阳	是	生境极其恶劣、极易被破坏，容易受放牧、偷采盗挖、干旱、病虫害等因素的影响
6	灰干苏铁	326 株 /43.34hm^2	个旧、石屏	是	过度采挖利用威胁
7	谭清苏铁（绿春苏铁）	＞237 万株 /4 838hm^2	绿春	是	生境狭窄，保护地外生境破坏严重
8	多歧苏铁（长柄叉叶苏铁）	318 株 /52.886 5hm^2	河口、个旧	是	盗植严重，过度利用
9	多羽叉叶苏铁（多羽苏铁）	不详	个旧、蒙自	是	分布区狭窄，生境极为特殊
10	长叶苏铁	89 株 /147.278 3hm^2	河口、麻栗坡、马关	是	生境破坏（修电站、毁林开荒）、人为盗挖等
11	叉孢苏铁	1 260 株 /71.863 3hm^2	麻栗坡、广南、富宁	是	分布区被蚕食，生境毁坏，人为破坏（盗挖、修建水电站）等威胁
12	巧家五针松	35 株 /1.36hm^2	巧家	是	自然更新能力弱，受干旱、滑坡等自然灾害威胁
13	毛枝五针松	358 株 /879.504 6hm^2	麻栗坡、西畴、马关	是	生境苛刻，自身生长缓慢，偷砍盗伐严重
14	云南穗花杉	3 914 株 /188.589 2hm^2	个旧、金平、河口、绿春、马关、麻栗坡、西畴、富宁	是	采伐过度，自然更新困难，生境岛屿化等
15	旱地油杉（铁坚油杉）	151 株 /2.580hm^2	新平、元江	是	砍伐
16	水松	12 株 /0.258 76hm^2	富宁		残存单株分布，自身更新能力极低，生存发展空间受限
17	华盖木	52 株 /35.885 5hm^2	河口、金平、马关、西畴	是	种子自然萌发率低，人为干扰严重，林下种植造成生境破坏，自然更新困难
18	毛果木莲	2 452 株 /28.027 6hm^2	金平、屏边、元阳	是	自然更新困难，生境破坏，过度砍伐利用
19	馨香木兰（馨香玉兰）	1 186/89.089 8hm^2	麻栗坡、西畴、广南	是	分布较为零星，分布狭窄，人为砍伐、生境破坏
20	圆叶玉兰（圆叶天女花）	不详	不详		野外调查未发现
21	亮叶木莲	28 株 /2.049 5hm^2	河口、金平、马关	是	分布区十分狭窄，呈单株分布，居群内少见幼苗，自然更新困难
22	显脉木兰	85 株 /10.428 1hm^2	个旧、河口、马关	是	分布区狭窄，结实率低，自然更新较难
23	大叶木莲	289 株 /17.759 4hm^2	马关、麻栗坡、西畴	是	生境破坏、种子萌发率低和人为砍伐
24	壮丽含笑	10 株 /4.472 4hm^2	金平、马关、麻栗坡	是	过度利用
25	地枫皮	不详	大关	是	近年未发现野外植株
26	鹅掌楸	504 株 /52.795 7hm^2	绥江、水富、盐津、威信、金平、绿春、元阳、麻栗坡、文山	是	砍伐和开荒，生境破坏
27	观光木	12 株 /4.126 9hm^2	麻栗坡、西畴	是	开垦种植，破坏生境
28	连香树	21 株 /2.402 5hm^2	永善、巧家、镇雄	是	结实率低，更新较为困难，气候限制和生境丧失

续表

序号	中文名	数量 / 面积	主要分布地	保护区有分布	威胁因素
29	大叶风吹楠（滇南风吹楠、海南风吹楠）	608 株 /171.125 3hm^2	河口、金平、绿春、屏边、西盟、江城、普洱、澜沧、景洪、勐腊、盈江、芒市、沧源、镇康	是	对生境的要求较高，自然更新困难，生态环境脆弱，生境易受破坏
30	云南肉豆蔻	5 114 株 /115.3hm^2	勐腊、勐海	是	自然更新困难，幼苗成活率低，人畜活动频繁
31	五裂黄连	850 株 /20hm^2	金平	是	采挖严重
32	藤枣	129 株 /111.24hm^2	元江、江城、普洱、景洪、勐海、盈江	是	对群落和生境要求严格，自然更新困难
33	云南蓝果树	10 株 /6.96hm^2	景洪、盈江		人为干扰大，生境退化，幼苗更新困难，无后备种群；生境破坏
34	蒜头果	14 000 株 / 大于 47.508 5hm^2	广南、富宁		分布区狭窄、零散，种子大而不易传播，幼苗成活率低，人为破坏严重
35	云南土沉香	179 株 /141.2hm^2	孟连、西盟、澜沧、景洪、勐腊	是	偷伐造成数量下降
36	滇桐	102 株 /103.240 7hm^2	麻栗坡、西畴、马关、墨江、盈江、陇川、芒市	是	天然更新困难，生境破坏
37	云南金花茶	631 株 /4.887 8hm^2	个旧、河口、马关	是	受过度利用威胁
38	大树杜鹃	1 438 株 /502.13hm^2	腾冲、福贡	是	分布狭窄、立地条件影响种群的自然更新与缺乏有效的种群拓殖途径
39	多毛坡垒（狭叶坡垒）	145 株 /22.926 2hm^2	河口、金平、绿春、屏边、江城	是	种群分布区很窄，生态脆弱，生长缓慢
40	版纳青梅（广西青梅）	＜500 株	勐腊	是	分布极狭窄，生境遭到严重破坏
41	萼翅藤	2 472 株 /41.86hm^2	盈江、瑞丽	是	对水分的敏感性和依赖性强，生长也受土壤类型和土壤盐分等的限制
42	滇藏榄（云南藏榄）	11 株 /0.060 9hm^2	盈江	是	砍伐大树和生境破坏
43	金丝李	13 株 /2.713hm^2	河口、麻栗坡、砚山	是	生境特殊，分布区狭窄，过度利用
44	景东翅子树	2 432 株 /29.07hm^2	景东、盈江、瑞丽、龙陵、腾冲、镇沅、梁河	是	生境破碎化严重，仅星散生于林缘，天然繁殖能力较弱
45	紫檀	50 株	河口、景洪		—
46	西畴青冈	11 株 /7.751 8hm^2	富宁、西畴		零星分布，生境破坏和砍伐
47	富民枳	3 株 /0.002 8hm^2	富民		野外灭绝，移植栽培植株少
48	秃叶黄檗	/30hm^2	维西		竞争力不强，人为剥树皮过量，生境退化
49	云南金钱槭	14 969 株 /61.849 2hm^2	蒙自、屏边、文山	是	—
50	漾濞槭	577 株 /2.85hm^2	漾濞	否	分布较分散，异花传粉较困难，结实率较低，人为干扰强度较大，道路修建与放牧对其生境破坏较为严重
51	伯乐树	555 株 /55.755 3hm^2	水富、南华、新平、河口、红河、绿春、屏边、文山、广南、砚山、镇沅、景东、南涧、双江、沧源	是	呈散生分布，生境丧失
52	喙核桃	83 株 /36.359 3hm^2	河口、金平、马关、麻栗坡、西畴、富宁	是	种群老化，更新差，受过度利用威胁
53	八蕊单室茱萸（卫茅叶单室茱萸）	＜200 株	勐海（南糯山、西定乡）、普洱太阳河、澜沧景迈	否	森林被砍伐，生境破坏

续表

序号	中文名	数量 / 面积	主要分布地	保护区有分布	威胁因素
54	小果单室茱萸	3 株	丽江	是	处于保护区边缘村落附近，属于国际上说的刚描述就濒危的物种
55	莱阳河柿	—	—	是	—
56	紫荆木	40 株 /6.252 6hm^2	河口、屏边	是	严重砍伐，自然更新较差
57	胡黄连	531 株（群）/大于 27hm^2	香格里拉、德钦、贡山、维西	是	个体稀少，竞争力不强
58	云南杓兰	不详	香格里拉、玉龙、洱源	是	野生环境的破坏和人为过度采挖
59	密序苣苔	300 株	金平（河口的种群可能已绝迹）	是	热带沟谷雨林被砍伐
60	弥勒苣苔	2 000 株 /36.287 7hm^2	石林、弥勒	否	分布区狭窄，放牧活动
61	铁竹	极少	金平、墨江	—	片段化分布
62	叉叶苏铁	3 000 株	河口、个旧	是	—
63	德保苏铁	104 株 /63.64hm^2	富宁	是	—
64	单性木兰	24 株 /10.81hm^2	河口、马关、麻栗坡	是	—
65	喜树	131 137 株 /231.15hm^2	楚雄、大姚、南华、双柏、牟定、禄丰、武定、峨山、元江、易门、通海、红塔区、石屏、景谷、江城、宁洱、思茅、镇沅、墨江、澜沧	是	多为栽培种
66	文山红柱兰	20 株	屏边、马关、麻栗坡	是	人为采集非常严重
67	玉龙杓兰	320 株	丽江、香格里拉	是	栖息地破坏
68	丽江杓兰	1 200 株	丽江、香格里拉、维西、大理	是	人为采集、栖息地破坏
69	斑叶杓兰	2 000 株	丽江、中甸、香格里拉、大理、禄劝	是	人为采集、栖息地破坏
70	心启杓兰	150 株	西畴、麻栗坡、马关、屏边	是	人为采集非常严重
71	滇西槽舌兰	4 000 株	香格里拉、福贡、云龙	是	人为采集非常严重
72	杏黄兜兰	875 460 株 /48.78hm^2	福贡、泸水	否	人为采集非常严重
73	格力兜兰	15 000 株	文山、普洱、玉溪	否	人为采集非常严重
74	白旗兜兰	40 株	云南思茅市翠云区	否	人为采集非常严重
75	天伦兜兰	—	文山	否	野外调查尚未发现
76	文山兜兰	5 000 株	文山、玉溪、红河	否	人为采集非常严重
77	澜沧黄杉（黄杉、西昌黄杉）	—	—	—	—
78	攀枝花苏铁	—	—	—	人为采集非常严重
79	康定云杉	—	—	—	人为采集非常严重
80	海菜花	—	—	—	人为采集非常严重
81	西康玉兰（西康天女花）	—	—	—	—
82	铁皮石斛	—	—	—	人为采集非常严重
83	野山楂	—	—	—	—
84	南川茶	—	—	—	—
85	扣树	—	—	—	—
86	梳唇石斛	—	—	—	—
87	洛氏蝴蝶兰	—	—	—	—

此外，一些新的极小种群野生植物野外种群不断被发现。云南梧桐曾被认为在野外可能已经灭绝，在执行国家科技基础资源调查专项项目“中国西南地区极小种群野生植物调查与种质保存”（项目号2017FY100100）的野外调查中，中国科学院昆明植物研究所孙卫邦研究团队于2017年在云南省金沙江流域发现了2个分布点总计1 000余株（Yang et al.，2018）。云南兰花蕉是中国科学院西双版纳热带植物园与华南植物园合作于2017年发表新种，其模式标本采自西双版纳热带植物园于2001年从云南麻栗坡引种的人工栽培植株，但在云南麻栗坡未能找到野生植株。2018年4月16日，中国科学院昆明植物研究所孙卫邦研究团队执行国家科技基础资源调查专项项目“中国西南地区极小种群野生植物资源调查与种质保存”时，在云南河口发现了1个仅15丛的分布点，其灭绝的风险极高。

2. 就地保护成效

在对分布于自然保护地有效保护范围内的极小种群野生植物进行科学管护、种群动态监测和数据采集等保护措施的同时，设立保护小区（或保护点）保护分布于自然保护地以外的种类或种群及其生境，是拯救保护极小种群野生植物的一个重要措施（孙卫邦，2013；孙卫邦和韩春艳，2015）。截至2017年12月月底，全省已建各种类型、不同级别的自然保护区161处，总面积达286.41万hm^2，占全省土地面积的7.3%，自然保护区数量位居全国第6位，面积居全国第8位（云南省自然保护区2017年年报，未发表）。统计结果显示，有59种极小种群野生植物分布于自然保护区，得到了科学的管护、监测和编目。同时，保护区外已建设了30个保护小区（点），将23个分布于保护区有效保护范围外的一些极小种群野生植物部分种群或单株纳入就地保护范围。目前，在自然保护区和保护小区（点）内得到保护的极小种群野生植物共67种，占纳入政府层面保护行动计划总数的77.01%（67/87），这些物种的相关信息详见表1.3.2。

表1.3.2 云南省极小种群野生植物就地保护地点与规模

物种	就地保护地点	株数
八蕊单室茱萸	勐海县西定乡	6
斑叶杓兰	玉龙雪山省级自然保护区	—
伯乐树	无量山国家级自然保护区南涧段	16
莱阳河柿	普洱市太阳河省级自然保护区	—
叉孢苏铁	广南八宝省级自然保护区、麻栗坡老山省级自然保护区	1 228
叉叶苏铁	大围山国家级自然保护区	—
大树杜鹃	高黎贡山国家级自然保护区大河头和茨竹河	1 438
大叶风吹楠	西双版纳国家级自然保护区、麻栗坡老山省级自然保护区、大围山国家级自然保护区，勐腊县尚勇	—
大叶木莲	文山国家级自然保护区小桥沟片区、马关古林箐省级自然保护区、麻栗坡老山省级自然保护区	—
单性木兰	马关古林箐省级自然保护区	—
德保苏铁	黄连山-兴旺自然保护区、富宁驮娘江省级保护区	11
地枫皮	麻栗坡老山省级自然保护区	—
滇藏榄	铜壁关省级自然保护区	—
滇南苏铁	楚雄州恐龙河自然保护区、哀牢山国家级自然保护区、大围山国家级自然保护区，大围山核桃寨	—
滇桐	铜壁关省级自然保护区、麻栗坡老山省级自然保护区、文山国家级自然保护区小桥沟片区、盈江县苏典乡	74
滇西槽舌兰	高黎贡山国家级自然保护区	—
多歧苏铁	大围山国家级自然保护区、金平分水岭国家级自然保护区	316
多羽叉叶苏铁	大围山国家级自然保护区	—

续表

物种	就地保护地点	株数
鹅掌楸	麻栗坡老山省级自然保护区	—
萼翅藤	铜壁关省级自然保护区	—
二回原始观音座莲	文山国家级自然保护区小桥沟片区	—
法斗观音座莲	文山国家级自然保护区小桥沟片区	—
观光木	麻栗坡老山省级自然保护区	—
广西青梅	西双版纳国家级自然保护区	—
旱地油杉	元江国家级自然保护区、哀牢山国家级自然保护区新平管护局	161
胡黄连	白马雪山国家级自然保护区、贡山县财当雪山	531
华盖木	小桥沟国家级自然保护区，大围山国家级自然保护区，马关古林箐省级保护区，金平勐桥乡、马鞍乡，河口县莲花滩乡中岭岗	52
灰干苏铁	大围山国家级自然保护区	310
喙核桃	麻栗坡老山省级自然保护区，富宁县	—
金丝李	麻栗坡老山省级自然保护区	—
景东翅子树	无量山国家级自然保护区，景东县花山镇	189
丽江杓兰	玉龙雪山省级自然保护区	—
连香树	镇雄县	—
亮叶木莲	河口大围山国家级自然保护区	—
毛果木莲	屏边县大围山国家级自然保护区，金平县马鞍底乡	386
毛枝五针松	麻栗坡老山省级自然保护区	—
弥勒苣苔	石林圭山国家森林公园，红河弥勒县	2 000
密序苣苔	河口及绿春的居群保护于自然保护区内	—
巧家五针松	云南药山国家级自然保护区	36
水松	富宁县	9
蒜头果	广南的曙光乡和富宁的者桑乡	—
谭清苏铁	绿春黄连山国家级自然保护区	—
藤枣	西双版纳国家级自然保护区、镇康县挂山河保护区，勐养关坪片区	41
天星蕨	大围山国家级自然保护区	—
秃叶黄檗	维西县	—
土沉香	云南西双版纳国家级自然保护区	—
文山红柱兰	马关古林箐省级自然保护区和文山国家级自然保护区	—
五裂黄连	云南金平分水岭国家级自然保护区	1 800
西畴青冈	富宁县	—
喜树	元江国家级自然保护区	—
狭叶坡垒	大围山国家级自然保护区、绿春黄连山自然保护区	—
显脉木兰	马关古林箐省级自然保护区、大围山国家级自然保护区、金平分水岭国家级自然保护区	—
小果单室茱萸	玉龙雪山省级自然保护区	—
心启杓兰	马关古林箐省级自然保护区	—
馨香玉兰	麻栗坡老山省级自然保护区	—
漾濞槭	漾濞县马鹿塘进行了“挂牌保护”	5
玉龙蕨	白马雪山国家级自然保护区、玉龙雪山省级自然保护区、哈巴雪山省级自然保护区	—

续表

物种	就地保护地点	株数
玉龙杓兰	玉龙雪山省级自然保护区	—
云南金花茶	个旧、河口的大围山国家级自然保护区，马关古林箐省级自然保护区	524
云南金钱槭	文山国家级自然保护区老君山片区	—
云南蓝果树	景洪市普文镇	5
云南肉豆蔻	勐腊	—
云南杓兰	玉龙雪山省级自然保护区	—
云南穗花杉	麻栗坡老山省级自然保护区、小桥沟国家级自然保护区、马关古林箐省级自然保护区、大围山国家级自然保护区	—
长叶苏铁	马关、河口的自然保护区	—
壮丽含笑	文山州、红河州的自然保护区	—
紫荆木	大围山国家级自然保护区，屏边县	—

云南的保护实践证明，建立保护小区或保护点，是就地保护极小种群野生植物的有效措施。以弥勒苣苔为例，该物种于1906年在弥勒县采集到，之后消失了100年，于2006年在石林圭山国家森林公园再次被发现（刘成等，2015）。基于对弥勒苣苔保护的紧迫性，在云南省林业厅的支持下，石林圭山国家森林公园于2014年建立了石林县弥勒苣苔保护小区，保护小区设置永久性标牌、宣传牌、防护栏、巡护路，协同村委会一起开展弥勒苣苔保护小区的管护工作。通过项目的实施，弥勒苣苔由最初发现的640株增至2 000余株，生境由当初的150亩[①]扩大至300余亩。此外，一些物种虽然尚未建立保护小区或保护点，但也采取了其他措施开展就地保护工作。例如，元江国家级自然保护区对旱地油杉的保护，该保护区科技人员采用样方法、样线法和实测法，对元江县分布的旱地油杉的植株数量、株高、胸径、枝下高、物候特征、径级结构、自然更新情况等进行系统的调查和数据采集，同时记录分布点经纬度、海拔、坡向、坡位、坡度、生境状况，以及伴生物种种类及群落特征，在此基础上对分布于保护区外的旱地油杉进行编号和挂牌保护。

3. 迁地保护成效

植物迁地保护是把生存和繁衍受到严重威胁的物种的一部分（种子、组织或器官、离体培养物、DNA遗传物质等）或通过人工繁殖的植株，迁移到其自然生境以外的条件下，活体保存这些植物种质资源的方法（孙卫邦，2013）。相对于就地保护来说，迁地保护虽然不是首选的保护措施，但对于生境不断恶化的、由于气候变化导致原生境不适合而濒临高度灭绝风险的极小种群野生植物而言，开展其种质资源的种质库保存和人工繁殖基础上的活体植物栽培保存是抢救性保护这些极小种群野生植物的重要措施，也是开展种群回归、重建和恢复工作的基础和前提，种质资源库和植物园是植物迁地保护的重要基地。植物园不但是活植物的博物馆和植物迁地保护的主要阵地，也是开展植物迁地保护生物学研究的重要平台（Chen and Sun，2018；王俊浩和黄忠良，1998）。云南省突破了36种极小种群野生植物人工繁殖的技术难题，已对西畴青冈、滇桐、漾濞槭、云南蓝果树、富民枳等61种极小种群野生植物开展了人工繁殖基础上的迁地保护，占纳入政府层面保护行动计划总数的70.11%（61/87），成功繁殖保存苗木10万余株，为种群回归和重建奠定了基础（表1.3.3）。此外，

① 1亩≈667m^2，下同。

中国西南野生生物种质资源库已保存极小种群野生植物的种子 20 种 94 份，28 种极小种群野生植物的 DNA 材料 156 份。

表 1.3.3 云南省极小种群野生植物迁地保护地点与规模

物种	迁地保护地点	株数
八蕊单室茱萸	勐海县	5 000
白旗兜兰	西双版纳热带植物园，昆明植物园	200
斑叶杓兰	昆明植物园，丽江高山植物园	—
伯乐树	昆明植物园，西双版纳热带植物园，景东无量山	700
叉孢苏铁	昆明植物园，西双版纳热带植物园	1 000
叉叶苏铁	昆明植物园，西双版纳热带植物园	—
大树杜鹃	昆明植物园，云南省林业科学院，腾冲市大唐站	5 000
大叶木莲	昆明植物园	—
单性木兰	昆明植物园	500
德保苏铁	西双版纳热带植物园	—
地枫皮	西双版纳热带植物园	—
滇藏榄	德宏州林业局，昆明植物园，西双版纳热带植物园，瑞丽珍稀植物园	1 200
滇南苏铁	昆明植物园，西双版纳热带植物园，昆明树木园，大围山个旧管理所	3 107
滇桐	德宏州林业局，马关古林箐林场，昆明植物园	5 900
滇西槽舌兰	中国西南野生生物种质资源库	—
多歧苏铁	金平县石洞村，昆明树木园	32
鹅掌楸	昆明植物园，中国西南野生生物种质资源库，西双版纳热带植物园	1 835
萼翅藤	昆明植物园，德宏州林业局	300
富民枳	昆明植物园，昆明树木园	2 282
格力兜兰	昆明植物园	—
观光木	昆明植物园，西双版纳热带植物园	—
广西青梅	西双版纳热带植物园	—
旱地油杉	新平县水塘镇	2 000
胡黄连	贡山县迪麻洛，大理鹤庆和丽江玉龙县	2 000
华盖木	昆明植物园，红河州金平县马鞍底	4 917
灰干苏铁	昆明植物园，西双版纳热带植物园，个旧市蔓耗镇	1 300
喙核桃	西双版纳热带植物园，昆明植物园	—
景东翅子树	景东亚热带植物园，景东花山，西双版纳热带植物园	4 900
连香树	昆明植物园，西双版纳热带植物园，镇雄县付家寨，中国西南野生生物种质资源库	—
亮叶木莲	昆明树木园	40
毛果木莲	昆明植物园，屏边县	9 000
毛枝五针松	昆明植物园，昆明树木园	350
弥勒苣苔	昆明树木园	55
密序苣苔	昆明植物园	—
巧家五针松	巧家县，西南林业大学，禄丰一平浪林场，昆明植物园，昆明树木园，楚雄紫溪山林场，中国西南野生生物种质资源库	8 830

续表

物种	迁地保护地点	株数
水松	西双版纳热带植物园，昆明植物园，中国西南野生生物种质资源库	—
蒜头果	昆明植物园，昆明树木园，广南县	22 437
谭清苏铁	昆明植物园	—
藤枣	西双版纳热带植物园，普洱太阳河	150
天伦兜兰	昆明植物园	—
天星蕨	西双版纳热带植物园，昆明植物园	—
秃叶黄檗	昆明植物园，维西县	2 500
土沉香	昆明植物园和西双版纳热带植物园	—
文山兜兰	昆明植物园	—
文山红柱兰	西双版纳热带植物园	—
五裂黄连	昆明树木园	1 000
西畴青冈	马关古林箐，昆明植物园	1 645
喜树	昆明植物园，中国西南野生生物种质资源库	—
狭叶坡垒	绿春县腊姑	5
显脉木兰	昆明植物园	—
馨香玉兰	昆明植物园，盈江县铜壁关，麻栗坡县老君山	600
杏黄兜兰	昆明植物园	1 000
漾濞槭	昆明植物园，红河州芷村，云龙县漕涧，漾濞县老和尚山	50 000
云南金花茶	昆明植物园，西双版纳热带植物园，马关县，河口县	758
云南金钱槭	昆明植物园，昆明树木园，麻栗坡县老君山	2 051
云南蓝果树	昆明树木园，昆明植物园，西双版纳热带植物园，西双版纳国家级自然保护区，普洱市太阳河自然保护区	20 000
云南肉豆蔻	西双版纳热带植物园	—
云南穗花杉	昆明植物园，西双版纳植热带物园，中国西南野生生物种质资源库	—
长叶苏铁	昆明植物园	3 000
壮丽含笑	昆明植物园	—
紫荆木	屏边县，西双版纳热带植物园，中国西南野生生物种质资源库	1 100

昆明植物园从 2015 年开始建设了“极小种群野生植物专类园”。该专类园占地 21.3 亩，已构建了 44 种极小种群野生植物的迁地保护种群，在昆明植物园早期进行迁地保护的壮丽含笑、华盖木、滇桐、云南金钱槭、萼翅藤、富民枳、漾濞槭等种类已开花结实，标志着这些种类的迁地保护取得了初步成功。为了满足规模化种群恢复与重建的需要，昆明植物园基于遗传多样性与遗传结构的研究，科学采集种子，已成功培育了漾濞槭 5 万余株、滇桐 5 000 余株、西畴青冈 1 000 余株。富民枳在野外可能已灭绝，昆明市濒危动植物收容拯救中心通过种子繁殖、扦插繁殖、根蘖繁殖等人工繁育技术培育富民枳苗木 2 000 余株，建立 20 亩富民枳种质资源收集圃。云南省林业科学院昆明树木园建设了 50 亩“珍稀濒危和极小种群植物专类园区”，其中划出 5 亩左右的种苗繁育区，完成了 300m^2 的温室大棚建设，初步建成了 10 亩“极小种群野生植物迁地保护基地”，定植了极小种群野生植物 10 种。

4. 近地保护成效

近地保护是对分布区极为狭窄、生境极为特殊、分布点极少的极小种群野生植物，通过人工繁殖并构建苗木数量和种群结构，在其分布区周围选择气候相似、生境相似、群落相似的自然或半自然地段进行定植管护，并逐步形成稳定的种群，它是一种还需要进一步研究、探索实践和不断完善的极小种群野生植物保护新模式（孙卫邦，2013；许再富和郭辉军，2014）。近地保护强调“人工管护”，具有保护、科研观察和科普展示的功能，是介于回归自然和迁地保护之间的一种特殊的保护措施（孙卫邦和韩春艳，2015）。云南省积极探索极小种群野生植物的近地保护，对云南蓝果树、西畴青冈、华盖木、滇桐、巧家五针松等 9 种极小种群野生植物开展了近地保护试验，占纳入政府层面保护行动计划总数的 10.34%（表 1.3.4，表 1.3.5）。值得一提的是，云南省林业科学院建立了 3 个云南蓝果树近地保护种群进行比较：① 2009 年 6 月，在景洪市关坪定植云南蓝果树 1 年生苗木 300 余株，2013 年 1 月人工监测统计时保存 200 余株（保存率 66.67%），其胸径和高度都有明显增加；② 2010 年 7 月在普洱太阳河国家森林公园定植 1 年生幼苗 170 株，2013 年 1 月监测发现，存活 110 株，分析死亡的主要原因是旱季缺水；③ 2014 年 8 月在普文镇近地栽培 500 株 1 年生幼苗，3 年的成活率达到 90%（Yang et al.，2017）。

表 1.3.4　云南省极小种群野生植物近地保护地点与规模

物种	近地保护地点	株数
八蕊单室茱萸	勐海县	1 000
大树杜鹃	高黎贡山	
滇桐	马关县古林箐乡	210
旱地油杉	新平县水塘镇	1 500
华盖木	西畴县，马关县古林箐乡	200
毛果木莲	屏边县	2 500
秃叶黄檗	维西县白济汛乡	2 500
西畴青冈	云龙县志奔山和马关县古林箐	135
云南蓝果树	普洱市太阳河，景洪市关坪	810

表 1.3.5　云南省极小种群野生植物近地 / 迁地保护基地

近地（迁地）保护基地	地点	保护物种
滇西极小种群野生植物近地 / 迁地保护试验示范研究基地	云龙县	漾濞槭、西畴青冈、水杉、馨香木兰、巧家五针松等 17 种
滇南极小种群野生植物近地 / 迁地保护基地	西畴县 马关县	华盖木 西畴青冈
高黎贡山珍稀濒危特有植物近原生地保护基地	保山市	保山茜、滇重楼、云南黄连、金铁锁、珠子参等 52 种珍稀濒危特有植物
大围山“近地保护试验示范基地”	屏边县	毛果木莲
极小种群野生植物专类园	昆明植物园	漾濞槭、西畴青冈、毛枝五针松、巧家五针松、普陀鹅耳枥、云南金钱槭、滇桐等 51 种极小种群植物
珍稀濒危和极小种群植物专类区	昆明树木园	云南蓝果树、富民枳、毛枝五针松、巧家五针松、蒜头果、云南金钱槭、弥勒苣苔、滇南苏铁、长柄叉叶苏铁、亮叶木莲

5. 回归自然与种群重建成效

回归自然（包括增强性回归）是拯救保护极小种群野生植物的重要措施。尽管国际自然保护联盟物种生存委员会（IUCN-SSC）于2013年制定了 *Guidelines for Reintroductions and Other Conservation Translocations*，*Version 1.0*（http://www. iucnsscrsg.org），我国也开展了一些植物回归自然的探索与实践工作，但从全球范围来看，也还处于研究、探索阶段（孙卫邦，2013）。若按回归成功的最终标准“回归物种形成能自我更新、稳定的、同其所处的植物群落协同发展、并参与生态功能的种群”来看，还没有一种植物成功地实现真正意义上的回归。云南省积极开展极小种群野生植物回归自然与种群重建试验示范工作，共构建了华盖木、杏黄兜兰、云南蓝果树、西畴青冈、漾濞槭等20种极小种群植物的回归种群，占纳入政府层面保护行动计划总数的22.99%（20/87）（表1.3.6）。

表1.3.6　云南省极小种群野生植物回归地点与规模

物种	回归与种群重建地点	株数
八蕊单室茱萸	勐海县西定乡	2 000
白旗兜兰	普洱市	60
伯乐树	景东无量山国家级自然保护区	460
滇南苏铁	个旧狗滚坡	486
滇桐	盈江县苏典乡和江东乡	235
萼翅藤	瑞丽市	—
富民枳	富民县永定镇	250
华盖木	西畴县小桥沟和上厂，金平县马鞍底乡，大围山地区，马关县古林箐	15 461
毛果木莲	金平县马鞍底乡	700
巧家五针松	巧家县	400
藤枣	普洱市太阳河	—
五裂黄连	昆明树木园	—
西畴青冈	富宁县，西畴县小桥沟	650
显脉木兰	马关县古林箐	50
馨香玉兰	麻栗坡县老君山	500
杏黄兜兰	西畴县小桥沟，高黎贡山东坡	1 000
漾濞槭	漾濞县石钟村、平坡镇，丽江市鲁甸乡	4 800
云南金花茶	河口县大围山	—
云南金钱槭	麻栗坡县坝心乡、小街镇，屏边县大围山	2 240
云南蓝果树	景洪市普文镇	1 600

二、保护模式与能力建设

通过实践与探索，云南省形成了一套完善的集综合保护体系（资源调查、就地保护、近地保护、迁地保护、种群增强与回归）、“政府—科研机构—非政府组织”多渠道筹资合作机制、保护技术培训与试验示范、科普宣传与知识传播为一体的极小种群野生植物保护模式。

1. 完善的保护体系

云南省针对极小种群物种，开展专项调查，强化就地保护；建立人工繁育基地、实施迁地保护措施，为种群回归与恢复重建、实施科研监测与研究奠定了基础；建立保护小区（保护点），拓展了就地保护形式；开创了近地保护模式；建立具有收集、保存、展示、繁育和回归物种功能的近地保护园（基地），通过科普宣传与立法打造极小种群植物的知名度，突出极小种群植物保护的重要性，形成了较完善的极小种群植物保护体系（图 1.3.1），实现了极小种群物种种群数量的稳定和增长以及生境的改善。

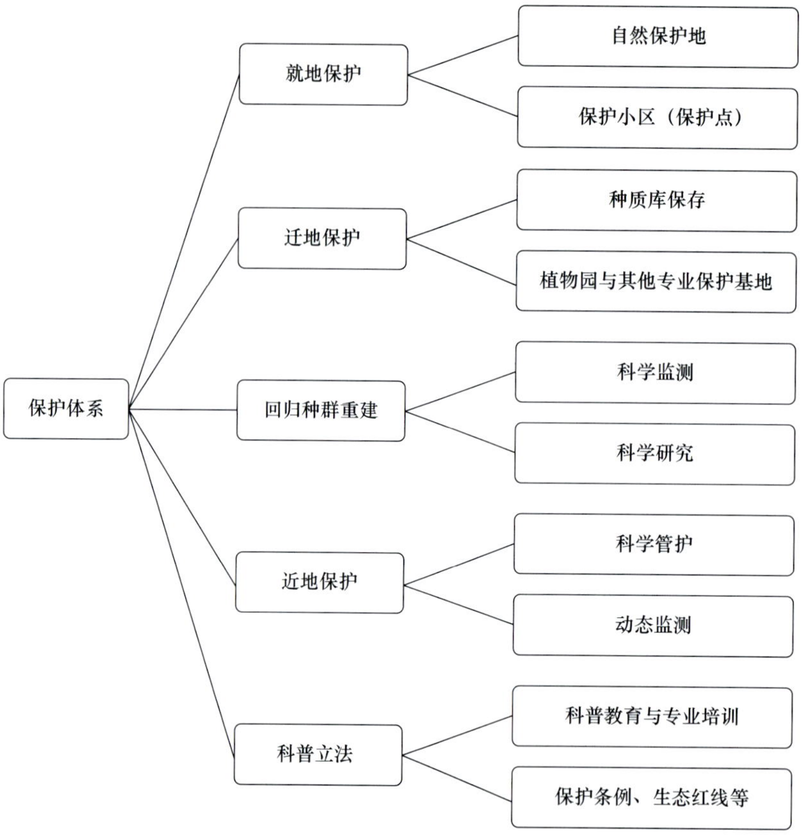

图 1.3.1 极小种群植物保护体系

2. 多渠道资金筹措机制

云南省采取“技术支撑单位 + 基层林业部门”联合实施的方式，突破了过去单一靠政府预算的筹资方式，树立“政府—科研机构—非政府组织”合作的典型，形成以科技为先导和支撑，以法制建设和资金投入为保障的资金筹措机制（图 1.3.2）。2009 年，以华盖木为代表的“滇东南濒危木兰保护示范项目”在文山实施，该项目由一个基于项目地的保护区（文山国家级自然保护区管理局小桥沟管理分局），一个基于项目地的林业部门（文山州林业局），三个技术单位［野生动植物保护国际（Fauna & Flora International，FFI）、中国科学院昆明植物研究所、云南省林业科学院］，两个项目资助方和协调方（昆明环保科普协会又名“绿色昆明”、云南绿色环境发展基金会）组成，充分发挥了专业机构现有的专业能力，提高了效率、节约了资源，以林业主管部门作为合作伙伴，参与到项目的监督和管理之中，为项目的顺利实施提供了很大的动力和保障，并且能够提高保护成效、保证更好的持续性。该项

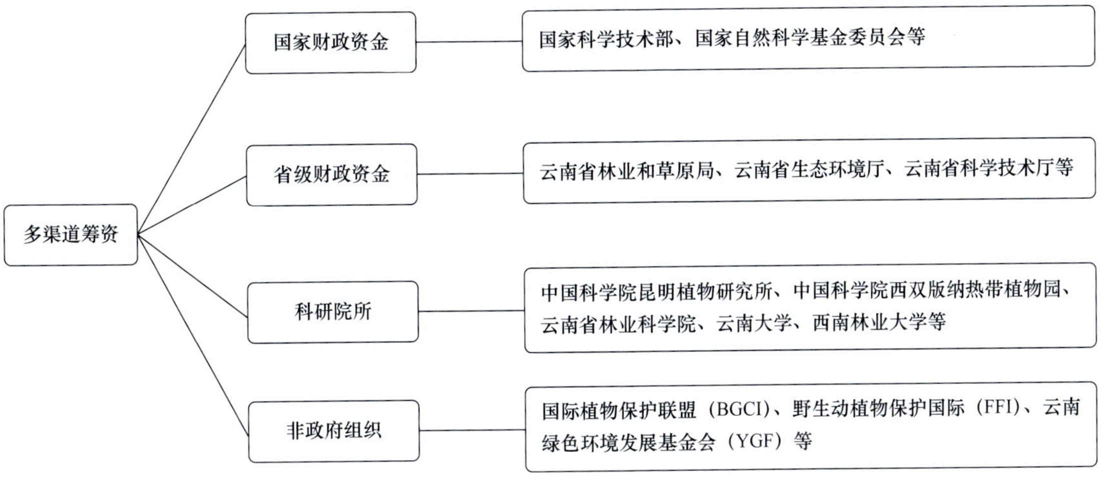

图 1.3.2　资金筹措方式

目在文山国家级自然保护区小桥沟片区回归华盖木 400 株，成活率为 43.5%，创造了国内第一个乔木回归树种的监测机制，通过一系列的环境教育活动，使小桥沟保护区周边社区的村民和学校师生及文山壮族苗族自治州（以下简称文山州）群众的保护意识得到了一定提高，增加了对自然保护工作的了解，为其他珍稀濒危植物的回归提供了借鉴。

第四节　保护研究进展

对极小种群野生植物展开围绕其保护生物学相关的科学研究是开展综合保护工作的重要基础，是探索极小种群野生植物种群生态、分布及致濒原因，掌握物种繁育等技术，实现极小种群野生植物的科学管理和有效保护，最终实现种群恢复与可持续利用的必要手段。本节整理和阐述了 152 个云南省分布的极小种群野生植物在物种保护生物学领域的研究进展和研究结果，及其对实施保护工作提供的科研指导和相应的理论基础，并综合讨论了云南省极小种群野生植物保护研究的未来方向。

一、种群生态学调查研究

对极小种群野生植物的分布范围和种群规模的全面认识是开展物种研究与综合保护的基础。采用科学手段衡量其种群结构和动态，可以了解种群现状并分析种群的过去与未来的发展趋势。探索物种生态环境特征及人为干扰因素和强度，可以了解种群对环境的依存关系并反映物种的生态需求，提供建立有针对性保护策略的必要信息。在整理并统计了 152 个云南省极小种群野生植物的种群调查与种群结构动态的研究资料后，我们发现：在 87 个国家和省级极小种群野生植物中，有较全面的种群调查和种群结构或生态学相关研究资料的仅 36 个，占 41.38%；而国家科技基础资源调查专项中的 65 个潜在极小种群野生植物中仅有 15 个有相关资料，占 23.08%。但这些研究中，从物种层面查清野外分布点数量、大致个体数和分布面积的并不多。

152 个物种中，蕨类植物有 4 个（法斗观音座莲、二回原始观音座莲、天星蕨、玉龙蕨），均为省级极小种群野生植物，但仅玉龙蕨有已发表的群落调查文献，其数据来源于该文作者参与的《云南省第二次国家重点保护野生植物资源调查》的资料。在22个裸子植物中，除了14个苏铁类植物，其余的8个物种有6个开展过不同程度的调查工作，这几个物种是：旱地油杉、毛枝五针松、巧家五针松、澜沧黄杉、云南穗花杉和水松。其中，毛枝五针松、巧家五针松和水松的文献既有分布点，也有现存个体数的数据。虽然水松的分布点高达42个（陈雨晴等，2017），且分布范围很广，但其个体数却没有超过300株，半数分布点残存于农田地带，人为干扰极其严重。云南省目前仅在文山州富宁县者桑乡发现一棵水松，同样已被农田环绕。毛枝五针松分布点仅有3个（周云等，2012），共358株。这个物种的调查数据获取极其不易，因为它仅生长于石灰岩山顶地区，需要调查者攀爬多座石灰岩山，难度高且有很高的危险性。很多极小种群野生植物生长的环境都具有相当的调查难度，这是限制物种调查和种群研究的主要因素。贡山三尖杉和康定云杉没有相关文献，它们都是分布极为狭窄、个体数量极其稀少的物种，国家科技基础资源调查专项“中国西南地区极小种群野生植物调查与种质保存（2017FY100100）”也将对它们的分布现状进行详细调查。其他物种的大致情况可见表1.4.1。

表1.4.1 极小种群野生植物分布与生境

物种	资源量	地理分布及生境	受威胁因素	文献
玉龙蕨	分布点：5 分布面积：1.5km^2	云南香格里拉市的天宝山、石卡雪山，德钦县的奔子栏镇达日山高山地带冰川边缘，雪线附近的流石滩岩隙	适生分布区域狭窄，自然更新困难，遭到严重干扰，竞争处于劣势	余潇等，2018
旱地油杉	分布点：3	云南哀牢山东侧山脚，沿红河上游的干热河谷两岸	—	薛纪如和火树华，1981；牟凤娟等，2016
毛枝五针松	分布点：3 个体数：358 分布面积：6 616km^2	云南省文山州麻栗坡县、马关县和西畴县，气候温凉湿润的石灰岩山顶，对生境要求独特，生长缓慢	由于特殊的自然生存环境，自然更新很差，木材不断被偷砍盗伐，结实量小，种子优良率仅为10%	周云等，2012
巧家五针松	分布点：1 个体数：32	云南省巧家县。阳性先锋树种，可能自第三纪以后没有遇到大面积的适于它生长的凉爽干燥的气候条件	长期的植被演替和生物演替过程中逐步被适应性更强的被子植物排挤。从种群的发展动态来看，必然退出该群落	张志勇和李德铢，2003
澜沧黄杉	分布点：5	云南贡山、兰坪、维西、得钦等地山坡及沟边松林或松栎林中。在云南现存天然纯林面积已经很少	过度砍伐利用	孙卫邦等，2003
云南穗花杉	分布点：20	滇东南的麻栗坡、屏边、富宁、西畴和马关，黔西南的兴义、六盘水、六枝和水城，广西德保等地的石灰岩山	取食果实（药用）	杨成华等，1998；内部资料
水松	分布点：42 个体数：257	在我国南亚热带温暖湿润的平原地带，水松主要沿着河岸、沼泽或水田边缘分布。目前超过半数种群分布在农田周围	生境立地条件和生态环境受到严重干扰，大部分种群无法自然更新，个体死亡率高，导致其种群快速衰退	韩丽娟等，1997；陈雨晴等，2017
云南金钱槭	分布点：5 分布面积：0.21km^2	贵州兴义、云南文山和红河地区，云南东南部文山州亚热带气候的山地季风常绿阔叶林，常长于林缘或次生阔叶林中。喜欢温凉气候	农地扩大。喜光，不适应森林内部环境，种群间被低海拔地段炎热气候隔离而不能扩张。要维持较高个体数量，适当的干扰是必需的	欧阳志勤等，2007；苏文华等，2006
古林箐秋海棠	分布点：2 个体数：84 分布面积：0.09km^2	马关县古林箐乡，属低纬度亚热带东部型山地季风气候的常绿阔叶林中或林缘	生境中种植大量草果和杉木，生境片断化	马宏等，2007

续表

物种	资源量	地理分布及生境	受威胁因素	文献
喙果秋海棠	个体数：100～150 分布面积：$2km^2$	河口南溪河沿岸常绿阔叶林下的石灰岩石壁或石缝，附着生长的石灰岩石壁半风化，根际土层薄，属低纬度亚热带季风气候	种子传播及扩散繁衍受限	税玉民和陈文红，2017
伯乐树	分布点：114	长江流域各省，多生于亚热带常绿阔叶林山地		龚维等，2015
连香树	—	间断分布于西自四川，东至浙江，北起山西，南达江西等省的各个孤立山区，暖温带及亚热带山地的杂木林中	结实率低，幼苗易受危害，自然更新困难。历年来砍伐严重，分布区逐渐减少，成片植株罕见，生境破碎化严重	丁宝章，1981；姚连芳等，2005
萼翅藤	分布点：3	云南省铜壁关自然保护区盈江县那邦坝、瑞丽芒林水库、瑞丽弄岛的季节雨林	热区土地资源开发，生境大量散失，自然更新困难，外来物种入侵	侯昭强等，2017
大花红景天	分布点：23	分布于西藏自治区、四川甘孜阿坝藏族羌族自治州、云南迪庆藏族自治州、青海果洛藏族自治州的高海拔地区，生境为高山流石滩、沟坡及石缝中	人为大规模灭绝性采挖	范芳芳等，2017
广西青梅	分布点：3 个体数：400	广西那坡、云南勐腊的热带季雨林，终年高温、高湿、静风，为热带季风气候区	幼苗难以长成幼树、小树，广西青梅植株随年龄的增加对光的需求变化快，使得个体较难通过强烈的环境筛选进入种群的更替层	赵学农等，1993；李宏伟，2006；蒋迎红等，2016
狭叶坡垒	分布点：6	原狭叶坡垒仅分布于广西十万大山，与多毛坡垒合并后，在云南绿春县、江城、金平、河口、屏边也有分布。生长于沟谷、溪边，群落内岩石裸露率高	第三纪残留种，受地理阻隔，分布区狭窄。植株生长缓慢，顽拗型种子易失去活力或被水流冲走，人为砍伐严重	黄仕训等，2008；内部资料
西畴青冈	分布点：3 个体数：10	仅分布于云南省麻栗坡县、富宁县和贵州省册亨县石灰岩地区的亚热带湿润常绿阔叶林中	生境完全丧失，个体数极少，种子失水后很快失活，人为砍伐	—
三棱栎	分布点：4	云南的孟连、澜沧、沧源、西盟。分布区为南亚热带季风气候的常绿阔叶林	人为砍伐和生境丧失	孙卫邦等，2004；Sun et al.，2011
弥勒苣苔	分布点：6 个体数：8 000	石灰岩山地林下石壁上	—	高乞和许为斌，2011；税玉民，2007；许为斌等，2009
金丝李	分布点：14 个体数：<1 200	北热带、南亚热带喀斯特季雨林性阔叶林或中亚热带至南亚热带季风阔叶落叶和常绿混交林组成的次生林群落中，生长于峰丛洼地、峰林谷地的石山上	生境破坏与人为干扰，与其他物种的竞争中难以取得优势地位，导致其种群更新缓慢。种子易被取食，发芽不易	张俊杰等，2017
海菜花	—	湖泊、池塘、水田、河流和水沟等良好的水体环境中。生长的底泥和土壤环境复杂，有沙泥、红壤泥、稻田土等	海菜花对水环境很敏感，水质污染会导致种群衰退或消失	翟书华等，2017
喙核桃	—	云南富宁、西畴、麻栗坡，广西永福、南丹、巴马、东兰、罗成、龙胜，贵州三都、榕江和兴义。生长于亚热带沟谷季雨林群落	人为干扰	龙秀琴，2002；张智勇，2013；杨金华等，2016
茶果樟	分布点：5	云南玉龙县次生常绿阔叶林中	人为采集果实，生境破坏	Dong et al.，2016
无柄醉鱼草	分布点：4	仅沿高黎贡山北麓山脊两侧零星分布，见于海拔 2 700m 以上铁杉林下开阔处	人为干扰使得居群破碎化，进一步导致居群植株间传粉受阻	内部资料
腺叶醉鱼草	分布点：2 个体数：<50	丽江剑川老君山，大理鸡足山，生长于山地疏林中或山坡灌木丛中	人为干扰	内部资料

续表

物种	资源量	地理分布及生境	受威胁因素	文献
大理独花报春	分布点：1	生长于大理苍山冷杉林下、杜鹃矮林下草地和杂木林内潮湿处	对伴生植物贝母的采挖同时也破坏了大理独花报春的生境，甚至直接破坏了植株	黄媛，2006
云南肉豆蔻	分布点：3	仅见于云南西双版纳热带季风气候的低山潮湿的沟谷雨林中。土壤除山脊外比较湿润肥沃，土层较深厚	衰退型种群，幼体比例减少而老体比例增大，种群的死亡率大于出生率，种群的数量趋于减少	许林红等，2017
单性木兰	分布点：4	广西西北部环江县广西木论国家级自然保护区内、罗城县以及贵州东南部荔波县、云南麻栗坡县和马关县的中亚热带常绿落叶阔叶混交林	木论国家级自然保护区种群保护状况良好，种群结构稳定	彭玉华等，2016；张启伟等，2013
鹅掌楸	—	我国11省有分布	人为干扰、种群小，地理隔离	郝日明和贺善安，1995
馨香玉兰	—	云南省西畴县和麻栗坡县亚热带季风气候的南亚热带常绿阔叶林中	过度人为干扰导致生境内发生孤岛状的干燥化，影响种群更新	柴勇等，2008；徐加汉等，2016
壮丽含笑	分布点：8 个体数：50—60	云南西南部（泸西）、东南部（文山州、红河州）	—	Cai et al.，2017
观光木	—	东南部热带到中亚热带地区，零星生于常绿阔叶林中的林缘和疏林之中	开花后落花落果严重，更新困难，生境破坏	李毓敬等，1989；郭承则和马培珍，1995；马朝明等，2017
藤枣	分布点：11 个体数：60	云南南部和东南部热带季风气候的山地雨林或季节雨林的湿润的密林、沟谷或石坡山	不见幼苗，自然繁殖困难，热带雨林破坏	侯昭强等，2015；刘万德等，2017
云南蓝果树	分布点：2 个体数：8	云南省景洪市普文镇，热带北缘季风气候中植被保存良好的沟谷雨林中低洼潮湿处，通常沿着溪流或沟塘分布	生境破坏	陈伟等，2011
蒜头果	—	广西西部及云南东南部，跨南亚热带的常绿阔叶林石灰岩山地	固有生物学特性对种群发展不利，动物易取食果实，生境破坏导致幼苗难以萌发和成活	赖家业，2006；梁月芳等，2003
滇西槽舌兰	分布点：2 个体数：200	云南省迪庆州香格里拉县，生长在金沙江边河谷向阳斜坡的云南松和高山栎混交林中，紧紧地附生在离地面1m以上的高山栎的树干和树枝上，偶尔也会附生在杜鹃树和石头上	—	金效华，2003
杏黄兜兰	—	云南省西部的碧江和泸水等地的亚热带山地季风气候的次生阔叶灌木林和草丛，可忍受阳光直射和在斜阳照射到的高郁闭度的林下（陡坡）生长。大乔木形成的密林下和潮湿、平坦积水处没有分布	生长空间被完全剥夺和人为灭绝性采集。适度的生境人为干扰，有利于它的繁衍和扩展，但不能过度。群落自然演替可能会影响其生存	刘仲健等，2006
麻栗坡兜兰	个体数：<200	我国云南东南部、广西西部、贵州西南部。中亚热带季风气候区。生长于坡度陡峭的石山缓石缝间腐殖土积聚较多、腐殖质较厚、疏松的山体中上部	人为采挖严重	刘仲健等，2002；谢代祖等，2011；内部资料
白旗兜兰	个体数：10	云南南部（普洱），生于河谷边较为阴湿的石崖覆土上	生境非常恶化，开花时易被发现和采挖	叶德平和罗毅波，2006；内部资料
文山兜兰	分布点：1 个体数：150	仅在云南文山有一个分布点	人为采挖严重	内部资料
龙棕	—	云南省昆明、楚雄、丽江、玉溪、大理，气候属中亚热带季风气候区，中亚热带半湿性常绿阔叶林	种子萌发和幼苗成长需要一定的阴湿条件，生境改变对其影响较大。人为采挖使用或做农用扫帚	董晓东等，2002

续表

物种	资源量	地理分布及生境	受威胁因素	文献
西南远志	—	喜马拉雅山以东，横断山脉的“稀树高草群落”和灌丛草坡，呈片状疏散分布	在20世纪50年代初期，随处可见，到50年代末期因作为中药被人为挖掘已几乎绝迹	向碧霞等，1995
富民枳	—	分布于滇中高原富民县老青山周边峡谷阳坡石岩山地灌丛中	野生资源已经灭绝	—
紫荆木	—	广西、广东和云南东南部。贵州荔波石灰岩山地和山顶偶有分布。生境类型多样。分布区气候温暖潮湿。能耐干旱瘠薄的环境，在石灰岩山地和土山上也能生长	—	蔡琳颖等，2018
胡黄连	—	喜马拉雅山脉及以东的云岭山脉、他念他翁山脉—怒山山脉、伯叔拉岭—高黎贡山山脉的高山杜鹃灌丛、高山草甸、雪流谷地石隙内	高强度的人为采挖	刘小莉等，2008；杨少华等，2009
矮马先蒿	分布点：1 个体数：300 分布面积：0.000 1km^2	云南省高黎贡山南部	种群小，生境丧失	Li et al.，2016
克氏百部	—	云南省玉溪大龙潭、小甘坝、红河冷墩的山坡或林下灌木丛中	生境片段化，种群更新困难	内部资料
云南百部	分布点：14	金沙江干热河谷流域，分布于云南省鹤庆县黄坪镇、丽江涛源镇、香格里拉奔子栏镇、四川省攀枝花、德钦等地的山坡和灌木丛中	人为干扰	内部资料
平当树	—	最北端分布于四川的屏山县，从北向南分布于云南的永善、大关、会泽、泸水、禄劝、石屏、金平等地的干热河谷地区的稀树灌草丛中，滇东北金沙江流域为平当树分布较为集中的区域	人为干扰，自然更新差	马晨晨等，2017
景东翅子树	分布点：9 个体数：2 432 分布面积：0.708km^2	云南省景东县，石灰岩山系特殊的生境中。属于中山河谷地区的亚热带半湿润气候的季风常绿阔叶林	高度15m以上的翅子树只有18株，为衰退型种群，生活史中存在二次种群数量明显降低的过程，人为干扰所致	罗忠华等，2011；袁春明等，2011
云南金花茶	分布点：3 个体数：663	云南省个旧、马关、河口，北热带和南亚热带气候。一些居群适应石山生境，另一些居群则石山、土山两种生境都适应	结实率低，有些植株的叶子被大量采摘，野生生境破坏严重	张贵良等，2015

几乎所有文献都提及人为干扰是影响种群生存和延续的主要因素。诚然，人类活动对生境的破坏已经使很多物种的适生生境丧失、种群破碎化或隔离。但细分来看也存在差别，如用材树种一般易受砍伐影响；药用植物则是受到灭绝式的采挖。例如，胡黄连、大花红景天、西南远志、小白及、石斛等药用植物本身并不是分布狭窄或具有特殊生境要求的物种，但其野外资源量近几十年来大幅下降。在大理苍山对大理独花报春的调查发现（黄媛，2006），贝母为该物种的伴生种，在人为采挖贝母时，该物种也会遭到破坏。这个案例体现了野生药用植物资源采挖不仅对采挖目标的资源造成了破坏，也会牵连到伴生的其他物种。据有长期野外调查经验的专家回忆，这个现象在兰科观赏类植物资源遭采挖时也常常发生，与采挖目标相似的兰科植物也会被采挖和随意抛弃。兰科植物的很多物种不仅本身分布狭窄，生境特殊，同时还因它们具有极高的观赏价值而被采挖，是列入极小种群野生植物名单中种类最多的一个科。

但是，不可忽视的是，除了人为干扰外，物种本身具有的生物学特性或其进化和发展历史也是这些物种在面对人为干扰时更为脆弱的原因。例如，对巧家五针松的群落演替中物种连接性研究发现（张志勇和李德铢，2003），在长期的植被和生物演替过程中，这个物种逐步被适应性更强的被子植物（阔叶树种）所排挤是造成其濒危现状的主要因素。研究断言，从种群的发展动态来看，它将必然被淘汰出现存的群落。对云南金钱槭的群落特征研究发现（苏文华等，2006），该物种的局限分布是第四季冰期后分布区退缩入避难所后形成的，因不能适应分布区山下谷地的低海拔气候，其现存分布区已不能扩大。此外，该物种不适应常绿阔叶林内的环境，而分布在林缘有适度干扰的区域中。研究认为对云南金钱槭来说，原生森林植被完全恢复反而会减少其个体数量，种群生存需要适当的干扰。

冰期后在避难所残存的孑遗物种，本身具有很高的研究和保护价值。它们往往呈现分布点多、分布范围广，但是种群个体数量少的特点。例如，水松、连香树、伯乐树、狭叶坡垒、喙核桃、鹅掌楸、观光木等物种，其分布常常跨多个省。对此类物种的研究多是针对某个局部种群的，但涵盖其整个分布区范围的种群生态学研究和调查却相对缺乏。可以理解的是，针对一个物种开展大规模的调查非常耗费人力物力，不易开展。但是这些古老物种具有特殊的科研和保护价值，对它们开展全面的种群生态学调查研究，能提供非常重要的研究启示，应引起足够的重视。以鹅掌楸为例，郝日明和贺善安（1995）对鹅掌楸整体分布的研究认为，该物种存在花粉发育不正常、种子多数空瘪、发芽率不高等生殖生物学的问题只是表面上的致濒现象。濒危主要原因为物种在分布变化中被挤压和迁移到胁迫更强的生境中后，逐渐产生生态、生理和遗传三方面的综合障碍。该研究发现在鹅掌楸最适生境中，生殖生物学上的障碍就大为降低或者并不明显。黄绍辉（2007）对连香树位于 7 个省的 10 个种群开展了较为全面的保护生物学研究，并对这些种群的自然条件、植物区系地理成分、物种多样性和物种生态位进行了分析，积累了宝贵的本底资料，发现不同种群所在群落的自然条件、物种组成、群落外貌和结构、物种优势度和重要度差异显著，但共同点是区系成分起源古老、过渡性质明显。

此外，通过分布模型分析物种适生区，并预测物种分布格局响应全球气候变化的研究，可以为种群的就地和迁地保护提出更符合物种长期存续的措施。例如，对伯乐树的潜在适生区预测研究（龚维等，2015）认为其潜在适生区位于华南地区，最适分布区位于南岭地区以及罗霄山和幕阜山。随着全球气候变化，伯乐树的潜在适生区会北移，并导致最适分布区面积下降。研究建议对伯乐树最适分布区加强就地保护和跟踪监测，对最适分布区外或边缘的种群开展迁地保护，并核查一些适生区内是否存在伯乐树的分布。

以上研究对解释濒危孑遗植物的分布特点和制定保护措施有重要意义。此类物种多不耐寒冷或暑热，或多或少仅在适宜其生存的避难所环境中残存，种群间地理隔离，分布区无法扩大，如无人为干扰，则物种也可长期存续。一些物种的部分或全部种群可能已并非生存在最适生境中，在其他物种的竞争或挤压中处于群落边缘或弱势，导致其繁殖更新特性出现障碍，更加无法面对生境的改变、人为干扰或全球气候变化。在就地保护中，应注重保护物种在最适生境中的种群；而在保护处于群落边缘的种群时，应考虑视情况对其生境施加适当的干扰以协助其生存。在迁地保护中，要重视对非最适生境中的衰退种群优先开展保护，着重保存这些种群的种质资源。

有的物种具有一个或几个生存状态较好的种群，对这些种群开展种群特征和群落成分及结构等研究，也具有重要价值。例如，广西木论国家级自然保护区内保存的单性木兰最大的成片分布种群，对其开展的生态位研究（金俊彦等，2013）发现它不仅是群落的建群种，还呈现出最大的环境适应性和对环境资源的优势利用，这个种群的径级结构研究（张启伟等，2013）显示它是一个稳定存活的种群，受到了良好的就地保护。生态位研究（余潇等，2018）发现玉龙蕨对生境资源利用率低，并与珠芽蓼的生态位重叠较高，预测了生境变化后珠芽蓼将占据玉龙蕨的位置。伯乐树在湖南高望界国家级自然保护区和广东龙门南昆山省级自然保护区分别具有就地保护的种群，对它们的研究（乔琦等，2010；张自亮和龙菊美，2017）发现这两个种群均存在某一龄级个体大量缺失的问题，高望界种群因20世纪80年代的木材收购导致种群中龄树萎缩，在其中一个地块上发现毛竹种植会抑制伯乐树的种子萌发和幼苗生长，在昆山种群中，幼龄树罕见，该地毛竹种植正是主要人为干扰因素。种群径级结构研究还发现云南肉豆蔻（许林红等，2017）、馨香木兰（徐加汉等，2016）、景东翅子树（罗忠华等，2011；袁春明等，2011）均为衰退型种群，其形成因素均与人为干扰有关。此外，物种分布区的种子植物区系、种群空间分布格局等研究（麻栗坡兜兰、杏黄兜兰、广西青梅、狭叶坡垒、喙核桃）为物种所处分布区的群落特征保留了细致的本底资料，反映物种所在群落的动态结构稳定性，有利于引种回归或近地保护中对物种生境的选择。

二、物种繁殖生物学研究

繁殖是物种延续的基本行为和过程，是种群形成、发展和进化的核心，其成败决定了物种或种群在自然界的最终命运。根据李典谟和徐汝梅（2005）的《物种濒危机制和保育原理》，在繁殖生物学的角度，有三个方面的问题可能引起物种濒危：①物种自身在生殖发育的过程中出现异常导致败育；②交配系统差异引起自交衰退或远交衰退；③环境、生态学因素胁迫影响生殖成功率和种群更新。

保护生物学研究要探讨物种生活史的特定阶段在环境变化的胁迫下可能面临的问题，就要研究从大小孢子发生到种苗生长的环节可能存在的障碍，导致研究内容变得十分广泛。不仅要在个体水平上研究开花、传粉、受精机制，而且要在群体水平上探讨生殖过程；不仅要探究植物在环境和遗传因子作用下的非随机交配、选择性胚胎败育、果实和种子产量格局、花粉和种子散布格局，而且要探索植物如何在变化的环境中通过生活史特征和生殖特征的最佳组合达到生殖成功，以及繁育系统的进化。因此可以理解的是，完全探讨了以上三个方面研究的物种比较少见。仅统计152个物种中开展过生殖生物学相关研究的物种，则共有41个，其中27个是国家和省级极小种群野生植物。从研究的整体状况来看，大部分研究是对物种繁殖生物学特性的探索，对了解物种的生活史环节和需求有很大的价值，如对云南蓝果树、龙棕、蒜头果、伯乐树等物种的研究。

蕨类植物的生殖生态学研究比种子植物少见，4个蕨类极小种群野生植物（法斗观音座莲、二回原始观音座莲、天星蕨和玉龙蕨）均没有相关报道。Medeiros等（2016）对巴西一种濒危树蕨（*Cyathea corcovadensis*）的孢子萌发和配子体发育的研究揭示了这两个生活史阶段中的最适生境pH、温度和光周期，正与其原生森林环境特征吻合，有助于指导这个物种的保护需求、耐受环境变化的范围。我国的水韭科（Isoetaceae）蕨类植物均为国家Ⅰ级重点保护野生植物，受到的关注和研究频度较高，如姜紫薇等（2015）对云贵水韭人工繁殖基础上的胚胎发育研究找到了败育现象并分析了其原因。刘子玥等（2015）则研究了中华水韭有性生殖的全过程，并发现该物种雄配子体发生率极低，雌配子体存在较多的败育性结构。这些关注了蕨类植物生活史及繁殖器官和繁殖成败的研究均对今后蕨类极小种群植物的研究有较好的启示。

在裸子植物中，除苏铁类外，仅水松有相关研究报道。水松大小孢子发生与雌雄配子体发育环节是正常的，但在生殖成功环节存在授粉严重不足和大量种子空瘪的现象。通过前文可知调查发现的水松有 42 个野生种群，但个体数没有超过 300 株，研究的目标种群仅有 13 株水松，可能个体数稀少是其生殖障碍的主要原因（刘雄盛等，2014；徐刚标等，2015）。

生殖过程异常或失败是物种濒危的重要因素之一。观光木小孢子发育的各个阶段都存在着败育或变形现象，花粉败育严重（付琳等，2009），其大孢子发生、雌配子体形成的过程中也在四分体和成熟胚囊时期存在异常发育现象（唐源江等，2003），可能是该物种结实率低的一个主要因素（曾庆文等，2002）。另一个在生殖发育过程中出现异常败育现象的例子是三棱栎。郑艳玲（2010）对三棱栎的研究（沧源南滚河国家自然保护区种群）发现其大孢子发生和雌配子体发育中出现了多个败育环节，但生理原因不明。三棱栎的小孢子发生和雄配子体发育不存在问题（曾春霞和孙卫邦，2004），但含种子的坚果比率较低，仅为 9.8%（周元，2003）。三棱栎属在第三纪之前分布广泛，也因古地理气候等原因萎缩，是一个地史比较古老的类群。三棱栎 4 个种群的果实均具有较高的败育率，是影响该物种种群延续的关键环节（周元，2004）。虽然壳斗科有 80.2% 的物种产生顽拗型种子（Dickie et al.，2002），但三棱栎种子的储藏特性为正常型（陈虹颖等，2011），可以运用常规的种子库保存技术和储藏条件（脱水低温条件）长期保存，降低了迁地保护该物种的难度。

繁殖生物学致濒的第二个方面，关于自交衰退或远交衰退的探讨并没有涉及云南省极小种群野生植物的相关研究。在第三方面，生殖成功率和种群更新的探讨上，有如下研究：对贯叶马兜铃传粉的研究发现，该物种的传粉者为毛蠓类小型苍蝇，花部有针对此类传粉者的特异结构，若缺乏传粉者的访问，植株就不能结实，其花释放类似鱼腥味的气味可能是吸引传粉者的重要嗅觉信号线索（Chen et al.，2016a）。袁丽洁等（2007）对连香树的开花传粉动态开展了研究，描述了连香树授粉过程的成功因素。研究发现连香树花粉小，为风媒传粉，花粉空间分布试验发现在距花粉源 40m 处仍可以检测到花粉，在距传粉树 2m 处接收到的花粉量最大，在更远的距离则呈现依次减少的趋势；认为对于风媒传粉的物种，在配置人工种群时应当从风向、风速、林分密度等环境因素考虑保证种群的花粉通量和密度。对腺叶醉鱼草的研究发现结实率降低应该是由于传粉者不足导致的（Chen et al.，2015）。

前文已述，郝日明和贺善安（1995）对鹅掌楸整体分布的研究认为，在不适生境下的种群更容易出现生殖生物学问题。其他研究也发现不同种群间存在着差异显著的生育力和结实率（方炎明等，1994；黄双全等，1998），这可能意味着，即使是同一个物种，研究对象的差异（不同种群）对研究结果的代表性也会有先决影响。从保护的角度出发，繁殖生物学研究可能要同时兼顾物种在不同生境（如人为干扰程度不同、最适或非最适生境）下种群的状态，才能得到更准确的研究结果。黄双全和郭友好（1999）对分别位于湖南、浙江和贵州的三个鹅掌楸自然种群的花部综合征和传粉策略都做了较深入的研究，分析了该物种虫媒传粉的特征、对访花昆虫的吸引和回报策略、种群间传粉者的差异和传粉者对鹅掌楸繁育系统的塑造作用。鹅掌楸虽然没有专性传粉者，但其对昆虫的回报较强，对小种群可能具有增加传粉效率的作用。

兰科植物因其独特的花部结构和传粉机制而倍受学者关注。云南杓兰、滇西槽舌兰、杏黄兜兰都有关于传粉综合征的报道。但仅滇西槽舌兰探讨了生殖环节中可能影响物种生存的因素。滇西槽舌兰具有比较罕见的甲虫专化传粉系统（Jin et al.，2005），并处于一种不稳定的状态，似乎表明该系统可能正处于转变阶段。传粉者较低的访花频率和避免自交的机制可能导致了该物种的坐果率偏低。

在种子萌发和幼苗生长环节，对云南金钱槭的研究发现其种子存在深休眠特性，果皮的化学成分和种子的机械阻碍都可以抑制种子萌发，去除种皮后萌发率很高（Tang et al.，2012；欧阳志勤等，2006，2009b）。干旱及光照不足是限制云南金钱槭幼苗生长的重要原因，稍微遮阴或全光照有利于幼苗生长（邓云等，2008；张光飞等，2009），这或能解释为何群落调查发现云南金钱槭喜分布在适度开阔的林缘地带（苏文华等，2006）。狭叶坡垒种子萌发特性和种子雨的研究（唐文秀等，2009；文彬等，2009）发现该物种的种子为顽拗型，无法在种子库保存，并认为具有顽拗型种子的物种，对原生境有很强的依赖。狭叶坡垒适生的热带雨林，在片断化和不合理的林下土地利用后，林内的“凉湿效应”向“干暖效应”变化，不利于顽拗型种子的散播和萌发。对此类物种的保护必须以保护好该种生存的植物群系和森林原生境，着重就地保护为主要保护方式。

虽然繁殖生物学是植物学中的传统学科，但是在保护生物学研究中涉及繁殖生物学研究时，如能加以探讨该研究对物种保护的意义，在生境和气候变化、传粉媒介变化、综合保护等角度提出对该物种保护工作的指导，可以使保护工作者更加了解物种生存繁衍所需的环境因素，有效指导物种在人工重建种群时针对物种生活史提供适宜的生境条件。

实现人工繁殖是物种保护上一个重要的技术环节，在152个物种中，共有53个开展过人工繁殖技术研究，33个为国家或省级名单中的极小种群野生植物。极小种群野生植物天然具有珍稀的特性，使其繁殖材料的采集倍难于其他广布和常见物种，尤其是囊括多个种群遗传资源的繁殖材料，因为多地同时结果和大小年等因素，往往使保护工作者难以在一两年内采齐。因此，对其种子、种苗等材料的生物和生态学特性研究，研发种子高效萌发和种苗的优质培育、栽培技术十分必要。从文献来看，水松、观光木、三棱栎、喜树有比较成熟的采种、种子储存、繁育苗木、移栽、苗期管理、造林、扦插、病虫害防治等技术规范，根据技术规范播种的种子萌发率高、幼苗成活率高、幼苗生长快。

探索种子萌发的光、温、水、萌发基质等条件，或去除种子自身携带的化学抑制或机械阻碍，或打破休眠条件，是一些物种成功开展人工繁殖的必要手段。例如，云南金钱槭的种子不耐室温储藏，具有休眠特性，果皮的化学成分和种子的机械阻碍都可以抑制种子萌发。其萌发需要低温冷藏、去除种皮和昼夜变温等条件（Tang et al.，2012；欧阳志勤等，2006，2009b）。一些极小种群野生植物的种子是顽拗型种子，不耐失水和储藏，采种后及时播种育苗非常必要，如广西青梅、狭叶坡垒。金丝李是一个常规播种下难以萌发的物种，它的种子类型是热带起源的中间性种子，种子内存在内源抑制物，具有休眠特性，但低温不能打破其休眠，且其萌发温度范围十分狭窄，可能是适应生境季节温湿变化的结果，也是其濒危的一个可能原因（张俊杰等，2018）。

一些物种的自然繁殖存在困难，结实率不高或不能结实，或其种子难以采集，就需要考虑采用营养繁殖技术，如组培繁殖和扦插繁殖获得种苗。例如，萼翅藤被发现野外种群难以结实、多年无法采集到种子的现象。德宏州林业局中心苗圃依托云南省林业和草原局极小种群野生植物抢救保护项目对这个物种开展了扦插育苗研究，并获得了较好的效果，成功突破这个物种的人工繁殖。一些物种本身具有生产上的价值，其苗木规模化生产和栽培不仅可以指导物种的经济生产，也可以间接保护野外种群不受到经济利益驱使的挖掘破坏。例如，野生的海菜花虽然因对水质的敏感而在多个水质下降的生境中消失，但人工种植海菜花已经是一个相对成熟的蔬菜产业了（蒋柱檀等，2010）。

三、保护遗传学研究

保护遗传学是运用遗传学的原理和研究手段，以生物多样性尤其是遗传多样性的研究和保护为核心的一门学科（李昂和葛颂，2002）。Avise 和 Hamrick（1996）在 *Conservation Genetics* 总结了保护遗传学的5个核心内容：种群内遗传变异的水平及其意义；种群内个体间的亲缘关系式样；种群的遗传结构和进化关系；种间界限和杂交；以及物种或更高级别类群间的系统发育关系。

对存疑物种利用遗传手段开展分类关系的研究并澄清物种的保护价值，对物种保护地位的界定有重要作用。例如，《中国植物志》中列入的广西青梅和版纳青梅，因最初在形态上有差异而被定为两个不同的种，但由朱华和王洪（1992）合并，并且在等位酶水平得到了验证（李巧明和许再富，2001），因此云南省62个极小种群野生植物中的版纳青梅同国家120个极小种群野生植物中列入的广西青梅实为同一物种，在本书中都按广西青梅处理。海菜花在不同水体中因形态差异而被分为多个变种，并一直存在分类上的争议，Chen等（2017）采用分子手段认定海菜花的多个变种应该是在不同水体中长期隔离后形成的遗传分化类群，在保护工作中应具同等地位。分布在高黎贡山的无柄醉鱼草原来被归入大花醉鱼草（主要分布在喜马拉雅地区），葛佳等（Ge et al., 2018）采用叶绿体基因组和5个核基因测序后分析认为无柄醉鱼草应该独立成种。无柄醉鱼草的分布区面积累计小于500km^2，已知分布点共4个，成年植株个体数累计为630株，均受到不同程度的人为干扰和自然灾害影响，应属于云南分布的极小种群野生植物之一。

但是，以极小种群野生植物为代表的濒危物种，存在需要"抢救性保护"的紧迫性。保护遗传学中涉及物种种群水平以上，如种间亲缘关系、种间界限和自然杂交物种以及更高级别类群的系统发育关系等遗传问题，虽然非常重要，但得到确定的结论却具有研究上的时滞性，常常使保护工作者不能等待这些问题完全解决后才开始确立保护目标，否则可能为时已晚。因此，虽然研究结果能起到改变物种保护价值或保护地位的作用，但却不能认为是物种保护的必要前提条件。

遗传多样性的概念具有不同的层次，广义来说，是指地球上所有生物携带的遗传信息；狭义层次上，一般是指物种内部所有个体携带的遗传变异信息。物种水平的遗传多样性，是保持这个物种适应环境变化能力的遗传基础。因此，物种保护的内涵就是对物种遗传多样性，或者说完整的种质资源的保护。濒危或特有物种常常具有遗传变异明显低于广布种的特征（Frankham et al.，2002）；地理隔离严重的种群，基因交流的阻碍会导致较高的种群遗传分化。排除人为干扰、生境破坏等外部因素引起的物种在种群和个体数量上肉眼可见的丧失，物种内在的遗传变异丧失、遗传漂变、近交衰退等遗传后果，可能会对物种的濒危起到推波助澜的作用。因此，关注物种的遗传多样性和遗传结构特征，了解物种的进化历史和遗传背景，是保护生物学研究的核心内容，也是制定科学有效的保护措施的重要环节。

云南金钱槭是一个仅在云南东南部发现了5个种群的孑遗物种，其遗传多样性和种群遗传分化研究用到的生化和分子标记技术手段包括：等位酶（allozyme）、简单重复序列区间（inter-simple sequence repeat，ISSR）、微卫星（short tandem repeat，STR；simple sequence repeats，SSR；microsatellite）、随机扩增多态性DNA（random amplified polymorphic DNA，RAPD）、扩增片段长度多态性（amplified fragment length polymorphism，AFLP）、DNA片段，基本涵盖了近年来遗传多样性检测常用的研究方法，不同的方法得到的结论略有差异。例如，采用等位酶检测的云南金钱槭和广西青梅所得到的遗传多样性参数值均低于用其他标记方法得到的数值。张德全和杨永平（2008）比较了几种常用分子标记技术后认为等位酶的参数平均值较低。以上文涉及的技术手段作为关键词，搜索1998～2017年的濒危植物遗传多样性文献数量（图1.4.1），发现：虽然2002年之前等位酶技术还是主要检测手段，但之后逐步被更便捷和多态性位点较多的分子标记技术超越；微卫星技术（microsatellite或SSR）的使用目前高于其他几个传统的分子标记技术；DNA片段的使用在2003年后呈逐渐上升趋势，在2008年后也成为主要的分子标记手段之一；同时，对濒危植物保护遗传学的关注度也在2008年后得到了较高的增长。

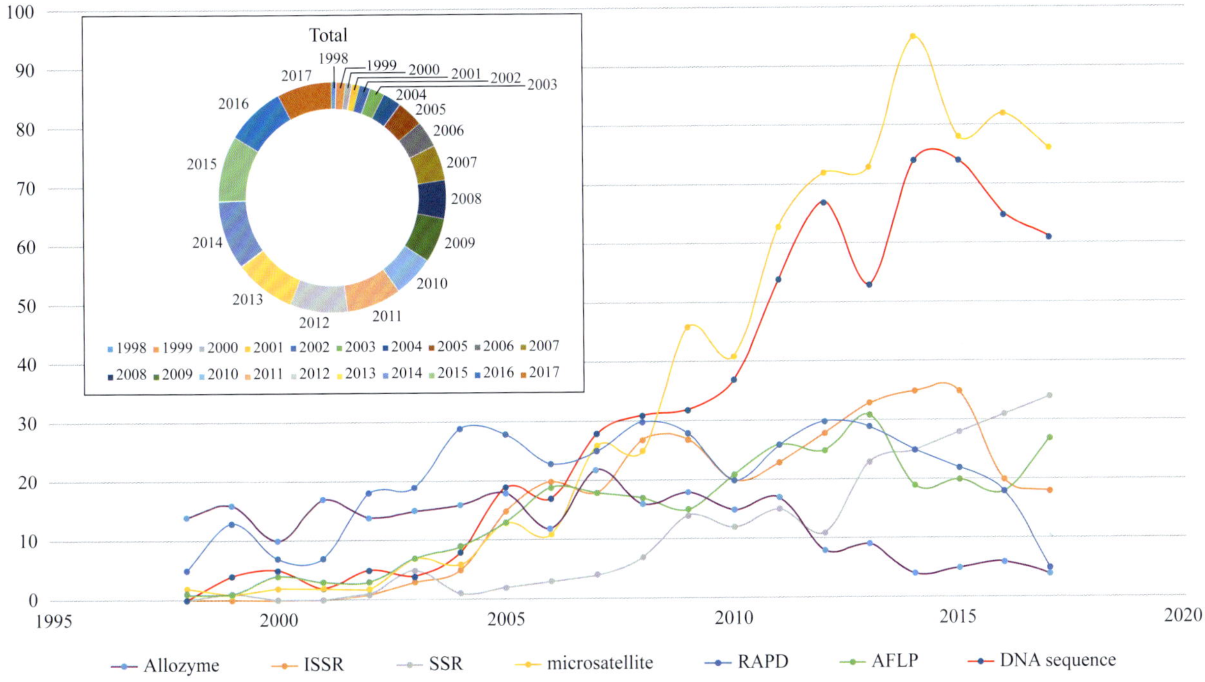

图 1.4.1　1998—2017 年采用不同技术手段为关键词与濒危植物遗传多样性（endangered plants & genetic diversity）研究相关的文章数量变化，搜索引擎为 ISI Web of Knowledge
因 SSR 和 microsatellite 均为微卫星标记的常用表述，此处将它们分别作为关键词搜索

除了第三章详述的物种外，152 个目标物种中有 21 个物种开展过保护遗传学研究。从物种水平来看，巧家五针松、水松、广西青梅、狭叶坡垒、三棱栎、弥勒苣苔、海菜花的遗传多样性偏低。云南穗花杉、云南金钱槭、贯叶马兜铃、伯乐树、连香树、喙核桃、茶果樟、单性木兰、鹅掌楸、馨香玉兰、观光木、红河橙、胡黄连的遗传多样性则没有降低，其中，贯叶马兜铃、伯乐树、喙核桃、茶果樟、馨香玉兰、观光木、红河橙和胡黄连保持了较高的遗传多样性。在 2008 年对 37 个云南蓝果树野外个体和子代的检测结果表明其还保有不低的遗传多样性，但在 2015 年对仅存的 3 株野外个体的子代检测时，其遗传多样性已为中度偏低的水平。物种水平遗传多样性和遗传分化参数见表 1.4.2 的统计。

表 1.4.2　极小种群野生植物遗传多样性与种群遗传分化研究

物种	采样种群数	分子标记	多态位点百分数（PPB）/%	香农指数（*I*）	期望杂合度（*H* or He）	种群遗传分化（Gst or Fst）	文献
巧家五针松	1	RAPD	6.45	0.030	0.020	0.110	张志勇和李德铢，2003
云南穗花杉	4	RAPD	79.0	0.406 6	0.271 8	0.750 3	王德莲等，2005
水松	4	ISSR	39.32	0.220 2	0.149 9	0.451 3	吴则焰等，2011；
	14	ISSR	24.7	—	0.122	0.525 4	Li and Xia，2005
云南金钱槭	4	等位酶	—	—	0.068	0.099	欧阳志勤等，2009a；
	4	AFLP	—	—	0.304	0.326	柏国清等，2014；
	5	ISSR	—	0.227 2	0.142 0	0.375	Qiu et al.，2007；
	4	RAPD	—	—	0.277	0.426	柏国清等，2014；
	4	cpSSR	—	—	0.914	0.706	柏国清等，2014；
	5	SSR	—	—	0.540	Fst=0.140	Chen et al.，2017

续表

物种	采样种群数	分子标记	多态位点百分数（PPB）/%	香农指数（I）	期望杂合度（H or He）	种群遗传分化（Gst or Fst）	文献
贯叶马兜铃	4	ISSR	84.71	0.445	0.304	0.700	Yang et al.，2014
伯乐树	15	SSR	—	0.768 3	0.321 7	0.202 0	闫丽君，2015；
	15	ISSR	74.42	0.363 0	0.239 7	0.297 3	徐刚标等，2013；
	24	ALFP	—	0.407 0	0.272 8	0.713 8	胡普炜等，2017；
	23	叶绿体基因片段	—	—	0.739	0.855	Wang et al.，2018
连香树	10	RAPD	62.69	0.370 3	0.246 3	0.479 7	黄绍辉，2007；
	10	ISSR	69.59	0.351 4	0.231 3	0.500 3	王静等，2010
广西青梅	3	等位酶	17.37	—	0.085	0.265	李巧明和许再富，2001；
	4	RAPD	53.68	0.254 3	—	0.374 6	Li et al.，2002
狭叶坡垒	2	RAPD	52.17	0.117 8	0.075 7	0.634	代文娟等，2013
三棱栎	5	RAPD	52.87	0.243 1	0.159 5	0.532 0	Sun et al.，2007
弥勒苣苔	12	AFLP	43.19	0.185	0.118	Fst=0.207	Chen et al.，2014
海菜花	12	SSR	66.67	—	0.264	0.448	卢然然，2013；
	22	SSR	74.4	—	0.351	Fst=0.457	Zhai et al.，2018
喙核桃	3	SSR	—	1.117	0.582	Fst=0.066	Zhang et al.，2013
茶果樟	5	ISSR	100	0.652	0.460	0.217 4	Dong et al.，2016
大理独花报春	1	ISSR	62.50	0.326 4	0.219 1	—	黄媛，2006
单性木兰	14	SSR	—	—	0.687	0.125	林燕芳，2012
鹅掌楸	12	SSR	—	—	0.738 5	Fst=0.195 6	Li et al.，2014；
	3 个地区	RAPD	88.89	—	—	—	刘丹等，2006
馨香玉兰	4	RAPD	—	0.568 6	0.390 3	0.221 6	金蕊等，2014
观光木	4	ISSR	80.9	0.362 9	—	0.249 5	吴雪琴等，2013；
	13	ISSR	79.67	0.388 0	—	0.375 2	徐刚标等，2014；
	10	ISSR	90.08	0.527 6	0.355 7	0.648 0	陈建等，2013
云南蓝果树	37 个野外个体和子代	ISSR	89.59	0.508 7	0.338 8	0.157 2	孙宝玲，2008；
	3 个野外个体和子代	ISSR	74.65	0.462 7	0.320 6	—	向振勇等，2015
红河橙	7	ISSR	95.10	0.519 5	0.352 0	0.624 7	Yang et al.，2010
胡黄连	7	ISSR	100	0.591 7	0.407 3	0.695 5	Liu et al.，2011

相对其他极小种群野生植物，水松的分布范围很广，分布点超过 40 个；海菜花及其种下多个变种，在中国西南部多个水体有分布，但两者的物种水平遗传多样性偏低。茶果樟、馨香玉兰、滇桐和漾濞槭这类分布狭窄、种群数量稀少的物种却保持了正常或较高的遗传多样性。实际上，物种遗传多样性的高低，不仅与种群分布范围和大小有关，其影响因素还有：物种的生活史、进化历史的奠基者效应、瓶颈效应、交配系统、倍性等（李典谟和徐汝梅，2005；Lammi et al.，1999）。而遗传多样性高低与物种生存适合度之间的关系也存在争论（李昂和葛颂，2002）。但不可否认的是，遗传多样性的下降是物种遗传变异信息的丧失，这些信息或存在重要的潜在价值，同时也是对物种生存不利的验证；产生这个现象，可能是物种濒危的结果而非原因（李昂和葛颂，2002），但定会加剧物种濒危的境况（Groom et al.，2006；Spielman et al.，2004）。

对于极小种群野生植物来说，遗传多样性检验不仅有助于我们了解这个物种的濒危进程，还可用于判断哪些种群具有较高的遗传多样性，需要优先保护；哪些物种或种群遗传多样性过低，可能需要引种措施来恢复其遗传多样性。巧家五针松野外仅剩 1 个种群，不超过 50 株个体，遗传多样性参数呈现极低的水平。张志勇和李德铢（2003）推测它在历史上可能遭受了毁灭性灾害，种群数量急剧下降后丧失了大部分遗传多样性而造成严重的瓶颈效应，随后由于小种群的遗传漂变、近交衰退等因素，已陷入灭绝漩涡；认为目前只有通过大量繁殖和回归扩大野外种群，通过降低小种群的不利影响来降低这个物种的野外灭绝概率。这篇研究和作者等的呼吁引起了较高的重视。巧家药山自然保护区 2005 年经国务院（国办发〔2005〕40 号）文件批准由省级自然保护区升为国家级自然保护区。2008 年云南省林业厅启动了《巧家五针松保护实施方案》，对其野外种群开展了全面的保护（孙卫邦，2013）。形成了一个从研究到保护紧密链接的优秀案例。

在保护遗传学研究中若注重分析受保护种群对物种遗传多样性的涵盖程度，对保护工作有比较好的指导意义。李巧明等（Li et al.，2002）对中国科学院西双版纳热带植物园的广西青梅迁地保护种群和野外种群开展 RAPD 检测后，发现迁地保护已经覆盖了广西青梅物种水平 88.31% 的遗传变异，认为基本代表了维持物种长期生存和演化所需的遗传变异。Qiu 等（2007）对云南金钱槭在老君山国家级自然保护区的就地保护种群和昆明市濒危动植物收容拯救中心迁地保护种群进行了分析，发现它们共保存了物种水平上 79.9% 和 70.1% 的遗传变异，认为后者覆盖率仅略有不足。研究同时发现，位于保护区外的两个种群竟涵盖了物种水平 92.9% 的遗传变异和数量较高的特殊基因片段，并建议对这两个种群开展就地保护。既然遗传多样性代表了物种进化和适应的潜力，那受保护种群尤其是迁地保护种群需要多大程度上保存物种水平的遗传多样性呢？在遗传研究中发现的稀有等位基因，是否更值得被保存呢？ Marshall 和 Brown（1975）指出，与其耗费额外资源去采集和保存含有作用不明的稀有等位基因的种群或个体，常见的等位基因更值得获有保护上的优先地位。在随后的研究中，Brown 和 Briggs（1991）认为，在资源有限的保护工作中试图保存一个物种全部的遗传变异是不现实和不必要的，因为常见的等位基因更具有适应上的代表性。参考这些研究，保护工作者在利用遗传多样性手段调整保护策略时，并不一定要全力追求覆盖保护物种 100% 的遗传多样性，而是可根据投入的资源做相应的调整，力求达到保护投入和保护范围的最佳平衡以及保护的有效性。

物种的种群遗传结构是保护遗传学中需要探明的另一个重要问题，对于种群间产生较高遗传分化的物种，根据物种的分化特征，其采样策略和保护措施也有所不同。产生种群间遗传分化的因素有进化历史、种群分布范围、地理隔离、繁殖特性和交配系统、花粉和种子传播方式等，其本质都是限制了种群间基因的流动，加上小种群内的遗传漂变等，导致了同一物种的不同种群逐渐在进化中产生差异化的基因型，甚至是反映在形态、生理、适应等表型上的分化，如前文所述的海菜花和第三章所述的滇桐，它们的分化种群在形态和物候上已经产生了表型差异，遗传结构的研究结果也忠实地反映了这种差异。

在表 1.4.2 所列物种中，产生了较高遗传分化的物种有云南穗花杉、水松、贯叶马兜铃、伯乐树、连香树、广西青梅、狭叶坡垒、三棱栎、弥勒苣苔、海菜花、观光木、红河橙和胡黄连。从同一物种的不同研究来看，采样范围对种群遗传结构的研究结果有较大影响，如徐刚标等（2013）和闫丽君（2015）采用 ISSR 和 SSR 技术将 15 个伯乐树种群（5 个省和地区）分为两个地理单元，遗传分化系数相对以下两个研究来说并不高。胡普炜等（2017）用 AFLP 技术将 24 个种群（11 个省和地区）分为 4 个地理组群，认为云贵高原东部地区和南岭地区遗传多样性较高，可能是伯乐树在冰期的主要避难所，值得优先保护；云南屏边、广西金秀、广东始兴和湖南莽山种群则适合作为伯乐树的优先保护单元。王美娜（Wang et al.，2018）对伯乐树23个种群（11个省和地区）采用了3个非编码叶绿体基因片段测序，发现伯乐树种群遗传分化剧烈，并在地理上分为了5个地理组群，祖先单倍型存在于云贵高原东部—广西西部的组群中，并将7个种群（包括云南屏边种群）推荐为优先保护单元。虽然伯乐树在多个省份有分布，但这两个研究都提示了云南种群的特殊性，从遗传角度证明了将伯乐树作为云南省极小种群野生植物开展保护的重要性。

Chen等（2014）通过对云南、广西和贵州弥勒苣苔种群的研究发现，云南种群可能来源于广西和贵州种群，并分化为两个生境上有一定差异的亚种群。可贵的是，这个研究专门提到了作为极小种群野生植物，弥勒苣苔的采样获得了云南省林业厅的批准，并且因为担心物种被盗采，文中没有提供种群的GPS信息。鹅掌楸是一个在遗传结构和物种进化上探讨得更为细致和深入的物种，Yang等（2016a）利用叶绿体和核基因组SSR对29个鹅掌楸种群开展了地理历史变化和外源种群遗传结构对物种分布边界影响的研究，发现具有相同单倍体类型的种群，受地理界限的隔离而形成单倍体丛，并在次末盛冰期的避难所中具有稳定的种群延续历史，虽然并没有发现位于物种分布区中间和边缘的种群具有遗传多样性上的差别。但是从分布区中部种群到边缘种群的不对称基因流可能会阻碍这个物种对新领地的适应和扩张。此外，利用AFLP标记技术和环境因子的相关性分析，Yang等（2016b）对一个纬度断面（经度接近但纬度不同的地理范围）内11个鹅掌楸种群采样，探讨了物种对气候变化的遗传适应机制，发现：位于分布区域边缘的种群发生了遗传多样性降低和遗传分化的倾向，温度、降水和光照是影响物种适应性的三个重要的因子。研究认为环境变化可能对异常AFLP位点旁的基因产生了选择效应。这两个研究对用遗传学手段了解极小种群野生植物的遗传结构、种群扩张和分子适应机制提供了新的视角。

四、极小种群野生植物综合保护研究

将极小种群野生植物作为一个整体来分析其综合保护技术、规划或保护措施的研究对云南省及各地总结开展保护工作有很好的指示意义。Wade等（2016）分析了120种国家第一批极小种群野生植物后，发现仅有28种具备种子萌发的资料，60%的物种需要开展低温长期保藏。张则瑾等（2018）在《生物多样性》期刊上通过对这120种的分布和保护区覆盖状况进行评估，发现云南（东南部）、广西（西南部）和海南（西南部）是中国极小种群野生植物丰富度最高的地区，保护区对120种的分布覆盖仅达1/3，尚有17种没有任何覆盖。马永鹏和孙卫邦（2015）在《生物多样性》期刊上总结了我国在极小种群野生植物保护中普遍面临的挑战，包括：极小种群野生植物的法律地位无法确立；保护研究薄弱、周期漫长；长期稳定资金投入显著不足、公众保护意识薄弱等，反映了我国极小种群野生植物长期保护和研究所面临和需要解决的问题。

从地方来看，云南、四川、湖南、广西、海南、安徽、黑龙江等省份，包括一些保护区和州级、县级林业部门都先后整理了区域内极小种群野生植物的数量、特征、濒危和保护现状，并提出了省级保护现状和研究对策（黎德丘和彭定人，2009；王双玲等，2011；印红，2011；于清和钱喜友，2013；郑进烜等，2013；潘红丽等，2014；周小春和张颖，2014；廖菊阳等，2015；孙湘来等，2017）。王勇等（2018）将极小种群野生植物列入GIS后，通过分析发现，云南省有9个生态系统类型受保护面积不足，21种国家重点保护和极小种群野生植物未能获得保护，并给出了云南省自然保护区的发展对策。

杨文忠和杨宇明（2014）分析了云南省极小种群野生植物的保护优先度，确立了5个保护的优先名单。Chen 等（2014）通过在海南岛设立了108样方，研究了极小种群野生植物的分布特征，发现它们多分布于片断化的生境中，受到人为干扰的剧烈影响。杨琦（2014）则从种群重建的区域选择问题入手，利用支持向量机（SVM）模型和GIS系统评估了海南岛24个极小种群野生植物的种群重建区，并划分了重建难度等级。研究认为，虽然无人为干扰的原始林地是种群重建难度最小的（等级一），但可能对原始生境造成二次干扰，等级二的次生林或疏林地区应该作为种群重建的主要区域，为极小种群野生植物野外种群重建提供了思路。

通过以“极小种群野生植物”和“Plant Species with Extremely Small Populations”为主题的搜索，发现91篇文献在文中提及了“极小种群野生植物”这一概念，其中发表在英文期刊的15篇。从2009年开始到2018年10月文献数量每年平均增长10%。2014年之前，文献内容主要是以中国极小种群野生植物概念和保护、各地区保护政策和保护措施为主；2014年之后，以特定极小种群野生植物为研究目标的保护生物学研究逐渐增加，成为主流。总体来看，向国际上系统介绍中国极小种群野生植物概念的提出和发展的代表文献有 *How a new conservation action concept has accelerated plant conservation in China*（Sun et al.，2019）、*Conserving plant species with extremely small populations (PSESP) in China*（Ma et al.，2013） 和 *Wild Plant Species with Extremely Small Populations Require Conservation and Reintroduction in China*（Ren et al.，2012）。目前，Ma 等（2013）和 Ren 等（2012）两篇文献均获得了较高的引用率，是解释中国极小种群野生植物保护和研究重要性的主要参考文献。从这些文献的资助项目来看，2014年之前的文献仅列了5个资助项目，而2014～2019年达到了49个，其中包括2个国家（科技部）重点项目和10个自然科学基金项目（含重点项目），国家和地方的林业和科技项目达27个。反映出中国极小种群野生植物从概念提出和保护行动计划颁布（国家到地方）中，已经逐渐得到了保护行动和保护生物学研究两个方面的重视，并将持续成为保护生物学研究的一个重要组成部分。

参 考 文 献

柏国清，杨娟，李忠虎，等．2014．金钱槭属植物的遗传多样性与保护策略[J]．西北植物学报，34：1975-1980.
蔡琳颖，张星元，张璐，等．2018．珍稀濒危植物紫荆木生态学研究进展[J]．广西植物，38：866-875.
柴勇，孟广涛，武力，等．2008．馨香木兰所处植物群落的物种多样性及其种群结构特征研究[J]．西部林业科学，37：46-50.
陈虹颖，孙卫邦，李唯奇．2011．珍稀濒危植物三棱栎种子的储藏特性鉴定[J]．植物分类与资源学报，33：540-546.
陈建，曹福祥，魏小玲．2013．观光木种群遗传多样性的ISSR研究[J]．生物学通报，48：14-17.
陈伟，史富强，杨文忠，等．2011．云南蓝果树的种群状况及生态习性[J]．东北林业大学学报，39：17-19.
陈雨晴，王瑞江，朱双双，等．2016．广州市珍稀濒危植物水松的种群现状与保护策略[J]．热带地理，36：944-951.
陈雨晴，朱双双，王刚涛，等．2017．极小种群植物水松群落系统发育多样性分析[J]．植物科学学报，35：667-678.
代文娟，黎乾坤，骆文华，等．2013．狭叶坡垒迁地保护种群的RAPD多样性分析[J]．江苏农业科学，41：39-41.
邓云，王冰，苏文华，等．2008．濒危植物云南金钱槭对光、水环境的适应性[J]．生态学杂志，27：888-893.
丁宝章．1981．河南植物志[M]．郑州：河南人民出版社.
董晓东，李继红，杨晓霞．2002．云南龙棕资源调查及生物学特性的研究[J]．生态科学，21：338-341.
范芳芳，苏锦松，文检，等．2017．青藏高原珍稀濒危药用植物大花红景天的资源调查[J]．中药材，5：1046-1050.

方炎明，尤录祥，樊汝汶．1994．中国鹅掌楸天然群体与人工群体的生育力 [J]．植物资源与环境学报，20：9-13．
付琳，徐凤霞，曾庆文．2009．观光木的小孢子发生及雄配子体发育的研究 [J]．热带亚热带植物学报，17：419-426．
高乞，许为斌．2011．贵州苦苣苔科一新记录属——弥勒苣苔属 [J]．西北植物学报，31：858-860．
龚维，夏青，陈红锋，等．2015．珍稀濒危植物伯乐树的潜在适生区预测 [J]．华南农业大学学报，36：98-104．
郭承则，马培珍．1995．濒危植物——观光木 [J]．大自然：22-22．
国家林业局．2010．全国极小种群野生植物拯救保护实施方案（2010—2015 年）．内部资料．
国家林业局．2011．全国极小种群野生植物拯救保护工程规划（2011—2015 年）．内部资料．
韩丽娟，胡玉熹，林金星，等．1997．水松生物学特性及保护（综述）[J]．亚热带植物科学，26：43-47．
郝日明，贺善安．1995．鹅掌楸在中国的自然分布及其特点 [J]．植物资源与环境学报，1：1-6．
侯昭强，马晨晨，侯淑娜，等．2017．中国极小种群物种萼翅藤在瑞丽市新发现 [J]．林业调查规划，42：61-63．
侯昭强，周丹，侯淑娜，等．2015．中国藤枣现状研究 [J]．植物分类与资源学报，37：640-646．
胡普炜，段磊，王美娜，等．2017．基于 AFLP 分析的伯乐树（*Bretschneidera sinensis*）谱系地理学研究 [J]．植物科学学报，35：815-824．
黄绍辉．2007．珍稀濒危植物连香树的物种生物学研究 [D]．南京：南京林业大学．
黄仕训，陈泓，盘波，等．2008．广西特有濒危植物狭叶坡垒群落特征研究 [J]．西北植物学报，28：164-170．
黄双全，郭友好．1999．鹅掌楸的花部综合特征与虫媒传粉 [J]．植物学报（英文版），3：241-248．
黄双全，郭友好，吴艳，等．1998．鹅掌楸的花部数量变异与结实率 [J]．植物学报（英文版），1：22-27．
黄媛．2006．云南六种独花报春属植物的保护生物学研究 [D]．北京：中国科学院大学．
姜紫薇，刘保东，成晓，等．2015．濒危孑遗蕨类植物云贵水韭的胚胎发育 [J]．植物分类与资源学报，37：531-536．
蒋迎红，申文辉，谭长强，等．2016．极小种群广西青梅种群结构、动态分析及保护策略 [J]．生态科学，35：67-72．
蒋柱檀，李恒，刀志灵，等．2010．云南传统食用植物海菜花（*Ottelia acuminata*）的民族植物学研究 [J]．内蒙古师大学报（自然科学汉文版），39：163-168．
金俊彦，覃文更，罗柳娟，等．2013．濒危植物单性木兰群落优势种群生态位研究 [J]．广西植物，33：300-305．
金蕊，石雨鑫，徐涛，等．2014．云南特有濒危植物馨香木兰的遗传多样性研究 [J]．西部林业科学，6：80-84．
金效华，覃海宁．2003．中国槽舌兰属的濒危状况调查 [C]．成都：中国植物学会七十周年年会．
昆明植物园．2014-2017．极小种群野生植物拯救保护通讯．内部资料．
赖家业．2006．珍稀植物蒜头果保护生物学研究 [D]．成都：四川大学．
黎德丘，彭定人．2009．广西极小种群野生植物保护对策探讨 [J]．安徽农业科学，37：14806-14807．
李昂，葛颂．2002．植物保护遗传学研究进展 [J]．生物多样性，10：61-71．
李典谟，徐汝梅．2005．物种濒危机制和保育原理 [M]．北京：科学出版社．
李宏伟．2006．西双版纳茅草山广西青梅群落学研究 [J]．植物分类与资源学报，28：62-68．
李巧明，许再富．2001．版纳青梅居群的遗传多样性和群体分化 [J]．植物分类与资源学报，23：201-208．
李毓敬，曾幻添，麦浪天，等．1989．濒危植物观光木及其分布 [J]．植物杂志，2：7．
梁月芳，吴曙光，黎向东．2003．蒜头果的濒危原因研究 [J]．广西植物，23：404-407．
廖菊阳，彭春良，田晓明．2015．湖南极小种群野生植物资源及保护对策研究 [C]．西双版纳：2015 年中国植物园学术年会．
林燕芳．2012．利用微卫星分子标记检测单性木兰的种群遗传结构与基因流 [D]．桂林：广西师范大学．
刘成，秦少发，胡枭剑．2015．弥勒苣苔种子的休眠萌发特性 [J]．植物分类与资源学报，37：278-282．
刘丹，顾万春，杨传平．2006．鹅掌楸属遗传多样性分析评价 [J]．植物遗传资源学报，7：188-191．
刘万德，苏建荣，徐崇华，等．2017．濒危植物藤枣的生境与种群结构特征 [J]．林业科学研究，30：137-144．
刘小莉，李戈，杨礼攀，等．2008．濒危藏药胡黄连的资源现状和保护对策 [J]．云南中医学院学报，31：3-6．
刘雄盛，徐刚标，梁文斌，等．2014．濒危植物水松小孢子发生和雄配子体发育的研究 [J]．植物科学学报，32：58-66．
刘仲健，陈心启，张建勇，等．2002．麻栗坡兜兰及其近缘植物的分类研究 [J]．植物分类与资源学报，24：193-198．

刘仲健，刘可为，陈利君，等. 2006. 濒危物种杏黄兜兰的保育生态学 [J]. 生态学报，26：2791-2800.
刘子玥，邢建娇，路靖，等. 2015. 极危孑遗蕨类中华水韭有性生殖的形态学研究 [J]. 西北植物学报，35：922-928.
龙秀琴. 2002. 贵州珍稀树种——喙核桃 [J]. 中国林副特产，2：63.
卢然然. 2013. 海菜花居群遗传多样性和遗传分化研究 [D]. 北京：中国科学院大学.
罗忠华，谢有能，卢宗菊，等. 2011. 景东翅子树的居群结构及分布动态研究 [J]. 西部林业科学，40：41-47.
马朝明，罗文扬，张磊. 2017. 珍稀濒危植物——观光木 [J]. 中国园艺文摘，33：161-163.
马晨晨，肖之强，代俊，等. 2017. 濒危植物平当树的种群现状及其保护 [J]. 西部林业科学，46：101-106.
马宏，李宏哲，管开云，等. 2007. 珍稀植物古林箐秋海棠的资源状况及生物学特性 [J]. 云南农业大学学报，22：337-339.
马永鹏，孙卫邦. 2015. 极小种群野生植物抢救性保护面临的机遇与挑战 [J]. 生物多样性，23：430-432.
牟凤娟，陈丽萍，李军萍，等. 2016. 干旱胁迫下旱地油杉生理生化指标动态变化 [J]. 干旱区资源与环境，30：180-184.
欧阳志勤，程勤，张兴，等. 2007. 稀有植物云南金钱槭的现状及保护措施 [J]. 林业调查规划，32：143-146.
欧阳志勤，苏文华，张光飞. 2006. 稀有植物云南金钱槭种子萌发特性的研究 [J]. 植物分类与资源学报，28：509-514.
欧阳志勤，王兵益，党晓栋，等. 2009a. 云南金钱槭天然居群等位酶遗传多样性研究 [J]. 植物科学学报，27：461-466.
欧阳志勤，张光飞，苏文华，等. 2009b. 稀有植物云南金钱槭的种子休眠与解除 [J]. 种子，28：16-21.
潘红丽，冯秋红，隆廷伦，等. 2014. 四川省极小种群野生植物资源现状及其保护研究 [J]. 四川林业科技，35：41-46.
彭玉华，何琴飞，谭长强，等. 2016. 广西极小种群单性木兰群落空间结构量化 [J]. 生态学杂志，35：363-369.
覃海宁，杨永，董仕勇，等. 2017. 中国高等植物受威胁物种名录 [J]. 生物多样性，25：696-744.
乔琦，邢福武，陈红锋，等. 2010. 广东省南昆山伯乐树群落特征及其保护策略 [J]. 西北植物学报，30：377-384.
税玉民. 2007. 石灰岩特有植物：弥勒苣苔风采伐旧 [J]. 科学：中文版，1：37-38.
税玉民，陈文红. 2017. 中国秋海棠 [M]. 昆明：云南科技出版社.
苏文华，张光飞，欧阳志勤. 2006. 稀有植物云南金钱槭生长群落特征与保护对策 [J]. 植物分类与资源学报，1：58-62.
孙宝玲. 2008. 中国蓝果树属分类学与极度濒危植物云南蓝果树保护生物学 [D]. 北京：中国科学院大学.
孙卫邦. 2013. 云南省极小种群野生植物保护实践与探索 [M]. 昆明：云南科技出版社.
孙卫邦. 2017. 国家重点研发计划科技基础资源调查专项项目"中国西南地区极小种群野生植物调查与种质保存"实施方案. 内部资料：1-17.
孙卫邦，韩春艳. 2015. 论极小种群野生植物的研究及科学保护 [J]. 生物多样性，23：426-429.
孙卫邦，孔繁才，周元，等. 2003. 黄杉属植物在云南的资源现状及保护利用研究 [J]. 广西植物，23：15-18.
孙卫邦，周元，赵金超，等. 2004. 三棱栎的分布现状、种群特征、生物学特性及保护对策 [J]. 生态学报，24：352-358.
孙湘来，石绍章，赵小迎，等. 2017. 海南省极小种群野生濒危植物现状与保护对策 [J]. 绿色科技，18：11-13.
唐荣，杨静，孙卫邦. 2017. 云南梧桐的再发现 [J]. 大自然，6：60-63.
唐文秀，毛世忠，盘波，等. 2009. 狭叶坡垒种子雨的空间格局及种子萌发特性 [J]. 森林与环境学报，29：149-154.
唐源江，叶秀麟，曾庆文，等. 2003. 观光木的大孢子发生与雌配子体形成 [J]. 热带亚热带植物学报，11：20-22.
王德莲，李忠超，葛学军. 2005. 云南穗花杉的遗传多样性研究 [J]. 热带亚热带植物学报，13：143-148.
王静，张小平，李文良，等. 2010. 濒危植物连香树居群的遗传多样性和遗传分化研究 [J]. 植物研究，30：208-214.
王俊浩，黄忠良. 1998. 鼎湖山自然保护区的植物种濒危机制及保护对策 [J]. 吉林农业大学学报，2：100-102.
王双玲，谭伟福，彭定人，等. 2011. 广西重点物种就地保护现状分析 [J]. 北京林业大学学报：72-78.
王勇，余昌元，杨东，等. 2018. 云南省自然保护区保护空缺分析 [J]. 林业调查规划，43：55-58.

文彬，何惠英，王如玲，等. 2009. 濒危植物多毛坡垒种子萌发的生理生态特性 [J]. 植物分类与资源学报，31：42-48.
吴雪琴，徐刚标，梁艳，等. 2013. 南岭地区观光木自然和人工迁地保护种群的遗传多样性 [J]. 生物多样性，21：71-79.
吴则焰，刘金福，洪伟，等. 2011. 水松自然种群和人工种群遗传多样性比较 [J]. 应用生态学报，22：873-879.
向碧霞，张平夫，向应海. 1995. 仡族草药“丫磨娘”及其资源考察 [J]. 贵州科学，1：24-28.
向振勇，张珊珊，杨文忠，等. 2015. 基于 ISSR 遗传多样性分析的云南蓝果树保护措施探索 [J]. 植物遗传资源学报，16：664-669.
谢代祖，覃文更，唐小平，等. 2011. 广西木论国家级自然保护区麻栗坡兜兰群落特征初步研究 [J]. 北方园艺，13：111-114.
徐刚标，梁艳，蒋燚，等. 2013. 伯乐树种群遗传多样性及遗传结构 [J]. 生物多样性，21：723-731.
徐刚标，刘雄盛，梁文斌. 2015. 极度濒危植物水松大孢子发生、雌配子体发育及胚形成 [J]. 林业科学，51：50-62.
徐刚标，吴雪琴，蒋桂雄，等. 2014. 濒危植物观光木遗传多样性及遗传结构分析 [J]. 植物遗传资源学报，15：255-261.
徐加汉，司马永康，徐涛，等. 2016. 极小种群野生植物馨香木兰的种群结构及动态 [J]. 西部林业科学，45：35-40.
许林红，陈显兵，赵永红，等. 2017. 云南肉豆蔻植物群落结构特征 [J]. 福建林业科技，44：100-104.
许为斌. 2009. 广西苦苣苔科稀有珍贵植物——弥勒苣苔 [J]. 广西植物，29：581-583.
许再富，郭辉军. 2014. 极小种群野生植物的近地保护 [J]. 植物分类与资源学报，36：533-536.
薛纪如，火树华. 1981. 我国油杉一新种旱地油杉 [J]. 植物分类与资源学报，2：127-128.
闫丽君. 2015. 基于 SSR 标记的伯乐树遗传多样性分析 [D]. 长沙：中南林业科技大学.
杨成华，张廷忠，邓朝义. 1998. 珍稀树种——云南穗花杉 [J]. 贵州林业科技，3：33-35.
杨金华，宋宗强，粟远和，等. 2016. 通道县南部喙核桃群落调查 [J]. 绿色科技，24：89-93.
杨琦. 2014. 海南岛极小种群野生植物种群重建区的 SVM 预测和等级划分 [D]. 海口：海南大学.
杨少华，陈翠，郭承刚，等. 2009. 云南胡黄连生物学特性、濒危原因及保护对策 [J]. 西南农业学报，22：1482-1485.
杨文忠，杨宇明. 2014. 云南省极小种群野生植物保护的优先度分析（英文）[J]. 西部林业科学，4：1-9.
姚连芳，刘会超，李宏瀛. 2005. 濒危物种连香树资源繁育与开发利用 [J]. 安徽农业科学，33：2060-2061.
叶德平，罗毅波. 2006. 中国兰科兜兰属一新记录种——白旗兜兰 [J]. 植物分类学报，44：471-473.
印红. 2011. 云南极小种群野生植物保护建设试点具有积极的引领作用 [J]. 云南林业，6：6-7.
于清，钱喜友. 2013. 黑龙江省极小种群野生植物拯救保护措施及对策 [J]. 防护林科技，4：51-53.
余潇，张宝，区智，等. 2018. 极小种群植物玉龙蕨的群落调查及生态位分析 [J]. 湖北民族学院学报（自然科学版），1：1-5.
袁春明，司马永康，耿云芬，等. 2011. 濒危植物景东翅子树种群的分布、年龄结构及其动态特征 [J]. 东北林业大学学报，39：15-16.
袁丽洁，方向民，崔波，等. 2007. 濒危植物连香树的传粉生物学研究 [J]. 河南农业大学学报，41：647-650.
云南省林业厅. 2016. 云南省自然保护区 2016 年年报. 内部资料.
云南省林业厅，云南省科学技术厅. 2009. 云南省极小种群物种拯救保护规划纲要（2011—2020 年）与紧急行动计划（2011—2015 年）. 内部资料：1-51.
云南省林业厅，云南省林业科学院. 2005. 云南省特有野生动植物极小种群保护工程项目建议书. 内部资料.
曾春霞，孙卫邦. 2004. 三棱栎开花结实习性、小孢子发生及雄配子体发育 [J]. 植物科学学报，22：98-104.
曾庆文，高泽正，邢福武，等. 2002. 濒危植物观光木传粉生物学的初步研究 [C]. 全国生物多样性保护与持续利用研讨会.
翟书华，樊传章，刘开庆，等. 2017. 中国特有珍稀水生植物海菜花的生物学特性、濒危原因及保护 [J]. 北方园艺，23：102-106.
张德全，杨永平. 2008. 几种常用分子标记遗传多样性参数的统计分析 [J]. 植物分类与资源学报，30：159-167.

张光飞，欧阳志勤，苏文华. 2009. 生境光强对云南金钱槭幼苗生长及光合速率的影响 [J]. 湖北农业科学，48：2780-2782.

张贵良，张贵生，张昆，等. 2015. 云南金花茶野生资源调查与分析 [J]. 广东林业科技，1：45-48.

张俊杰，柴胜丰，吕仕洪，等. 2017. 珍稀濒危植物金丝李的生境特征及致濒原因分析 [J]. 生态环境学报，26：582-589.

张俊杰，韦霄，柴胜丰，等. 2018. 珍稀濒危植物金丝李种子的休眠机理 [J]. 生态学杂志，37：1371-1381.

张启伟，林燕芳，覃文更，等. 2013. 濒危植物单性木兰种群径级结构和生命表分析 [J]. 广西植物，33：291-294.

张一诺，武建雷. 2011. 云南为全国保护极小种群野生植物树立典范 [J]. 云南林业，6：18-18.

张则瑾，郭焱培，贺金生，等. 2018. 中国极小种群野生植物的保护现状评估 [J]. 生物多样性，26：572-577.

张智勇. 2013. 核桃 EST-SSR 引物开发及其在喙核桃保育遗传学中的应用 [D]. 北京：北京林业大学

张志勇，李德铢. 2003. 极度濒危植物五针白皮松的保护遗传学研究 [J]. 植物分类与资源学报，25：544-550.

张自亮，龙菊美. 2017. 湖南高望界国家级自然保护区钟萼木种群分布原因初探 [J]. 湖南林业科技，44：88-93.

赵学农，刘伦辉，高圣义，等. 1993. 版纳青梅种群结构动态与分布格局 [J]. 植物分类学报，7：552-560.

郑进烜，华朝朗，陶晶，等. 2013. 云南省极小种群野生植物拯救保护现状与对策研究 [J]. 林业调查规划，38：61-66.

郑艳玲. 2010. 濒危植物三棱栎的种质保存及驯化生物学研究 [D]. 北京：中国科学院大学.

周小春，张颖. 2014. 安徽省极小种群野生植物保护策略 [J]. 安徽林业科技，6：5-9.

周元. 2003. 三棱栎不同地理种源种子特性对萌发和幼苗特征的影响初探 [J]. 种子，4：3-4.

周元. 2004. 三棱栎种子特性与其致濒关系初步分析 [J]. 种子，23：13-15.

周云，蒋宏，杨文忠，等. 2012. 极小种群植物毛枝五针松的野生资源状况研究 [J]. 西部林业科学，41：80-83.

朱华，王洪. 1992. 西双版纳龙脑香科植物纪要 [J]. 植物分类与资源学报，14：21-26.

Avise J C, Hamrick J L. 1996. Conservation Genetics: Case Histories from Nature [M]. New York: Chapman & Hall.

Brown A H D, Briggs J D. 1991. Sampling Strategies for Genetic Variation in *ex situ* Collections of Endangered Plant Species [M]. Genetics and Conservation of Rare Plants. Oxford University Press: 165-191.

Cai L, Dao Z L, Sun W B. 2017. Urgent protection is required for *Michelia lacei* (Magnoliaceae) in Yunnan, China [J]. Oryx, 51: 203-203.

Cai L, Zhang G L, Xiang J Y, et al. 2018. Rescuing *Christensenia aesculifolia* (Marattiaceae), a plant species with an extremely small population in China [J]. *Oryx*: 1-3.

Chen G, Gong W C, Ge J, et al. 2015. Comparison of floral properties and breeding system in dimorphic *Buddleja delavayi* (Scrophulariaceae) [J]. Journal of Systematics & Evolution, 53: 196-202.

Chen G, Liu C Q, Sun W B. 2016a. Pollination and seed dispersal of *Aquilaria sinensis* (Lour.) Gilg (Thymelaeaceae): An economic plant species with extremely small populations in China [J]. Plant Diversity, 38: 227-232.

Chen G, Luo S, Mei N S, et al. 2016b. Case study of building of conservation coalitions to conserve ecological interactions [J]. Conservation Biology, 29: 1527-1536.

Chen G, Sun W B. 2018. The role of botanical garden in scientific research, conservation ad citizen science [J]. Plant Diversity, 40: 181-188.

Chen J M, Du Z Y, Long Z C, et al. 2017. Molecular divergence among varieties of *Ottelia acuminata* (Hydrocharitaceae) in the Yunnan-Guizhou Plateau [J]. Aquatic Botany, 140: 62-68.

Chen W H, Shui Y M, Yang J B, et al. 2014. Taxonomic status, phylogenetic affinities and genetic diversity of a presumed extinct genus, *Paraisometrum* W.T. Wang (Gesneriaceae) from the karst regions of southwest China [J]. PloS One, 9: e107967.

Chen Y K, Yang X, Yang Q, et al. 2014. Factors affecting the distribution pattern of Wild Plants with Extremely Small Populations in Hainan Island, China [J]. PloS One, 9: e97751.

Dickie J B, Pritchard H W, Black M, et al. 2002. Systematic and evolutionary aspects of desiccation tolerance in seeds [M]. Desiccation and Survival in Plants: Drying Without Dying.239: 262.

Dong W, Yang Z, Yang G, et al. 2016. Biological characteristics and conservation genetics of the narrowly distributed rare plant *Cinnamomum chago* (Lauraceae) [J]. Biodiversity Science, 38: 247-252.

Frankham R, Briscoe D A, Ballou J D. 2002. Introduction to conservation genetics [M]. Zoologica Africana. Cambridge University Press: 192-192.

Ge J, Cai L, Bi G Q, et al. 2018. Characterization of the complete chloroplast genomes of *Buddleja colvilei* and *B. sessilifolia*: implications for the taxonomy of *Buddleja* L [J]. Molecules, 23: 1248.

Groom M J, Meffe G K, Carroll C R. 2006. Principles of conservation biology [M]. Sunderland: Sinauer Associates.

Jin X H, Chen S C, Qin H N. 2005. Pollination system of *Holcoglossum rupestre* (Orchidaceae): a special and unstable system [J]. Plant Systematics & Evolution, 254: 31-38.

Lammi A, Siikamaki P, Mustajarvi K. 1999. Genetic diversity, population size, and fitness in central and peripheral populations of a rare plant *Lychnis viscaria* [J]. Conservation Biology, 13: 1069-1078.

Li F G, Xia N H. 2005. Population structure and genetic diversity of an endangered species, *Glyptostrobus pensilis* (Cupressaceae) [J]. Botanical Bulletin-Academia Sinica, 46: 155-162.

Li K Q, Chen L, Feng Y H, et al. 2014. High genetic diversity but limited gene flow among remnant and fragmented natural populations of *Liriodendron chinense* Sarg [J]. Biochemical Systematics & Ecology, 54: 230-236.

Li Q M, Xu Z F, He T H. 2002. *Ex situ* genetic conservation of endangered *Vatica guangxiensis* (Dipterocarpaceae) in China [J]. Biological Conservation, 106: 151-156.

Li R, Shi X C, Yu W B, et al. 2016. Rediscovery of the supposedly extinct *Pedicularis humilis* in the eastern Himalayas [J]. Oryx, 50: 204.

Li S H, Sun W B, Ma Y P. 2018. Does the giant tree rhododendron need conservation priority [J]? Global Ecology and Conservation, 15: e00421.

Liu X L, Qian Z G, Liu F H, et al. 2011. Genetic diversity within and among populations of *Neopicrorhiza scrophulariiflora* (Scrophulariaceae) in China, an endangered medicinal plant [J]. Biochemical Systematics & Ecology, 39: 297-301.

Ma Y P, Chen G, Grumbine R E, et al. 2013. Conserving plant species with extremely small populations (PSESP) in China [J]. Biodiversity and Conservation, 22: 803-809.

Marshall D, Brown A. 1975. Optimum sampling strategies in genetic conservation [M]. Crop Genetic Resources for Today and Tomorrow. Cambridge University Press: 53-80.

Medeiros L G, Marcon C, Silveira T, et al. 2016. Looking for the conservation and sustainable use of *Cyathea corcovadensis* (Raddi) Domin (Cyatheaceae): the influence of environmental factors on gametophytes [J]. Brazilian Journal of Botany, 40: 1-8.

Qiu Y X, Luo Y P, Comes H P, et al. 2007. Population genetic diversity and structure of *Dipteronia dyerana* (Sapindaceae), a rare endemic from Yunnan Province, China, with implications for conservation [J]. Taxon, 56: 427-437.

Ren H, Zhang Q M, Lu H F, et al. 2012. Wild plant species with extremely small populations require conservation and reintroduction in China [J]. Ambio, 41: 913-917.

Spielman D, Brook B W, Frankham R. 2004. Most species are not driven to extinction before genetic factors impact them [J]. Proceedings of the National Academy of Sciences of the United States of America, 101: 15261-15264.

Sun W B, Han C Y, Gao L M, et al. 2007. Genetic diversity of the rare Asian plant, *Trigonobalanus doichangensis* (Fagaceae)[J]. Australian Journal of Botany, 55 (1): 10-17.

Sun W B, Ma Y P, Blackmore S. 2019. How a new conservation action concept has accelerated plant conservation in China [J]. Trends in Plant Science, 24(1): 4-6.

Sun W B, Zhou Y, Han C Y, et al. 2011. *Trigonobalanus*. *In*: Kole C. Wild Crop Relatives and Breeding Resources-forest tree [M]. Germany: Spring-Verlag Berlin Heideberg, 145-160.

Sun W B, Zhou Z K, Chen W Y, et al. 2016. Rescuing Plant Species with Extremely Small Populations (PSESP) in China: the case of the Xichou Oak (*Quercus sichourensis*) [J]. International Oaks, 27: 163-170.

Sun W B. 2016. Words from the guest Editor-in-Chief [J]. Plant Diversity, 38: 207-208.

Tang A J, Tian M H, Liu J P. 2012. Non-deep physiological dormancy and the effect of temperature on the germination of *Dipteronia dyeriana* seed [J]. Journal of Pomology & Horticultural Science, 87: 52-56.

Wade E M, Nadarajan J, Yang X Y, et al. 2016. Plant species with extremely small populations (PSESP) in China: A seed and spore biology perspective [J]. Plant Diversity, 38: 209-220.

Wang B, Ma Y P, Chen G, et al. 2016. Rescuing *Magnolia sinica* (Magnoliaceae), a critically endangered species endemic to Yunnan, China [J]. Oryx, 50: 446-449.

Wang C J, Zhang J, Wan J Z, et al. 2017b. The spatial distribution of threats to plant species with extremely small populations [J]. Frontiers of Earth Science, 11: 127-136.

Wang M N, Duan L, Qiao Q, et al. 2018. Phylogeography and conservation genetics of the rare and relict *Bretschneidera sinensis* (Akaniaceae) [J]. PloS One, 13: e0189034.

Yang A H, Dick C W, Yao X H, et al. 2016a. Impacts of biogeographic history and marginal population genetics on species range limits: a case study of *Liriodendron chinense* [J]. Scientific Reports, 6: 25632.

Yang A H, Wei N, Fritsch P W, et al. 2016b. AFLP genome scanning reveals divergent selection in natural populations of *Liriodendron chinense* (Magnoliaceae) along a latitudinal transect [J]. Frontiers in Plant Science, 7: 698.

Yang J, Chen G, Sun W B. 2018. Conserving *Firmiana major*, a tree species endemic to China [J]. Oryx, 52: 211.

Yang J, Gao Z R, Sun W B, et al. 2016c. High regional genetic differentiation of an endangered relict plant *Craigia yunnanensis* and implications for its conservation [J]. Plant Diversity, 38: 221-226.

Yang J, Sun W B. 2017. A new programme for conservation of Plant Species with Extremely Small Populations in south-west China [J]. Oryx, 51: 396-397.

Yang J, Zhao L L, Yang J B, et al. 2015. Genetic diversity and conservation evaluation of a critically endangered endemic maple, *Acer yangbiense*, analyzed using microsatellite markers [J]. Biochemical Systematics and Ecology, 60: 193-198.

Yang W Z, Zhang S S, Wang W B, et al. 2017. A sophisticated species conservation strategy for *Nyssa yunnanensis*, a species with extremely small populations in China [J]. Biodiversity and Conservation, 26: 967-981.

Yang Y, Pan Y Z, Gong X, et al. 2010. Genetic variation in the endangered Rutaceae species *Citrus hongheensis* based on ISSR fingerprinting [J]. Genetic Resources & Crop Evolution, 57: 1239-1248.

Yang Z Y, Yi T S, Zeng L Q, et al. 2014. The population genetic structure and diversification of *Aristolochia delavayi* (Aristolochiaceae), an endangered species of the dry hot valleys of the Jinsha River, Southwestern China [J]. Botany-botanique, 92: 579-587.

Zhai S H, Yin G S, Yang X H. 2018. Population genetics of the endangered and wild edible plant *Ottelia acuminata* in southwestern china using novel SSR markers [J]. Biochemical Genetics, 56: 1-20.

Zhang Z Y, Han J W, Jin Q, et al. 2013. Development and characterization of new microsatellites for walnut (*Juglans regia*) [J]. Genetics & Molecular Research, 12: 4723-4734.

第二章

云南省的极小种群野生植物

鳞毛蕨科 | Dryopteridaceae

玉龙蕨 / *Sorolepidium glaciale* (Christ) Christ

国家保护等级	CITES 附录	IUCN 等级	中国高等植物受威胁物种名录等级（2017）	极小种群
I	—	—	—	S

分布现状 云南（丽江、德钦），四川和西藏。

生态生境 生于高山冰川穴洞、岩缝，海拔 3 700～4 700m。

保护价值 有观赏价值；国产蕨类植物中最耐寒的种类之一，有重要的研究价值。

保护现状 部分种群就地保护于云南白马雪山国家级自然保护区、玉龙雪山省级自然保护区、哈巴雪山省级自然保护区。

【形态特征】

植株高 20cm，密被鳞片或长柔毛；叶簇生；柄上面有 2 条纵走沟槽，直通叶轴；叶片线形，一回羽状，羽片互生，近无柄。叶脉羽状，通常被鳞毛覆盖。叶两面密被灰白色的长柔毛，羽轴及主脉下面密被淡棕色纤维状鳞片。孢子囊群圆形，生于小脉顶端，位于主脉与叶边间，无囊群盖，通常被鳞片所覆盖。

合囊蕨科 | Marattiaceae

二回原始观音座莲 / *Angiopteris bipinnata* (Ching) J. M. Camus

国家保护等级	CITES 附录	IUCN 等级	中国高等植物受威胁物种名录等级（2017）	极小种群
Ⅱ	—	—	EN	S

分布现状 云南（马关、麻栗坡、西畴）

生态生境 生于海拔 1 100～1 300m 的杂木林下。

保护价值 科研价值。

保护现状 部分种群就地保护于云南文山国家级自然保护区小桥沟片区。

【形态特征】

叶柄草质，淡绿色，长 60～70cm，腹面有深沟，基部以上 20～34cm 处有一个膨大的节。叶片三角状长圆形，基部为二回羽状，向上为一回奇数羽状；叶草质，干后绿色，叶脉上下两面明显，一般为单脉或分叉。孢子囊群线形，由 20～40 个孢子囊组成；孢子暗色，透明，圆形，有棱角，表面有粗疣状突起。

合囊蕨科 | Marattiaceae

法斗观音座莲 / *Angiopteris sparsisora* Ching

国家保护等级	CITES 附录	IUCN 等级	中国高等植物受威胁物种名录等级（2017）	极小种群
Ⅱ	—	—	—	S

分布现状	云南（西畴法斗）。
生态生境	生于海拔 1 500～1 600m 的箐沟内山坡常绿阔叶林下。
保护价值	中国特有种，具有科研价值。
保护现状	就地保护于文山国家级自然保护区小桥沟片区。

【形态特征】

根状茎肥大，直立；叶簇生。叶柄圆柱形，无瘤状突起，长 35～70cm，上部有一个膝状肉质膨大的节。叶片长可达 80cm，一至二回羽状。羽片 2～3（～7）对，长圆形，互生或近对生。小羽片 7～12 对，基部不对称，有 2～4mm 长的短柄，边缘有锯齿。叶轴、羽轴、小羽片中脉及侧脉略有深棕色小鳞片。孢子囊群短线形。

合囊蕨科　|　Marattiaceae

天星蕨 / *Christensenia aesculifolia* (Bl.) Maxon

国家保护等级	CITES 附录	IUCN 等级	中国高等植物受威胁物种名录等级（2017）	极小种群
Ⅱ	—	—	CR	S

分布现状　云南（金平、河口）；泰国，越南，缅甸及印度东北部。

生态生境　生于热带沟谷雨林下，海拔 450～1 000m。

保护价值　该种叶型美丽，天然分叉，具有较高的园艺观赏价值及科研价值。

保护现状　就地保护于云南大围山国家级自然保护区。迁地保护于西双版纳热带植物园、昆明植物园以及仙湖植物园。

【形态特征】

根状茎横走，肉质，粗壮，棕绿色，下面生浅黄色至绿色肉质粗根；叶散生或近生，每株通常具 1～2 叶。叶为单叶或三出复叶。叶柄多汁，草质，被短细毛，中下部有一肉质膨大的节。单叶的叶片卵形或长圆形，全缘或边缘有粗疏锯齿，或下部每侧有一浅裂至深裂的尖裂片；小叶具短柄。孢子两面体形，单裂缝，极面观椭圆形，较大。

三尖杉科 | Cephalotaxaceae

贡山三尖杉 / *Cephalotaxus lanceolata* K. M. Feng

国家保护等级	CITES 附录	IUCN 等级	中国高等植物受威胁物种名录等级（2017）	极小种群
Ⅱ	—	EN	CR	2017FY100100

分布现状 云南（贡山独龙江沿岸）；缅甸。

生态生境 生于海拔 1 900m 的阔叶林中，散生，少见。

保护价值 孑遗植物；木材优良；叶、枝、种子、根可提取多种植物碱，有药用价值；种仁可榨油，供工业用。

保护现状 就地保护于云南高黎贡山国家级自然保护区。迁地保护于昆明植物园。

【形态特征】

高大乔木。树皮紫色，平滑；枝条下垂。叶薄革质，排列成两列，披针形，长 4.5～10cm，宽 4～7mm，上部渐窄，先端成渐尖的长尖头，基部圆形，上面深绿色，中脉隆起，下面气孔带白色，绿色中脉明显，具短柄。种子倒卵状椭圆形，长 3.5～4.5cm，假种皮熟时绿褐色，种梗长 1.5～2cm。种子 9～11 月成熟。

苏铁科 | Cycadaceae

叉叶苏铁 / *Cycas bifida* (Dyer) K. D. Hill

国家保护等级	CITES 附录	IUCN 等级	中国高等植物受威胁物种名录等级（2017）	极小种群
Ⅰ	Ⅱ	VU	CR	G

分布现状 云南东南部（河口、金平），广西西部；越南北部及老挝。

生态生境 生于海拔 700m 以下石灰岩山地的灌丛和草丛中。

保护价值 分布范围极窄，植株稀少。羽片叉状分裂，在苏铁属植物中罕见，对苏铁属分类研究有科研意义。

保护现状 就地保护于云南大围山国家级自然保护区、广西弄岗国家级自然保护区。迁地保护于昆明植物园、华南植物园、西双版纳热带植物园、武汉植物园、北京植物园、桂林植物园。

【形态特征】

该种树干圆柱形，光滑，暗赤色。叶呈叉状二回羽状深裂，羽片间距离约 4cm，叉状分裂；裂片条状披针形，边缘波状，幼时被白粉，后呈深绿色，有光泽，先端钝尖，基部不对称。大孢子叶基部柄状，橘黄色，柄与上部的顶片近等长或稍短，胚株 1～4 枚，着生于大孢子叶柄的上部两侧，近圆球形，被绒毛，上部的顶裂片菱状倒卵形。

苏铁科 | Cycadaceae

陈氏苏铁 / *Cycas chenii* X. Gong & W. Zhou

国家保护等级	CITES 附录	IUCN 等级	中国高等植物受威胁物种名录等级（2017）	极小种群
Ⅰ	Ⅱ	—	—	2017FY100100

分布现状	云南（石屏、红河、双柏）。
生态生境	生于海拔 500～1 300m 的石灰岩及砂岩陡峭山坡林下。
保护价值	该种分布区狭窄，是近年来发表的新种，具有较高的观赏价值及科研价值。
保护现状	迁地保护于昆明植物园。

【形态特征】

该种无茎或茎在地下，具 2～8 片叶子，叶片明亮至深绿色，高光泽，扁平，具有 26～74 个羽片，基部羽片刺长 0.2～0.3cm。大孢子叶长 10～12cm，被褐色绒毛；胚珠 2～4，无毛；菱形或卵形，长 5～7cm，宽 2.5～3.5cm，具 12～18 柔软刺。种子卵球形，成熟时变黄色。

苏铁科 | Cycadaceae

德保苏铁 / *Cycas debaoensis* Y. C. Zhong & C. J. Chen

国家保护等级	CITES 附录	IUCN 等级	中国高等植物受威胁物种名录等级（2017）	极小种群
Ⅰ	Ⅱ	CR	CR	G

分布现状 广西（靖西、德保、那坡、百色），云南（富宁）。

生态生境 分布区狭窄，生于海拔 800～900m 的向阳稀树灌丛石灰岩山地上。

保护价值 中国特有。具有园林观赏、药用等直接经济价值，对于研究起源演化、植物区系、古地质和古气候的变迁等具有重要意义。

保护现状 就地保护于广西黄连山县级自然保护区。仙湖植物园建立了“全国野生动植物保护及自然保护区建设工程——国家苏铁种质资源保护中心”进行系统收集保存。此外还迁地保护于华南植物园、桂林植物园、西双版纳热带植物园、厦门市园林植物园。

【形态特征】

常绿灌木，叶 5～11 片，稀 3～15 片，三回羽状全裂，横截面中羽状裂片之间呈 110°～150°“V”字形打开，正面绿色有光泽，背面浅绿色，雄球花（花粉球）密被褐色绒毛，成熟后脱毛，纺锤形柱状，小孢子叶狭楔形。大孢子叶 30～50 片，密被黄褐色绒毛，孢子叶球期 3～4 月，种子 11 月成熟。

苏铁科 | Cycadaceae

滇南苏铁 / *Cycas diannanensis* Z. T. Guan & G. D. Tao

国家保护等级	CITES 附录	IUCN 等级	中国高等植物受威胁物种名录等级（2017）	极小种群
I	II	VU	CR	G&S

分布现状 云南（个旧、双柏）。

生态生境 生于海拔 700～1 200m 陡峻的石灰岩山地草丛或阔叶林下。

保护价值 该种株型美丽，具有较高的观赏价值及科研价值。

保护现状 就地保护于云南大围山国家级自然保护区、双柏恐龙河州级自然保护区、哀牢山国家级自然保护区。核桃寨种群已由云南大围山国家级自然保护区个旧管理所建立保护小区。迁地保护于昆明植物园、华南植物园、西双版纳热带植物园、仙湖植物园、桂林植物园。

【形态特征】

树干高 0.8～3m，直径 30～40cm，具环状叶痕，下部渐脱落。羽片 67～138 对，两侧具短刺 36～40 对，中脉两面隆起。雄球花柱状卵圆形，小孢子叶长约 4cm，上面不育部分被黄褐色绒毛。雌球花卵圆形，长约 20cm，直径 15cm。大孢子叶顶片卵圆形，边缘具 13～20 对钻形裂片，胚珠有时有毛。花期 4～5 月，种子成熟期 10～11 月。

苏铁科 | Cycadaceae

长叶苏铁 / *Cycas dolichophylla* K. D. Hill，T. H. Nguyen & K. L. Phan

国家保护等级	CITES 附录	IUCN 等级	中国高等植物受威胁物种名录等级（2017）	极小种群
Ⅰ	Ⅱ	NT	CR	G&S

分布现状　云南（河口、屏边、个旧、马关、麻栗坡、景洪、勐腊），广西（德保）；越南北部。

生态生境　生于石灰山地区低海拔的阔叶林下。

保护价值　因其羽叶长而大，小羽叶数较多而得名，具有重要的研究价值和观赏价值。

保护现状　就地保护于云南马关古林箐省级自然保护区、纳板河流域国家级自然保护区、西双版纳国家级自然保护区。迁地保护于昆明植物园。

【形态特征】

茎高 1.5m，直径 18～30cm。树冠生叶。叶子鲜绿色至深绿色，高光泽，长 200～450cm，扁平，小羽片 150～270 枚，红褐色绒毛逐渐脱落。叶柄有刺。小孢子叶片柔软，大幅上翘。大孢子叶被棕色绒毛；胚珠 2～4，无毛。种卵圆形、扁圆形、卵球形或长圆形，长 40～64mm，宽 33～36mm，外种皮黄色，无纤维层和海绵层。

苏铁科 | Cycadaceae

灰干苏铁 / *Cycas hongheensis* S. Y. Yang & S. L. Yang ex D. Yue Wang

国家保护等级	CITES 附录	IUCN 等级	中国高等植物受威胁物种名录等级（2017）	极小种群
Ⅰ	Ⅱ	CR	CR	G&S

分布现状 云南（个旧）。

生态生境 生于低海拔的干热石灰岩向阳山坡的稀树灌丛中。

保护价值 株型较大，具有极高的观赏价值及科研价值。

保护现状 就地保护于云南大围山国家级自然保护区。迁地保护于昆明植物园、华南植物园、西双版纳热带植物园、仙湖植物园。

【形态特征】

高 5～7m，直立，有时分枝，基部膨大，主干直径 30～40cm，有时可达 1.3m，树皮纵裂，光滑，灰白色。该种近似于篦齿苏铁，但鳞叶比后者尖硬，而且羽片呈“V”字形开展，羽片边缘通常微反卷，近似于苏铁；且灰干苏铁无茎顶绒毛，树干光滑，后者具茎顶绒毛，叶痕宿存。

苏铁科 | Cycadaceae

长柄叉叶苏铁 / *Cycas longipetiolula* D. Yue Wang

国家保护等级	CITES 附录	IUCN 等级	中国高等植物受威胁物种名录等级（2017）	极小种群
Ⅰ	Ⅱ	—	—	S

分布现状　云南（河口、金平、屏边）。

生态生境　中国红河流域低海拔季雨林半荫环境。

保护价值　具有重要科研价值，植株优美，有园林观赏价值。

保护现状　未发现有野生分布，可能已发生野外灭绝。部分个体植株迁地保护于仙湖植物园及云南省金平县石洞村。

【形态特征】

茎干通常不明显，二回二叉羽状深裂，一回羽片 19～37 对，对生或近对生，中下部一回羽片较长，长 30～40cm，宽 25～40cm，扇形至倒卵形，向上渐短至约 25cm，小叶柄长 4～8cm，小孢子叶球纺锤状长圆柱形，长 36cm，直径 6cm，黄褐色。

苏铁科 | Cycadaceae

多羽叉叶苏铁 / *Cycas multifrondis* D. Yue Wang

国家保护等级	CITES 附录	IUCN 等级	中国高等植物受威胁物种名录等级（2017）	极小种群
Ⅰ	Ⅱ	—	CR	S

分布现状 作为栽培种发表，可能在云南东南部地区（尤其是与广西交界的文山等地）或大围山国家级自然保护区分布。

生态生境 生于海拔 100～1 000m 的中低山石灰岩山地雨林下。

保护价值 羽片形态近似多歧苏铁，对苏铁类羽叶演化具有重要研究价值。树形优美，具有潜在的园艺观赏价值。

保护现状 未发现有野生分布，可能野外已经灭绝。迁地保护于厦门市园林植物园、福州植物园和仙湖植物园。

【形态特征】

亚地下茎，地上部分圆柱状，羽叶 4～10 片，幼叶锈色，长 2.75～3.5m，叶柄下部疏被短柔毛，刺 40～78 对，刺长 3～5mm；鳞叶三角状披针形，羽片 27～44 对，在叶轴近平展；大孢子叶卵形，密被锈色绒毛，后逐渐脱落，顶片卵形至卵圆形，边缘篦齿状深裂，顶裂片钻形至披针形，有时有一对小裂片。

苏铁科 | Cycadaceae

多歧苏铁 / *Cycas multipinnata* C. J. Chen & S. Y. Yang

国家保护等级	CITES 附录	IUCN 等级	中国高等植物受威胁物种名录等级（2017）	极小种群
Ⅰ	Ⅱ	EN	EN	G&S

分布现状　云南个旧、蒙自、屏边、河口等地交界处的一块狭小区域。

生态生境　生于海拔 150～1 000m 的中低山石灰岩山地雨林下。

保护价值　对研究种子植物的起源与早期演化具有极为重要的价值，兼具观赏价值。

保护现状　部分种群就地保护于云南大围山国家级自然保护区。迁地保护于昆明植物园、华南植物园、武汉植物园、西双版纳热带植物园。

【形态特征】

茎地下生。1～3 枚羽叶集生茎顶，叶片多偏生球茎的一边，大型三回羽状复叶，每片羽叶 3～5 次二叉分歧。小孢子叶球圆柱形，黄色，长 35cm，直径 8cm；小孢子叶倒卵形，近中部粗大，向两侧渐小。大孢子叶顶片棱形，边缘篦齿状分裂；种子近球形，径约 3cm。花期 4～5 月，果期 9～10 月。

苏铁科 | Cycadaceae

攀枝花苏铁 / *Cycas panzhihuaensis* L. Zhou & S. Y. Yang

国家保护等级	CITES 附录	IUCN 等级	中国高等植物受威胁物种名录等级（2017）	极小种群
Ⅰ	Ⅱ	VU	EN	S

分布现状 四川西南部，云南北部。

生态生境 生于海拔 1 100～2 000m 的金沙江干热河谷两边的石灰岩和砂质页岩草地或稀疏灌丛中。

保护价值 我国特有的古老孑遗植物，同时具有很高的园林绿化价值。

保护现状 部分种群就地保护于四川攀枝花苏铁国家级自然保护区、轿子雪山国家级自然保护区。迁地保护于华南植物园、西双版纳热带植物园、昆明植物园、仙湖植物园、桂林植物园、厦门市园林植物园、庐山植物园、南京中山植物园。

【形态特征】

常绿植物，茎干单一。叶螺旋状排列，簇生于茎干的顶部，羽状全裂，叶柄上部两侧有短刺。雌雄异株；小孢子叶球单生茎顶，小孢子叶楔形，中央有尖刺，下面具多数小孢子囊，最上部密被绒毛；大孢子叶多数，簇生茎顶，密被绒毛；中上部两侧着生 1～5 个胚珠；胚珠近四方形，顶部红褐色。假种皮橘红色，种子近球形。

苏铁科 | Cycadaceae

篦齿苏铁 / *Cycas pectinata* Buch. -Ham.

国家保护等级	CITES 附录	IUCN 等级	中国高等植物受威胁物种名录等级（2017）	极小种群
I	II	VU	VU	2017FY100100

分布现状　云南（景洪、勐腊、勐海、普洱、江城、澜沧、盈江）；印度，尼泊尔，缅甸，老挝，泰国，孟加拉国，柬埔寨，越南。

生态生境　生于海拔 820m 以下落叶季雨林下。

保护价值　其大孢子叶的形状与二叠纪的化石苏铁相似，对研究苏铁类植物的演化、分布及古地理、古气候等都有科研价值。树姿优美奇特，具观赏价值。

保护现状　部分种群就地保护于云南纳板河流域国家级自然保护区、糯扎渡省级自然保护区、糯扎渡电站珍稀植物园中。迁地保护于华南植物园、西双版纳热带植物园、武汉植物园、仙湖植物园、桂林植物园、厦门市园林植物园、昆明植物园。

【形态特征】

茎干圆柱状，羽状叶，两侧有疏刺，羽状裂片条形，上面深绿色，中脉隆起，脉的中央常有一条凹槽，下面绿色，有散生短柔毛或渐变无毛。雄球花长圆锥状圆柱形，小孢子叶楔形，大孢子叶密被褐黄色绒毛，胚珠无毛，卵圆形，顶端有一乳头状突起点，种子卵圆形。孢子叶球期 8 月至翌年 2 月，种子翌年 3~4 月成熟。

苏铁科 | Cycadaceae

叉孢苏铁 / *Cycas segmentifida* D. Yue Wang & C. Y. Deng

国家保护等级	CITES 附录	IUCN 等级	中国高等植物受威胁物种名录等级（2017）	极小种群
Ⅰ	Ⅱ	VU	EN	S

分布现状 贵州（册亨、望谟），广西（田东印茶、步兵，田林福达、洞弄，西林八达、足别，百色阳圩，德保关东，隆林扁牙，乐业），云南（富宁）。

生态生境 生于海拔 300～800m 的阔叶林下阴处。

保护价值 科研价值、园林绿化价值、药用价值。

保护现状 部分种群就地保护于贵州望谟苏铁国家级自然保护区、广西岑王老山国家级自然保护区。迁地保护于昆明植物园、华南植物园、西双版纳热带植物园、仙湖植物园、桂林植物园。

【形态特征】

茎干约一半地下生；干皮黑褐色，具宿存叶痕。叶一回羽裂；羽片薄革质，边缘有时波状。小孢子叶球窄椭圆状圆柱形。大孢子密集，不育顶片宽卵形或心状卵形，裂片钻状或丝状，其中部分呈二叉状分裂，顶生裂片钻状或披针形，边缘常具不整齐齿。种子倒卵状，中种皮具细疣状突起。孢子叶球期 3～6 月，种子 11～12 月成熟。

苏铁科 | Cycadaceae

单羽苏铁 / *Cycas simplicipinna* (Smitinand) K. D. Hill

国家保护等级	CITES 附录	IUCN 等级	中国高等植物受威胁物种名录等级（2017）	极小种群
Ⅰ	Ⅱ	VU	—	2017FY100100

分布现状 云南（澜沧、勐腊、景洪）。

生态生境 散生于低海拔的热带雨林下。

保护价值 对于研究种系起源具有重要科研价值，植株优美，具有潜在园林价值。

保护现状 部分种群就地保护于云南纳板河流域国家级自然保护区、西双版纳国家级自然保护区、糯扎渡省级自然保护区。迁地保护于西双版纳热带植物园、仙湖植物园、福州植物园及四川攀枝花公园。

【形态特征】

主干不明显，3～8 枚羽叶，大孢子叶长 16cm，顶片近菱状至卵形，长 1.5～6cm，宽 3～5cm，边缘篦齿状深裂，两侧具 5～11 对侧裂片，裂片长 1～2cm，顶裂片钻形至三角状披针形，有时具浅齿，大孢子叶柄部被毛，胚珠 2～5 枚。

苏铁科 | Cycadaceae

谭清苏铁 / *Cycas tanqingii* D. Yue Wang

国家保护等级	CITES 附录	IUCN 等级	中国高等植物受威胁物种名录等级（2017）	极小种群
Ⅰ	Ⅱ	NT	EN	S

分布现状 云南（绿春）；越南。

生态生境 生于海拔 800m 以下的热带雨林中，成小片状分布。

保护价值 该种分布区狭窄，适生于热带地区，具有观赏价值及科研价值。

保护现状 部分种群就地保护于云南绿春国家级自然保护区。迁地保护于昆明植物园。

【形态特征】

树干圆柱形，高达 2m，无茎顶绒毛；羽叶 4～7 枚，长 1.9～3.3m，羽片 57～59 对，中部羽片长 30～45.5cm，宽 1.5～2.2cm，中脉两面隆起，先端渐尖，基部楔形；小孢子叶楔形，顶端不育部分密被褐色短柔毛；大孢子叶顶片近圆形至卵圆形，密被锈色短柔毛，后逐渐脱落，边缘篦齿状分裂，两侧具 6～9 枚侧裂片，胚珠 2 枚，扁球形，无毛；种子倒卵状球形，中种皮具皱纹。

松科 | Pinaceae

旱地油杉 / *Keteleeria xerophila* Hsüeh & S. H. Huo

国家保护等级	CITES 附录	IUCN 等级	中国高等植物受威胁物种名录等级（2017）	极小种群
—	—	LC	—	S

分布现状　云南（新平水塘、者龙、老厂）。

生态生境　常散生于海拔 800～1 000m 的河谷地带或旱生灌丛阳坡。

保护价值　为古老的残余树种，对研究中国南方植物区系有一定的价值，云南特有种。为干热河谷造林的优良树种。

保护现状　多分布于寺庙附近和风景区，已实行封禁保护。迁地保护于昆明植物园。

【形态特征】

乔木，树皮灰色，呈不规则矩形块状开裂。冬芽卵圆形。叶条形，叶下面沿中脉两侧各有气孔线 10～20 条。球果圆柱形；中部的种鳞斜方状圆形，种鳞拱凸，上部圆形，先端向外反卷，边缘具细锯齿，苞鳞带状；种子连翅长约 2cm，种翅与种子等长。花期 4 月，种子 10 月成熟。

松科 | Pinaceae

康定云杉 / *Picea likiangensis* var. *montigena* (Masters) W. C. Cheng

国家保护等级	CITES 附录	IUCN 等级	中国高等植物受威胁物种名录等级（2017）	极小种群
—	—	—	CR	S

分布现状 四川（康定折多山），云南西北部。

生态生境 生于海拔 3 300m 以上地带。

保护价值 用材造林。

保护现状 九龙县鸡丑林场曾人工培育有几百株，现状不明。

【形态特征】

乔木，树皮深灰色或暗褐灰色，树冠塔形；叶棱状条形或扁四棱形，直或微弯。球果卵状矩圆形或圆柱形；球果成熟前种鳞露出部分背部绿色，上部边缘红色或紫红色；种子灰褐色，近卵圆形，种翅倒卵状椭圆形，淡褐色，有光泽，常具疏生的紫色小斑点。花期 4～5 月，球果成熟期 9～10 月。

松科 | Pinaceae

毛枝五针松 / *Pinus wangii* Hu & W. C. Cheng

国家保护等级	CITES 附录	IUCN 等级	中国高等植物受威胁物种名录等级（2017）	极小种群
Ⅱ	—	EN	EN	G&S

分布现状	云南（西畴、麻栗坡、马关）。
生态生境	生于海拔 500～1 800m 的石灰岩山地，疏生不成森林，或与栎类树种混交成林。
保护价值	我国特有种，适生生境特殊。
保护现状	部分种群就地保护于麻栗坡老山省级自然保护区。迁地保护于昆明植物园。

【形态特征】

乔木，一年生枝暗红褐色，较细，密被褐色柔毛，二三年生枝呈暗灰褐色，毛渐脱落。叶 5 针一束，粗硬，微内弯，边缘有细锯齿，背面深绿色，仅腹面两侧各有 5～8 条气孔线；横切面三角形，树脂道 3 个，中生，叶鞘早落。球果单生或 2～3 个集生，中部种鳞近倒卵形，鳞盾扁菱形，边缘薄，微内曲，种子淡褐色，椭圆状卵圆形，种翅偏斜。

松科 | Pinaceae

巧家五针松 / *Pinus squamata* X. W. Li

国家保护等级	CITES 附录	IUCN 等级	中国高等植物受威胁物种名录等级（2017）	极小种群
I	—	CR	CR	G&S

分布现状 云南（巧家）。

生态生境 生于海拔 2 000～2 350m 的深切割中山上部陡坡，呈单株散生。

保护价值 巧家五针松对于阐明松属的演化具有重要的科研价值。同时，该树种树皮洁白，枝叶扶疏，树干通直，具有较高的观赏价值和用材价值。

保护现状 就地保护于云南药山国家级自然保护区。迁地保护于昆明植物园，并建立迁地保护种群。

【形态特征】

乔木，树冠呈柱状塔形。幼树树皮光滑，长大后树皮裂成不规则的薄片，逐渐反卷呈棕褐色，脱落后露出淡黄绿色内皮。表皮生有突起的棕黄色皮孔。针叶 5 针一束，兼有 4 针，稀有 3 针并存。针叶缘有细齿。树脂道 3～5 个边生；球果呈卵圆形或圆锥状卵圆形，4～5 月开花，翌年 9～10 月果成熟，种子小，具翅。

松科 | Pinaceae

澜沧黄杉 / *Pseudotsuga forrestii* Craib

国家保护等级	CITES 附录	IUCN 等级	中国高等植物受威胁物种名录等级（2017）	极小种群
Ⅱ	—	—	EN	G&S

分布现状　云南（德钦、维西、丽江、贡山、兰坪），西藏（察隅），四川（冕宁、西昌）。

生态生境　生于海拔 2 400～3 300m 的高山地带或生于针叶林内。

保护价值　中国特有树种；具有科研和用材价值。

保护现状　部分种群就地保护于云南白马雪山国家级自然保护区。迁地保护于昆明植物园。

【形态特征】

乔木，树皮暗褐灰色，粗糙，深纵裂；大枝近平展；一年生枝淡黄色或绿黄色，二三年生枝淡褐色或淡褐灰色。叶条形，较长，排列成两列，先端钝，有凹缺，基部楔形，扭转，近无柄。球果卵圆形或长卵圆形；中部种鳞近圆形或斜方状圆形；苞鳞露出部分反曲；种子三角状卵圆形，种翅长约为种子的两倍。花期 4 月，球果 10 月成熟。

红豆杉科 | Taxaceae

云南穗花杉 / *Amentotaxus yunnanensis* H. L. Li

国家保护等级	CITES 附录	IUCN 等级	中国高等植物受威胁物种名录等级（2017）	极小种群
I	—	VU	VU	S

分布现状 云南（富宁、西畴、屏边、马关、麻栗坡、河口、个旧），贵州（兴义）；越南北部。

生态生境 生于海拔约 1 000m 的石灰岩山地。

保护价值 材质优良，树形、叶片、果实美丽，是优美的庭园观赏树种。

保护现状 部分种群就地保护于云南麻栗坡老山省级自然保护区、文山国家级自然保护区小桥沟片区、马关古林箐省级自然保护区。迁地保护于昆明植物园、华南植物园、桂林植物园、武汉植物园、西双版纳热带植物园。

【形态特征】

树冠广卵形。叶成两列，条形、椭圆状条形或披针状条形，长 3.5～10（～15）cm，宽 8～15mm，几无柄，中脉显著隆起，下面两侧的气孔带干后褐色或淡黄白色，宽 3～4mm。雄球常 4～6 穗，雄蕊 4～8 个花药。种子椭圆形，假种皮成熟时红紫色，顶端小尖头露出，基部苞片宿存，背有棱脊。花期 4 月，果期 10 月。

杉科 | Taxodiaceae

水松 / *Glyptostrobus pensilis* (Staunton ex D. Don) K. Koch

国家保护等级	CITES 附录	IUCN 等级	中国高等植物受威胁物种名录等级（2017）	极小种群
Ⅰ	—	CR	CR	G&S

分布现状　广东东部和西部，福建西部和北部，江西东部，四川东南部，广西，云南（富宁）。

生态生境　生于海拔 1 000m 以下区域。

保护价值　中国特有种。水松在研究杉科植物的系统发育、古植物学和第四纪冰川气候等方面都有重要的科学价值；木材可作建筑、桥梁、家具等用材。根系发达，作固堤护岸和防风之用；树形优美，可作庭园树种。

保护现状　迁地保护于昆明植物园、华南植物园、西双版纳热带植物园、仙湖植物园、桂林植物园、厦门市园林植物园、庐山植物园、南京中山植物园。部分种群或单株就地保护于村寨农田、农地及村寨边。

【形态特征】

高大乔木，生于湿生环境，树干基部膨大成柱槽状，并且有伸出土面或水面的吸收根；叶有鳞形叶、条形叶和条状钻形叶；球花单生于具鳞叶的小枝顶端，雄蕊、球鳞、苞鳞皆螺旋状排列，球果卵圆形，苞鳞与种鳞几全部合生，仅先端分离，种子椭圆形，下端有长翅。花期 1～3 月，球果成熟期 9～11 月。

槭树科 | Aceraceae

漾濞槭 / *Acer yangbiense* Y. S. Chen & Q. E. Yang

国家保护等级	CITES 附录	IUCN 等级	中国高等植物受威胁物种名录等级（2017）	极小种群
—	—	—	CR	S

分布现状 云南（漾濞）。

生态生境 生于海拔 2 000～2 700m 的沟边及阴坡上。

保护价值 分布狭窄，区域特有受威胁物种。

保护现状 就地保护于苍山洱海国家级自然保护区内。迁地保护于昆明植物园、云龙县漕涧林场。昆明植物研究所与漾濞县林业局合作在漾濞县老和尚山开展了野外回归。

【形态特征】

落叶乔木。叶纸质，宽大于长，5 浅裂，基部裂片较小，三角状卵形。叶正面绿色无毛，背面有灰白色密绒毛；总状花序无毛，下垂，花黄绿色，花萼 5；花瓣 5，花盘位于雄蕊内部；雄蕊 8，花柱 2，基部合生。果序下垂，成熟后黄褐色，有显著凸起；翅与坚果形成锐角或近直角。花期 2～3 月，果期 9～10 月。

槭树科 ｜ Aceraceae

云南金钱槭 / *Dipteronia dyeriana* Henry

国家保护等级	CITES 附录	IUCN 等级	中国高等植物受威胁物种名录等级（2017）	极小种群
Ⅱ	—	EN	EN	S

分布现状　云南（文山、屏边、麻栗坡、蒙自），贵州西南部。

生态生境　生于海拔 2 000～2 500m 的疏林中。

保护价值　金钱槭属仅云南金钱槭和金钱槭两个种，具有较高的科研价值。可做观赏、绿化树种。种子含很丰富的脂肪，榨油可作食用及工业用。

保护现状　部分种群就地保护于云南文山国家级自然保护区老君山片区。迁地保护于昆明植物园、华南植物园、武汉植物园、桂林植物园。云南大围山国家级自然保护区屏边管护分局对该物种进行了回归。

【形态特征】

小乔木。叶为奇数羽状复叶；小叶纸质，9～15 枚；顶生的小叶片基部楔形，侧生小叶近无柄；小叶片披针形，先端锐尖或尾状锐尖；上面深绿，下面淡绿。果序圆锥状，顶生，密被黄绿色的短柔毛，每果梗上着生两个扁形的果实，圆形的翅环绕于其周围，嫩时绿色，成熟时黄褐色；果梗密被短柔毛。花期 5 月，果期 9 月。

猕猴桃科 | Actinidiaceae

贡山猕猴桃 / *Actinidia pilosula* (Finet & Gagnepain) Stapf ex Handel-Mazzetti

国家保护等级	CITES 附录	IUCN 等级	中国高等植物受威胁物种名录等级（2017）	极小种群
—	—	VU	VU	2017FY100100

分布现状	云南（贡山茨开）。
生态生境	生于海拔 2 000m 左右的山地树林中。
保护价值	果实食用，分布区极其狭窄。
保护现状	就地保护于高黎贡山国家级自然保护区。

【形态特征】

落叶藤本；着花小枝幼嫩时薄被尘埃状卷曲短绒毛，渐老渐趋秃净；叶纸质，卵形，顶端短尖至浑圆，两侧极不对称，边缘有锯齿，腹面绿色，背面苍绿色；花序两回分枝，5～7 花，花淡黄色，萼片卵形，花瓣倒卵长圆形；果绿色，球形。花期 6 月，果期 9～10 月。

漆树科 | Anacardiaceae

贡山九子母 / *Dobinea vulgaris* Buchanan-Hamilton ex D. Don

国家保护等级	CITES 附录	IUCN 等级	中国高等植物受威胁物种名录等级（2017）	极小种群
—	—	—	VU	2017FY100100

分布现状　云南（贡山），西藏（墨脱、察隅）；尼泊尔，印度东北部。

生态生境　生于海拔 1 350～1 700m 的江边、河谷疏林中。

保护价值　有较高园林观赏利用价值。

保护现状　部分种群就地保护于云南高黎贡山国家级自然保护区。迁地保护于昆明植物园。

【形态特征】

灌木；小枝疏被微柔毛。叶对生，膜质，边缘具锐尖头状小锯齿，两面疏被微柔毛。圆锥花序顶生；雄花：花萼、花瓣 4，雄蕊 4 长 4 短；有不育子房；雌花：无花萼、花瓣及不育雄蕊；花盘环状。果具网状脉纹，边缘具狭翅；果时苞片扩展，倒心形至近圆形，具小尖头，上半部边缘具小齿，边缘具细睫毛；种子略压扁。

漆树科 | Anacardiaceae

林生杧果 / *Mangifera sylvatica* Roxburgh

国家保护等级	CITES 附录	IUCN 等级	中国高等植物受威胁物种名录等级（2017）	极小种群
—	—	LC	EN	2017FY100100

分布现状 云南南部和西南部；尼泊尔，孟加拉国，不丹，印度（阿萨姆邦、大吉岭、锡金），缅甸，泰国，柬埔寨。

生态生境 生于海拔 600～1 900m 的山坡或沟谷林中。

保护价值 重要种质资源物种。

保护现状 部分种群就地保护于云南西双版纳国家级自然保护区、太阳河省级自然保护区。迁地保护于西双版纳热带植物园和昆明植物园（扶荔宫温室群）。

【形态特征】

常绿大乔木。树皮不规则开裂，分泌白色树脂；叶互生，薄革质，披针形，全缘。圆锥花序顶生，花白色，萼片 5，卵状披针形，花瓣 5，披针形或线状披针形。雄蕊 1 枚发育，子房球形。核果斜长卵形，顶端伸长成向下弯曲的喙，果较大，坚硬。花期 4～5 月，果期 6～8 月。

冬青科 | Aquifoliaceae

扣树 / *Ilex kaushue* S. Y. Hu

国家保护等级	CITES 附录	IUCN 等级	中国高等植物受威胁物种名录等级（2017）	极小种群
—	—	—	—	G

分布现状 湖北（兴山、来凤），湖南（保靖），广东（高要、乳源、英德），广西（武鸣、大新、天峨），海南，重庆（合川），云南（麻栗坡）。

生态生境 生于海拔 1 000～1 200m 的密林中。

保护价值 我国特有种，具绿化观赏价值。

保护现状 迁地保护于华南植物园。

【形态特征】

常绿乔木，小枝具纵棱及沟槽，被微柔毛。叶生于 1～2 年生枝上，叶片革质，长圆形，边缘具重锯齿或粗锯齿。聚伞状圆锥花序或假总状花序生于当年生枝叶腋内，雄花：聚伞状圆锥花序，花瓣 4，卵状长圆形，雌花未见。果序假总状，腋生，果球形，成熟时红色。花期 4～6 月，果期 9～10 月。

天南星科 | Araceae

白魔芋 / *Amorphophallus albus* P. Y Liu & J. F. Chen

国家保护等级	CITES 附录	IUCN 等级	中国高等植物受威胁物种名录等级（2017）	极小种群
—	—	—	—	2017FY100100

分布现状 云南（永善、巧家、鲁甸、绥江）、四川（金阳、雷波、屏山）。

生态生境 生于海拔 800～1 000m 的稀疏树林或干旱灌丛中。

保护价值 金沙江干热河谷特有经济植物，野生资源受人为干扰严重。

保护现状 迁地保护于昆明植物园。

【形态特征】

多年生草本，地下块茎近球形。叶柄绿色，有白色或草绿色斑块。叶片三裂，长圆状椭圆形。佛焰苞舟形，肉穗花序等于或短于佛焰苞。雌花序淡绿色，雄花序长圆筒形，雌雄花序之间为雌不育花，附属器圆锥形，上有黄色乳头状突起。子房淡绿色，一室一胚珠。果实椭圆形，初为淡绿色，成熟时橘红色。花期 4～6 月。

马兜铃科 | Aristolochiaceae

贯叶马兜铃 / *Aristolochia delavayi* Franchet

国家保护等级	CITES 附录	IUCN 等级	中国高等植物受威胁物种名录等级（2017）	极小种群
—	—	EN	EN	2017FY100100

分布现状　云南（丽江、香格里拉、宁蒗、大姚、禄劝），四川（木里）。

生态生境　生于海拔 1 200～2 400m 的石灰岩山地、丘陵或河谷灌丛中，土层瘠薄、多砾石的红壤地带。

保护价值　金沙江河谷特有的区域标志种；是滇西北著名的辛香料植物；为达摩麝凤蝶的特异寄主。

保护现状　在虎跳峡的下虎跳区域开展社区参与式的就地保护（香格里拉县的三坝乡、江边村和永壳社区）。迁地保护于昆明植物园。

【形态特征】

小草本，全株被毛不明显，有浓烈类似芫荽的辛香味；块根圆形，外表呈不规则皱纹，内面黄褐色，具芳香；茎直立，高不足 1m。叶纸质，卵形，基部心形而抱茎，全缘，叶背面密布软腺毛；基出脉 5～9 条，在两面均明显隆起。花单生于叶腋；花被全长 4～6cm，黄色或浅黄色，基部膨大呈铃铛状。

秋海棠科 | Begoniaceae

古林箐秋海棠 / *Begonia gulinqingensis* S. H. Huang & Y. M. Shui

国家保护等级	CITES 附录	IUCN 等级	中国高等植物受威胁物种名录等级（2017）	极小种群
—	—	—	—	2017FY100100

分布现状 云南（马关）。

生态生境 生于海拔 1 600～1 900m 的常绿阔叶林下草丛中。

保护价值 该种叶型美丽，叶片清脆浓绿，嵌有斑点，花朵艳丽，具有较高的园艺观赏价值，也有广泛和重要的园林应用及科研价值。

保护现状 部分种群就地保护于云南马关古林箐省级自然保护区内。迁地保护于昆明植物园。

【形态特征】

无直立茎或茎极短，具匍匐根状茎，节上生须根，被卷曲长柔毛。叶基生，叶片纸质，团扇形，边缘有不规则小齿及短缘毛，叶面深绿色，偶有淡黄色圆形斑块，疏被小刚毛，背面苍白色，网脉明显突起，沿脉及叶柄密被卷曲长柔毛。二歧聚伞花序基生，雄花：花被片 4，雌花：花被片 5，花柱 3，离生。花期 12 月，果期至翌年 1～2 月。

秋海棠科 | Begoniaceae

喙果秋海棠 / *Begonia rhynchocarpa* Y. M. Shui & W. H. Chen

国家保护等级	CITES 附录	IUCN 等级	中国高等植物受威胁物种名录等级（2017）	极小种群
—	—	—	—	2017FY100100

分布现状 云南（河口）。

生态生境 生于海拔 140m 的林下阴湿石灰岩石壁。

保护价值 具有科研和观赏价值。

保护现状 自 2006 年起，昆明植物园秋海棠属植物种质资源收集保存基地曾多次野外采集引种栽培，迄今未能实现有效迁地保存。

【形态特征】

多年生草本，根状茎匍匐，较长，株高 8～12cm。叶片轮廓斜卵形，长 6～8cm，宽 3～5cm，叶面褐绿色，被疏短柔毛。花被片浅桃红色至桃红色，二歧聚伞花序着花数 3～8 朵。雄花：外轮 2 被片倒卵圆形，内轮 2 被片长卵形；雌花：外轮 2 被片扁圆形，内轮被片 1，长圆形。花期 1～4 月，果熟期 3～6 月。

小檗科 | Berberidaceae

云南八角莲 / *Dysosma aurantiocaulis* (Handel-Mazzetti) Hu

国家保护等级	CITES 附录	IUCN 等级	中国高等植物受威胁物种名录等级（2017）	极小种群
—	—	VU	EN	2017FY100100

分布现状	云南（盐津、维西、凤庆、贡山）。
生态生境	生于海拔 2 800～3 000m 的阔叶林下。
保护价值	根有散结活瘀、消肿止痛、解毒清热之疗效，具有较高的药用和科研价值。
保护现状	无。

【形态特征】

多年生草本，植株高 30～50cm。根状茎棕褐色，横走，多须根；茎直立，径 3～5mm，淡橘黄色，具条棱。叶薄纸质，互生，盾状，叶形多样，5～8 浅裂，上面深绿色，背面淡绿色，沿脉被膜质糖秕状小鳞片，有时混生柔毛，边缘具稀疏腺齿，有时具细柔毛。花 2～5 朵簇生，花梗下弯；花暗紫色或粉红色；萼片、花瓣及雄蕊均为 6。花期 5～6 月，果期 6～8 月。

伯乐树科 | Bretschneideraceae

伯乐树 / *Bretschneidera sinensis* Hemsl.

国家保护等级	CITES 附录	IUCN 等级	中国高等植物受威胁物种名录等级（2017）	极小种群
I	—	EN	—	S

分布现状　云南，四川，贵州，广西，广东，湖南，湖北，江西，浙江，福建；越南北部。

生态生境　生于 300～1 700m 的山地林中。

保护价值　中国特有树种、国家一级保护树种，被誉为“植物中的龙凤”。它在研究被子植物的系统发育和古地理、古气候等方面都有重要科学价值。

保护现状　部分种群就地保护于多个自然保护区。迁地保护于昆明植物园、华南植物园、西双版纳热带植物园、武汉植物园、庐山植物园、南京中山植物园、桂林植物园。

【形态特征】

树皮灰褐色；小枝有明显皮孔。奇数羽状复叶，小叶 7～15 片，多少偏斜，全缘，叶面绿色，无毛，叶背粉绿色或灰白色，有短柔毛。总花梗、花梗、花萼外面有棕色短绒毛；花淡红色；花萼顶端具短的 5 齿，花瓣内面有红色纵条纹。果椭圆球形、近球形或阔卵形，种子椭圆球形，平滑，成熟时红色。花期 3～9 月，果期 5 月至翌年 4 月。

连香树科 | Cercidiphyllaceae

连香树 / *Cercidiphyllum japonicum* Siebold & Zuccarini

国家保护等级	CITES 附录	IUCN 等级	中国高等植物受威胁物种名录等级（2017）	极小种群
Ⅱ	—	NT	—	S

分布现状 云南东北部，山西西南部，河南，陕西，甘肃，安徽，浙江，江西，湖北及四川；日本。

生态生境 生于海拔 650～2 700m 的山谷边缘或林中开阔地的杂木林中。

保护价值 孑遗植物，绿化树种；树皮及叶可供工业使用；果和叶可药用。

保护现状 部分种群就地保护于多个保护区。迁地保护于昆明植物园、西双版纳热带植物园、武汉植物园、桂林植物园、庐山植物园、南京中山植物园。

【形态特征】

落叶大乔木。树皮灰色或棕灰色；小枝无毛，短枝在长枝上对生。

叶片边缘有圆钝锯齿，先端具腺体，两面无毛，下面带灰绿色粉霜。雄花常 4 朵簇生，近无梗；雌花 2～8 朵，丛生。蓇葖果 2～4 个，荚果状，褐色或黑色，先端有宿存花柱。种子扁平四角形，褐色，先端有透明翅。花期 4 月，果期 8 月。

藤黄科 | Clusiaceae

金丝李 / *Garcinia paucinervis* Chun & F. C. How

国家保护等级	CITES 附录	IUCN 等级	中国高等植物受威胁物种名录等级（2017）	极小种群
—	—	EN	VU	S

分布现状　云南（麻栗坡、河口），广西西部和西南部。

生态生境　生于海拔 300～900m 的热带地区石灰山较干燥的疏林或密林中。

保护价值　木材坚重、耐腐、耐水性特强且不受虫蛀，为珍贵用材树种。是水土保持优良树种。

保护现状　部分种群就地保护于广西弄岗国家级自然保护区、龙虎山自治区级自然保护区、崇左白头叶猴生态公园、云南大围山国家级自然保护区。迁地保护于华南植物园。

【形态特征】

乔木；幼枝压扁状四棱形。叶片近革质，椭圆形，先端突尖，基部宽楔形。花杂性，同株，雄花的聚伞花序腋生和顶生，花梗微四棱形；萼片 4，近圆形；花瓣卵形，边缘膜质透明，雄蕊多数，退化雌蕊微 4 棱形；雌花常单生叶腋；柱头盾形；子房球形。果椭圆形，萼片宿存，种子 1。花期 6～7 月，果期 11～12 月。

使君子科 | Combretaceae

萼翅藤 / *Getonia floribunda* Roxburgh

国家保护等级	CITES 附录	IUCN 等级	中国高等植物受威胁物种名录等级（2017）	极小种群
I	—	—	—	G&S

分布现状 云南（盈江、瑞丽）；越南，老挝，柬埔寨，马来西亚（槟榔屿），缅甸，泰国，孟加拉国，印度（德干高原）。

生态生境 生于海拔 300～600m 的季雨林中或林缘。

保护价值 具有观赏、绿化、药用价值。同时，该物种具有一定的植物区系研究价值。

保护现状 部分种群就地保护于云南铜壁关省级自然保护区。迁地保护于昆明植物园、西双版纳热带植物园、瑞丽珍稀植物园。

【形态特征】

披散蔓生藤本，枝纤细，密被柔毛。叶对生，革质，卵形或椭圆形；叶柄密被柔毛。总状花序，花序轴被柔毛，苞片脱落；花小，两性；苞片卵形或椭圆形，密被柔毛；花萼杯状，外面被柔毛，5 裂；花瓣缺；雄蕊 10，2 轮列，花丝无毛；花药 2 室；子房 1 室，胚珠 3，悬垂。假翅果被柔毛，5 棱；种子 1。花期 3～4 月，果期 5～6 月。

景天科 | Crassulaceae

大花红景天 / *Rhodiola crenulata* (J. D. Hooker & Thomson) H. Ohba

国家保护等级	CITES 附录	IUCN 等级	中国高等植物受威胁物种名录等级（2017）	极小种群
—	—	—	EN	2017FY100100

分布现状 云南（德钦、中甸、丽江、宁蒗），四川，西藏、青海；不丹，尼泊尔，印度。

生态生境 生于海拔 2 800～4 600m 的林下沟边、石缝中、山坡或草坡等处。

保护价值 具药用价值。

保护现状 部分种群就地保护于青海三江源国家级自然保护区。

【形态特征】

多年生草本。鳞叶宽三角形，全缘，锈色。叶互生，椭圆形；叶柄扁平。花茎常呈扇状排列，为紫红色。花序伞房状，顶生；花序梗极短。花雌雄异株；萼片 5，红色，线状三角形；雄花：花瓣 5，红色，狭倒披针形；雄蕊 10；雌花：心皮 5，淡红色。蓇葖 5，暗红色，直立宿存。种子红褐色，狭长圆形。花果期 6～9 月。

薯蓣科 | Dioscoreaceae

光叶薯蓣 / *Dioscorea glabra* Roxburgh

国家保护等级	CITES 附录	IUCN 等级	中国高等植物受威胁物种名录等级（2017）	极小种群
—	—	—	VU	2017FY100100

分布现状 云南，贵州，广东，广西；印度，马来西亚。

生态生境 生于海拔 250～1 500m 的山坡、路边、沟旁的常绿阔叶林下或灌丛中。

保护价值 具有观赏价值、药用价值，块茎入药。

保护现状 迁地保护于华南植物园、西双版纳热带植物园、南京中山植物园、武汉植物园。

【形态特征】

缠绕藤本，根状茎短粗，由此生出多个长圆柱状块茎，外皮易脱落。茎右旋，基部有刺。基部叶互生，中部以上叶对生，叶卵状心形至长椭圆形，顶端渐尖，基部心形、截形或圆形，上面常带白粉。雌雄花序皆为穗状花序，雄蕊 6；蒴果不反折，三棱状扁圆形。花期 9～12 月，果期 12 月至翌年 1 月。

龙脑香科 | Dipterocarpaceae

广西青梅 / *Vatica guangxiensis* X. L. Mo

国家保护等级	CITES 附录	IUCN 等级	中国高等植物受威胁物种名录等级（2017）	极小种群
Ⅱ	—	EN	CR	G&S

分布现状　广西（那坡），云南（勐腊、麻栗坡）；越南北部。

生态生境　生于海拔 800～1 000m 的坡地、丘陵地带。

保护价值　材色美观，材质致密硬重，耐腐性强，为优良用材。

保护现状　就地保护于广西老虎跳自治区级自然保护区内。迁地保护于华南植物园、西双版纳热带植物园、武汉植物园、桂林植物园。

【形态特征】

乔木。一年生枝条、叶、花序、花萼、花瓣、果都被黄褐色至棕褐色毛，老枝无毛。叶革质，椭圆形。圆锥花序顶生或腋生。花萼裂片 5 枚，镊合状排列，花瓣 5 枚，淡红色；雄蕊 15 枚，两轮排列，花丝三角状，花药长圆形；柱头头状，3 裂。果实近球形。增大的 2 枚花萼裂片较长。花期 4～5 月，果期 7～8 月。

龙脑香科 | Dipterocarpaceae

狭叶坡垒 / *Hopea chinensis* (Merrill) Handel-Mazzetti

国家保护等级	CITES 附录	IUCN 等级	中国高等植物受威胁物种名录等级（2017）	极小种群
I	—	CR	VU	G&S

分布现状 云南（河口、屏边、金平、绿春），广西南部和西南部；越南北部。

生态生境 生于海拔 300～600m 的山谷、坡地、丘陵地区。

保护价值 数量稀少，树形高大，树干笔直，果实形状特殊且颜色艳丽，具很高的观赏及科研价值。树脂可作喷漆制造等，木材坚硬耐腐，具用材价值。

保护现状 部分种群就地保护于广西十万大山国家级自然保护区、云南大围山国家级自然保护区、云南绿春黄连山国家级自然保护区和马关古林箐省级自然保护区。迁地保护于华南植物园、西双版纳热带植物园、桂林植物园。

【形态特征】

高大乔木，具白色芳香树脂，树皮灰黑色，平滑。枝条红褐色，具白色皮孔，被灰色星状毛或短绒毛。花萼裂片 5 枚，覆瓦状排列，无毛；花瓣 5 枚，淡红色，扭曲，被黄色长绒毛；雄蕊 15 枚；子房 3 室，每室具胚珠 2 枚。果实卵形，黑褐色，具尖头；增大的 2 枚花萼裂片为长圆状披针形或长圆形，无毛。花期 6～7 月，果期 10～12 月。

柿树科 | Ebenaceae

莱阳河柿 / *Diospyros caiyangheenesis* G. D. Tao

国家保护等级	CITES 附录	IUCN 等级	中国高等植物受威胁物种名录等级（2017）	极小种群
—	—	—	—	S

分布现状 云南太阳河省级自然保护区南线河，云南特有。

生态生境 生于海拔 1 360～1 380m 的山地雨林。

保护价值 野外仅有 6 株成年树，1 株残桩萌发树。具有观赏与食用价值。

保护现状 就地保护于云南太阳河省级自然保护区。

【形态特征】

常绿乔木，雌雄异株。叶坚纸质，椭圆形，两面无毛。雄花序由 3 朵小花组成聚伞花序，花梗、苞片及花萼被锈色伏毛。雌花单生或由 3 朵花组成伞房花序，花序梗、花梗和花萼均被锈色伏毛。花冠宽坛状，退化雄蕊 8；子房近球形，密被黄褐色短毛。果实球形，黄色，密被黄褐色短毛。花期 3～4 月，果期 9～10 月。

杜鹃花科 | Ericaceae

朱红大杜鹃 / *Rhododendron griersonianum* I. B. Balfour & Forrest

国家保护等级	CITES 附录	IUCN 等级	中国高等植物受威胁物种名录等级（2017）	极小种群
—	—	—	CR	2017FY100100

分布现状 云南西部；缅甸东北部。

生态生境 生于海拔 1 680～2 700m 的混交林内或灌丛中。

保护价值 该物种因花朵美丽，颜色鲜艳，有人工栽培，也是众多杂交品种的母本，具有较高的园艺价值。

保护现状 迁地保护于昆明植物园、武汉植物园、香格里拉高山植物园。

【形态特征】

常绿灌木。叶革质，狭长圆形或披针形，上面暗绿色，幼时有毡毛，老后无毛，下面被有一层白色至淡黄色松软的绒毛，叶柄常为紫色。顶生总状伞形花序，有花 5～12 朵；花冠漏斗形，亮深红色至朱红色，上方具深红色斑点；雄蕊 10，不等长，花药长圆形。蒴果长圆柱形，花期 5～7 月，果期翌年 3 月。

杜鹃花科 | Eriaceae

大树杜鹃 / *Rhododendron protistum* var. *giganteum* (Forrest) D. F. Chamberlain

国家保护等级	CITES 附录	IUCN 等级	中国高等植物受威胁物种名录等级（2017）	极小种群
—	—	CR	CR	G&S

分布现状　云南西部；缅甸东北部。

生态生境　生于海拔 2 800～3 300m 的混交林中。

保护价值　具有较高生态旅游和观赏价值。

保护现状　就地保护于云南高黎贡山国家级自然保护区。迁地保护于昆明植物园。

【形态特征】

高大乔木。叶革质，长圆状披针形或长圆状倒披针形，叶背被淡棕色疏松毛，叶柄无毛。两性花，顶生总状伞形花序，有花 20～30 朵，花冠斜钟形，花冠长 7～8cm，深紫红色，雄蕊 16，不等长，蒴果圆柱形，被黄棕色绒毛。花期 1～3 月，果期 10 月。

壳斗科 | Fagaceae

西畴青冈 / *Cyclobalanopsis sichourensis* Hu

国家保护等级	CITES 附录	IUCN 等级	中国高等植物受威胁物种名录等级（2017）	极小种群
—	—	—	CR	S

分布现状 云南（西畴、富宁），贵州（册亨）。

生态生境 生于海拔 850～1 500m 的常绿阔叶林中。

保护价值 中国特有种，个体极其稀少，在壳斗科具有特殊研究价值。

保护现状 迁地保护于昆明植物园和云南大理志奔山漕涧林场。昆明植物研究所在云南马关古林箐省级自然保护区老箐管理站开展了回归。

【形态特征】

常绿大乔木。小枝粗壮，具凸起的淡棕色圆形皮孔。叶片厚革质，叶缘 1/4 以上有疏锯齿，中脉在叶面凹陷，叶背粉白色。壳斗扁球形，几全包坚果，直径 3.5～5cm，高约 2.5cm，壁薄，内壁被黄色丝状毛，外壁被黄色绒毛；小苞片合生成 9～10 条同心环带。坚果扁球形，有黄色绒毛，顶端凹陷，中央有小尖头。果期 10～11 月。

壳斗科 | Fagaceae

三棱栎 / *Formanodendron doichangensis* (A. Camus) Nixon & Crepet

国家保护等级	CITES 附录	IUCN 等级	中国高等植物受威胁物种名录等级（2017）	极小种群
Ⅱ	—	DD	VU	2017FY100100

分布现状 云南（孟连、澜沧、沧源、西盟）；泰国北部。

生态生境 生于海拔 1 000～1 900m 的常绿阔叶林中。

保护价值 优质材用树种。

保护现状 部分种群就地保护于云南南滚河国家级自然保护区及西盟县勐梭乡封山育林区。迁地保护于昆明植物园、西双版纳热带植物园。昆明植物研究所在孟连县开展了回归。

【形态特征】

常绿乔木，树皮条状开裂。幼枝被锈色柔毛，皮孔白色。叶互生，椭圆形，先端钝或凹缺，基部宽楔形下延，幼叶两面被锈色星状毛，老叶上面无毛，下面疏被星状毛。不育胚珠在种子顶部。壳斗包果基部，内面密被锈色绒毛，具 1～3 果；果的轮廓呈宽卵形，明显具 3 翅，被毛。花期 11 月，果期翌年 3 月。

苦苣苔科 | Gesneriaceae

密序苣苔 / *Hemiboeopsis longisepala* (H. W. Li) W. T. Wang

国家保护等级	CITES 附录	IUCN 等级	中国高等植物受威胁物种名录等级（2017）	极小种群
—	—	—	EN	S

分布现状	云南东南部（金平、河口、绿春）。
生态生境	生于海拔 250～800m 的山谷灌丛中、芭蕉林下或沟边阴处。
保护价值	具有观赏和科研价值。
保护现状	部分种群就地保护于云南大围山国家级自然保护区和绿春黄连山国家级自然保护区。迁地保护于昆明植物园。

【形态特征】

半灌木；茎高 25～80cm，上部密被贴伏淡褐色柔毛。叶对生，长 9～24cm，宽 3～6.5cm，先端渐尖，基部渐狭或宽楔形，边缘在基部之上有浅波状小钝齿，背面沿脉疏被柔毛。聚伞花序腋生，一回分枝，有密集的 3～7 花；花冠粉红色；能育雄蕊着生于距花冠基部 7～12mm 处，退化雄蕊 2，被疏柔毛；花盘环状，高约 1mm。花期 4～5 月。

苦苣苔科 ｜ Gesneriaceae

弥勒苣苔 / *Paraisometrum mileense* W. T. Wang

国家保护等级	CITES 附录	IUCN 等级	中国高等植物受威胁物种名录等级（2017）	极小种群
—	—	—	EN	G&S

分布现状　云南（弥勒、石林），贵州，广西。

生态生境　生于海拔 2 000～2 600m 的石灰岩林下石壁上。

保护价值　宣布灭绝后重新发现，分布极其狭窄，生境特殊。在广义马铃苣苔系统学研究中具有重要的科研价值。

保护现状　石林圭山居群由圭山国家森林公园管理处与昆明植物研究所合作建立了就地保护小区，弥勒种群由弥勒市林业局建立了就地保护小区。迁地保护于昆明植物园。

【形态特征】

多年生草本，叶柄及花序梗具褐色绵毛；叶片椭圆形或长椭圆形，长 2～4.8cm，宽 1.2～1.8cm，上面密被贴伏的白色柔毛，下面被褐色绵毛。花冠二唇形，黄色；漏斗状筒形，远长于檐部；上唇不等 4 浅裂，裂片三角形，中间 2 裂片较小；下唇不分裂，三角状卵形。能育雄蕊 4，内藏；退化雄蕊 1，种子两端无附属物。花期 8～9 月。

水鳖科 | Hydrocharitaceae

海菜花 / *Ottelia acuminata* (Gagnepain) Dandy

国家保护等级	CITES 附录	IUCN 等级	中国高等植物受威胁物种名录等级（2017）	极小种群
—	—	—	VU	2017FY100100

分布现状 广西，贵州，云南。

生态生境 生于湖泊、池塘、沟渠、河流、小溪及水田中。

保护价值 中国特有种，对水质具有指示作用，可食用。

保护现状 就地保护于贵州草海国家级自然保护区、云南苍山洱海国家级自然保护区、云南泸沽湖省级自然保护区和云南拉市海高原湿地省级自然保护区。迁地保护于武汉植物园、昆明植物园、昆明丰泽源植物园和桂林植物园。

【形态特征】

沉水草本。茎短缩。叶基生。花单性，雌雄异株；佛焰苞无翅；雄佛焰苞内含 40～50 朵雄花，花梗长；萼片 3，绿色，花瓣 3，白色；雄蕊 9～12 枚，黄色，花丝扁平，退化雄蕊 3 枚，线形，黄色；雌佛焰苞内含 2～3 朵雌花，花梗短，花萼、花瓣与雄花的相似，花柱 3，橙黄色；子房三棱柱形。果褐色。花果期 5～10 月。

八角科 | Illiciaceae

地枫皮 / *Illicium difengpi* B. N. Chang

国家保护等级	CITES 附录	IUCN 等级	中国高等植物受威胁物种名录等级（2017）	极小种群
Ⅱ	—	—	EN	S

分布现状　广西西南部（都安、马山、德保、龙州），云南（麻栗坡）；越南。

生态生境　生于海拔 200～1 300m 的石灰岩石山山顶与有土的石缝中或石山疏林下。

保护价值　可用于石灰岩山地的绿化，茎皮是资源有限的中药材。

保护现状　部分种群就地保护于云南麻栗坡老山省级自然保护区。迁地保护于华南植物园、桂林植物园、西双版纳热带植物园。

【形态特征】

灌木，全株芳香，树皮有纵向皱纹。叶常 3～5 片聚生或簇生于枝顶，革质，倒披针形，两面密布褐色细小油点。花紫红色或红色，腋生或近顶生，单朵或 2～4 朵簇生，花被片多数，肉质。雌蕊和雄蕊多数；聚合果直径 2.5～3.5cm，蓇葖顶端向内弯曲。花期 4～5 月，果期 8～10 月。

胡桃科 | Juglandaceae

喙核桃 / *Annamocarya sinensis* (Dode) Leroy

国家保护等级	CITES 附录	IUCN 等级	中国高等植物受威胁物种名录等级（2017）	极小种群
—	—	EN	EN	G&S

分布现状 贵州南部，广西，云南东南部，湖南（通道），台湾；越南。

生态生境 生于河流两岸的森林内。

保护价值 单种属，孑遗植物，具有较高的科研价值。木材材质优良；种子油可供工业用。

保护现状 部分种群就地保护于云南麻栗坡老山省级自然保护区、云南马关古林箐省级自然保护区、湖南通道甘溪。迁地保护于西双版纳热带植物园、昆明植物园、武汉植物园、桂林植物园。

【形态特征】

落叶乔木。幼枝具棱。奇数羽状复叶，叶柄3棱形，具1沟，基部膨大；小叶7~9枚，近革质，全缘，上面深绿色，具光泽，下面淡绿色；侧生小叶对生，长椭圆形，顶生小叶倒卵状披针形。雄性柔荑花序5条一束，雄蕊5~15枚。雌性穗状花序直立，顶生，具3~5雌花。果核球形或卵球形，顶端具1鸟喙状渐尖头。

樟科 | Lauraceae

茶果樟 / *Cinnamomum chago* B. S. Sun et H. L. Zhao

国家保护等级	CITES 附录	IUCN 等级	中国高等植物受威胁物种名录等级（2017）	极小种群
—	—	—	—	2017FY100100

分布现状	云南（漾濞、云龙）。
生态生境	生于海拔 1 800～2 500m 的落叶季雨林残存的林斑中。
保护价值	科研价值；果实可食用；树形优美。
保护现状	无。

【形态特征】

常绿高大乔木。除花部以外均无毛。叶近对生，革质，狭椭圆状披针形或卵形，叶脉羽状。聚伞圆锥花序顶生或腋生。花黄绿色，花被片 6 枚，2 轮，肉质肥厚，内面具白色微柔毛；能育雄蕊 9 枚，3 轮，被白毛，第 3 轮雄蕊基部有 1 对具短柄腺体；子房卵球形。果近球形，长约 3cm。花期 4～5 月，果期 9～10 月。

豆科 | Leguminosae

紫檀 / *Pterocarpus indicus* Willdenow

国家保护等级	CITES 附录	IUCN 等级	中国高等植物受威胁物种名录等级（2017）	极小种群
Ⅱ	—	EN	CR	G&S

分布现状	云南（河口），广东，香港，台湾；缅甸，印度，菲律宾，印度尼西亚。
生态生境	生于海拔 120～230m 的坡地、河边和疏林中。
保护价值	该种木材坚硬致密，心材红色，为优良的用材；树脂和木材可药用；为重要观赏资源树种。
保护现状	迁地保护于南京中山植物园，云南河口已作为古树名木进行挂牌保护。

【形态特征】

乔木。羽状复叶长 15～30cm；小叶 3～5 对。花梗长 7～10mm，顶端有 2 枚线形、易脱落的小苞片；花萼钟状，微弯，长约 5mm，萼齿三角形，被褐色丝毛；花冠黄色，花瓣有长柄，边缘皱波状，旗瓣宽 10～13mm；雄蕊 10，单体，最后分为 5 + 5 的二体；子房具短柄，密被柔毛。荚果圆形，扁平，偏斜，中部有网纹，周围具宽翅，种子 1～2 粒。花期春季。

百合科 | Liliaceae

西畴重楼 / *Paris cronquistii* var. *xichouensis* H. Li

国家保护等级	CITES 附录	IUCN 等级	中国高等植物受威胁物种名录等级（2017）	极小种群
—	—	—	EN	2017FY100100

分布现状　云南（西畴董棕槽、麻栗坡），广西（田林、那坡）。

生态生境　生于海拔 600～1 000m 的常绿阔叶林和海拔 1 500m 的石灰岩常绿阔叶林下。

保护价值　具有药用价值。

保护现状　部分种群就地保护于云南文山董棕槽州级自然保护区内。迁地保护于云南白药集团武定重楼种植基地。

【形态特征】

多年生草本，高 60～200cm。叶片纸质，绿色无紫斑，长 29cm，宽 20cm，轮生，5～7 枚，倒卵状长圆形，基部圆形。花基数与叶数相等；雄蕊 3 轮；萼片绿色，长圆披针形。花瓣黄绿色，短于花萼；雄蕊药隔几乎不突出；子房明显具棱；花柱不明显，柱头分离，花后外卷。果成熟时淡绿色，近球形，开裂。蒴果成熟时绿黄色，种子外种皮橙黄色。花期 3～4 月。

百合科 | Liliaceae

大理重楼 / *Paris daliensis* H. Li & V. G. Soukup

国家保护等级	CITES 附录	IUCN 等级	中国高等植物受威胁物种名录等级（2017）	极小种群
—	—	—	EN	2017FY100100

分布现状 云南（巍山、祥云），贵州（毕节、赫章）。

生态生境 生于海拔 2 000～2 600m 的马尾松及栎类林下灌丛内。

保护价值 分布区极其狭窄，种群个体数量少，具药用价值。

保护现状 迁地保护于昆明植物园、云南白药集团武定重楼种植基地。

【形态特征】

多年生草本，高 50～65cm。叶片膜质，长圆形，全缘；侧脉 4～5 对。雄蕊 2 轮；萼片绿色，披针形；花瓣线形，黄绿色，直立，上面稍扩宽；雄蕊粗短，深紫色，药隔突出部分增粗，卵形；子房卵形，深紫色；花柱基盘状，花柱粗短，柱头外弯。花期 6 月，果期 9～11 月。

百合科 | Liliaceae

独龙重楼 / *Paris dulongensis* H. Li & Kurita

国家保护等级	CITES 附录	IUCN 等级	中国高等植物受威胁物种名录等级（2017）	极小种群
—	—	—	CR	2017FY100100

分布现状　云南（贡山、独龙江、泸水片马）。

生态生境　生于海拔 1 500～1 600m 的山谷林中。

保护价值　有较高药用价值。

保护现状　部分种群就地保护于云南高黎贡山国家级自然保护区。

【形态特征】

多年生草本。地下茎粗壮。叶片 9 或 10；叶柄紫色，长约 6cm，叶片倒披针形或长椭圆形，具皱，基部圆形。花梗（8～）35cm，外轮花被片 6 或 7，绿色，披针形；内轮花被片黄绿色，丝状非线性；雄蕊 12 或 14；花丝绿色，长约 7mm；花药暗紫色，联合，不伸出；子房绿色，6～7 室；柱头 6～7 裂。花期 5 月。

百合科 | Liliaceae

长柱重楼 / *Paris forrestii* (Takhtajan) H. Li

国家保护等级	CITES 附录	IUCN 等级	中国高等植物受威胁物种名录等级（2017）	极小种群
—	—	LC	EN	2017FY100100

分布现状 云南西部和西北部，西藏东南部。

生态生境 生于海拔 1 900～3 500m 的高山针叶林、常绿阔叶林。

保护价值 有较高药用价值。

保护现状 部分种群就地保护于云南高黎贡山国家级自然保护区。

【形态特征】

多年生草本。叶片 4～8，绿色、膜质；叶片长圆形、长椭圆形。花基数 4～8，通常与叶数相等。外轮花被绿色，卵形或披针形；内轮花被黄绿色，线形。雄蕊 3 轮；花药联合。子房紫色，圆锥状卵圆形。柱头 5～6 裂。浆果绿色，近球形。种子白色，细小呈卵圆形。根茎棕褐色，圆柱形或螺丝状，长 1.5～4.5cm。花期 5～7 月，果期 8～11 月。

百合科 | Liliaceae

禄劝花叶重楼 / *Paris luquanensis* H. Li

国家保护等级	CITES 附录	IUCN 等级	中国高等植物受威胁物种名录等级（2017）	极小种群
—	—	—	CR	2017FY100100

分布现状　云南（禄劝普渡河、屏边），四川（会东、普格、越西）。

生态生境　生于海拔 2 100～2 800m 的常绿阔叶林或灌丛中。

保护价值　有较高的药用价值。

保护现状　部分种群就地保护于云南轿子山国家级自然保护区中。迁地保护于昆明植物园、云南白药集团武定重楼种植基地。

【形态特征】

多年生草本，植株矮小。叶片倒卵形、倒卵状长圆形、菱形、倒卵状披针形，具明显的花叶现象。花梗淡绿色或紫色；花基数和叶数一致；萼片绿色，披针形；花瓣丝状，长于萼片；花丝淡黄色；花柱基青紫色。果深紫色或绿色。种子 1～25 枚，近球形，具完全的、多汁红色外种皮。花期 3～6 月，果 9～10 月开裂。

百合科 | Liliaceae

皱叶重楼 / *Paris rugosa* H. Li & Kurita

国家保护等级	CITES 附录	IUCN 等级	中国高等植物受威胁物种名录等级（2017）	极小种群
—	—	—	EN	2017FY100100

分布现状 云南（贡山独龙江）。

生态生境 生于海拔 1 500～1 620m 的河岸常绿阔叶林和次生灌丛中。

保护价值 重要药用资源物种，云南特有。

保护现状 部分种群就地保护于云南高黎贡山国家级自然保护区。迁地保护于西双版纳热带植物园。

【形态特征】

多年生草本植物。根状茎柱形。叶 4～5，轮生，倒卵形，具皱，先端急尖，基部圆形。侧脉和细脉在上面极度下凹，背面凸起。花基数 4～5，花萼绿色，卵形；花瓣黄绿色，线形。花丝绿色。子房近球形，绿色，花柱基青紫色，幼果青紫色。花期 5 月。

马钱科 | Loganiaceae

腺叶醉鱼草 / *Buddleja delavayi* Gagnepain

国家保护等级	CITES 附录	IUCN 等级	中国高等植物受威胁物种名录等级（2017）	极小种群
—	—	—	VU	2017FY100100

分布现状　云南（剑川）。

生态生境　生于海拔 2 000～3 000m 的山地疏林中或山坡灌木丛中。

保护价值　有较高园林观赏利用价值。

保护现状　迁地保护于昆明植物园。

【形态特征】

灌木或小乔木。茎圆柱形，被星状毛。叶对生，两面具有小腺点，上面无毛，下面被星状柔毛，全缘。圆锥状聚伞花序，花序梗被星状短绒毛；花冠内面基部被星状疏柔毛；雄蕊着生于花冠管内壁中部略上，花丝短于花药 3 倍；花柱圆柱状，柱头膨大，顶端 2 裂。蒴果卵形，无毛。花期 1～3 月，果期 4～5 月。

马钱科 | Loganiaceae

无柄醉鱼草 / *Buddleja sessilifolia* B. S. Sun ex S. Y. Pao

国家保护等级	CITES 附录	IUCN 等级	中国高等植物受威胁物种名录等级（2017）	极小种群
—	—	—	—	2017FY100100

分布现状	云南（福贡、贡山）。
生态生境	生于海拔 2 700～3 200m 的铁杉林下。
保护价值	有较高园林观赏利用价值。
保护现状	就地保护于云南高黎贡山国家级自然保护区。迁地保护于昆明植物园、丽江高山植物园。

【形态特征】

亚灌木。枝条四棱形，具窄翅。叶卵状长圆形，光滑无毛，边缘具细齿，无叶柄。总状聚伞花序顶生或腋生；花冠白色至粉色或粉紫色，长 7.5～14mm，花冠管内部黄色；花冠管圆柱形，长 6～12mm。雄蕊着生花冠上部；子房倒卵形，无毛。蒴果长圆形，具宿存花柱。种子长圆形，两端具短翅。花期 6～8 月，果期 9～10 月。

马钱科 | Loganiaceae

云南醉鱼草 / *Buddleja yunnanensis* Gagnepain

国家保护等级	CITES 附录	IUCN 等级	中国高等植物受威胁物种名录等级（2017）	极小种群
—	—	—	VU	2017FY100100

分布现状	云南（景东、普洱、西双版纳、嵩明、墨江）。
生态生境	生于海拔 1 000～2 500m 的山地林缘或山坡灌木丛中。
保护价值	有较高园林观赏利用价值。
保护现状	迁地保护于昆明植物园、西双版纳热带植物园。

【形态特征】

灌木。叶上部边缘具疏齿或呈波状或全缘，背面密被星状短绒毛。穗状或短圆柱状聚伞花序顶生，密被星状短绒毛；小苞片线状披针形，花萼内面无毛，外面与花冠外面被星状短绒毛和腺毛；花冠内面被星状柔毛；雄蕊着生于花冠管下部或近基部，子房被星状柔毛。蒴果椭圆状，被星状柔毛。花期 6～10 月，果期 7～11 月。

兰花蕉科 | Lowiaceae

云南兰花蕉 / *Orchidantha yunnanensis* P. Zou，C. F. Xiao & Škorničk

国家保护等级	CITES 附录	IUCN 等级	中国高等植物受威胁物种名录等级（2017）	极小种群
—	—	—	—	2017FY100100

分布现状 云南（麻栗坡、河口）。

生态生境 生于海拔 500m 左右的石灰岩林下。

保护价值 为 2017 年发表的新种，模式标本采自西双版纳热带植物园引种自麻栗坡的人工栽培植株，之前认为野外可能已经灭绝，2018 年在河口发现野生种群，具有重要的保护和科研价值。本种叶型优美，成丛簇生，观赏价值高。

保护现状 迁地保护于西双版纳热带植物园、昆明植物园。

【形态特征】

多年生草本，茎极短。叶基生，二列，叶片披针形或长圆形，具明显的方格状网脉；叶柄长，基部具鞘。花深紫色，散发恶臭，排成聚伞花序或单生，由基部生出；花萼 3，披针形，近相等；花瓣 3，不相等，中央唇瓣大，侧生 2 片小，顶端具芒状尖头；雄蕊 5 枚，花丝短，柱头 3 裂。花期 3～4 月。

木兰科 | Magnoliaceae

单性木兰 / *Kmeria septentrionalis* Dandy

国家保护等级	CITES 附录	IUCN 等级	中国高等植物受威胁物种名录等级（2017）	极小种群
I	—	VU	VU	G

分布现状　云南（马关、河口、麻栗坡），广西（罗城、环江），贵州（荔波）。

生态生境　生于海拔 300～600m 的石灰岩山地。

保护价值　该属全球仅 3 个种，我国仅此一种，其花部形态结构与木兰科其他植物相差大，对研究木兰科物种进化与系统发育有重要价值。

保护现状　部分种群就地保护于广西木论国家级自然保护区、云南大围山国家级自然保护区、云南马关古林箐省级自然保护区。迁地保护于昆明植物园、武汉植物园、华南植物园。

【形态特征】

乔木。叶革质，长圆形，叶亮绿色，叶柄初被灰色柔毛，后变无毛，托叶痕几达叶柄先端。花单性异株，雄花：花被片白带淡绿色，外轮 3 片内轮 2 片；雄蕊群白色带淡黄色；雌花：外轮花被片 3，内轮花被片 8～10，线状披针形；雌蕊群具 6～9 枚雌蕊。聚合果近球形，蓇葖背缝全裂。花期 5～6 月，果期 9～11 月。

木兰科 | Magnoliaceae

鹅掌楸 / *Liriodendron chinense* (Hemsley) Sargent

国家保护等级	CITES 附录	IUCN 等级	中国高等植物受威胁物种名录等级（2017）	极小种群
Ⅱ	—	NT	—	S

分布现状 陕西，安徽，浙江，江西，福建，湖北，湖南，广西，四川，贵州，云南等地。

生态生境 生于海拔 900～1 700m 的山地林中。

保护价值 我国特有的第三纪孑遗树种，也是优良用材兼园林绿化树种。

保护现状 部分种群就地保护于福建武夷山国家级自然保护区、河南董寨国家级自然保护区、广西花坪国家级自然保护区、湖南三道坑省级自然保护区、浙江龙王山省级自然保护区、云南麻栗坡老山省级自然保护区等。迁地保护于华南植物园、西双版纳热带植物园、昆明植物园、仙湖植物园、桂林植物园、庐山植物园、南京中山植物园。

【形态特征】

落叶乔木。叶马褂状。花杯状，花被片 9，外轮 3 片绿色，萼片状，内两轮 6 片，直立，花瓣状，倒卵形，绿色，具黄色纵条纹；花期时雌蕊群超出花被之上，心皮黄绿色。聚合果，小坚果具翅，顶端钝或钝尖，具种子 1～2 颗。花期 5 月，果期 9～10 月。

木兰科 | Magnoliaceae

大叶木兰 / *Magnolia henryi* Dunn

国家保护等级	CITES 附录	IUCN 等级	中国高等植物受威胁物种名录等级（2017）	极小种群
Ⅱ	—	—	EN	2017FY100100

分布现状　云南（普洱、景洪、澜沧、景谷等地）；缅甸，泰国，老挝。

生态生境　生于海拔 540～1 500m 的密林中。

保护价值　本种是木兰属中最为原始的树种，对研究木兰科分类系统和古植物区系有一定的科研意义，是优良用材和热带城乡庭园观赏绿化树种。

保护现状　部分种群就地保护于云南西双版纳国家级自然保护区、景谷威远江省级自然保护区。迁地保护于昆明植物园、西双版纳热带植物园、仙湖植物园、华南植物园。

【形态特征】

常绿乔木，叶片革质，倒卵状长圆形，先端突尖，基部宽楔形，上面深绿色，下面灰绿色，托叶痕几达叶柄顶端。花梗下弯，花被片 9，外轮 3 片绿色，其余乳白色。雄蕊多数，雌蕊群狭椭圆体形。聚合果长 10～15cm，径 3～5cm，卵状椭圆体形。花期 4～5 月，果期 8～9 月。

木兰科 | Magnoliaceae

馨香玉兰 / *Magnolia odoratissima* Law et R. Z. Zhou

国家保护等级	CITES 附录	IUCN 等级	中国高等植物受威胁物种名录等级（2017）	极小种群
Ⅱ	—	EN	CR	S

分布现状 云南（广南、西畴、麻栗坡），广西（那坡）；越南。

生态生境 生于海拔 800～1 300m 的石灰岩林中。

保护价值 中国名贵的观赏花木，也是园林绿化的优良树种。

保护现状 部分种群就地保护于云南麻栗坡老山省级自然保护区。迁地保护于昆明植物园、桂林植物园、华南植物园。

【形态特征】

常绿乔木，幼枝密被白色长毛。叶片革质，卵状椭圆形，叶面深绿色，叶背淡绿色，被白色弯曲毛，侧脉在叶面凹陷，干时两面网脉凸起。托叶与叶柄连生，托叶痕几达叶柄全长。花直立，花被片 9，白色，倒卵形或长圆形。雄蕊多数。果实长卵形。花期 4～5 月，果期 9～11 月。

木兰科 | Magnoliaceae

显脉木兰 / *Magnolia phanerophlebia* B. L. Chen

国家保护等级	CITES 附录	IUCN 等级	中国高等植物受威胁物种名录等级（2017）	极小种群
—	—	DD	VU	S

分布现状 云南（河口、金平、个旧、蒙自、马关）；越南。

生态生境 生于海拔 200～700m 的密林中。

保护价值 分布区狭窄，易受到威胁。树形、花色美丽，可供庭园观赏。

保护现状 部分种群就地保护于云南马关古林箐省级自然保护区、大围山国家级自然保护区、金平分水岭国家级自然保护区。迁地保护于昆明植物园、华南植物园。

【形态特征】

灌木或小乔木，全株无毛。幼枝绿色，叶片革质，倒卵形。上面深绿色，极光亮，下面浅绿色，中脉和侧脉在上面显著凹陷，在下面凸起。托叶痕达叶柄的 1/3～1/2。苞片 3，绿色，花被 3 轮，8～9 枚，外轮绿色，其余白色，雄蕊多数，雌蕊群狭卵形。花期 5～6 月，果期 10～11 月。

木兰科 | Magnoliaceae

西康玉兰 / *Magnolia wilsonii* (Finet et Gagnep.) Rehd.

国家保护等级	CITES 附录	IUCN 等级	中国高等植物受威胁物种名录等级（2017）	极小种群
Ⅱ	—	NT	VU	S

分布现状 四川中部和西部，云南西北部，西藏东南部，贵州。

生态生境 生于海拔 1 900～3 300m 的山林间。

保护价值 树皮药用，称“川姜朴”；花色美丽，可供庭园观赏。

保护现状 部分种群就地保护于云南高黎贡山国家级自然保护区。迁地保护于昆明植物园、华南植物园、北京植物园。

【形态特征】

落叶灌木或小乔木，树皮具明显的皮孔。叶椭圆状卵形、长圆状卵形，上面沿中脉及侧脉初被灰黄色柔毛，下面密被银灰色、褐色平伏长柔毛；叶柄密被褐色长柔毛。花与叶同时开放，白色，芳香，花梗下垂，被褐色长毛。花被片宽匙形或倒卵形；雄蕊紫红色，雌蕊群绿色，卵状圆柱形。聚合果下垂，蓇葖具喙。花期 5～6 月，果期 9～10 月。

木兰科 | Magnoliaceae

红河木莲 / *Manglietia hongheensis* Y. M. Shui & W. H. Chen

国家保护等级	CITES 附录	IUCN 等级	中国高等植物受威胁物种名录等级（2017）	极小种群
—	—	VU	VU	2017FY100100

分布现状　云南（金平、绿春、元阳）。

生态生境　生长于海拔 1 900～2 600m 的常绿阔叶林中。

保护价值　木材供板料、细工用材，果及树皮可入药。

保护现状　部分种群就地保护于云南元阳观音山省级自然保护区、云南金平分水岭国家级自然保护区、云南绿春黄连山国家级自然保护区。

【形态特征】

高大乔木，幼枝密被棕色平伏糙毛；叶矩圆形、全缘，近枝顶端密集互生，基部圆形；托叶未见，叶柄与托叶愈合 0.7～0.8cm；果柄疏被近圆形的皮孔；聚合果卵状长圆形或近圆柱状，约有百枚蓇葖果，有瘤点状突起，具短喙，背腹缝线开裂；种子光滑，不规则多角形，红色。花期 5～6 月，果期 8～10 月。

木兰科 | Magnoliaceae

亮叶木莲 / *Manglietia lucida* B. L. Chen & S. C. Yang

国家保护等级	CITES 附录	IUCN 等级	中国高等植物受威胁物种名录等级（2017）	极小种群
—	—	EN	EN	S

分布现状 云南东南部（金平、河口、马关）。

生态生境 生于海拔 600～800m 的常绿阔叶林中。

保护价值 具有学术科研和园林观赏应用价值。

保护现状 部分种群就地保护于云南大围山国家级自然保护区、云南马关古林箐省级自然保护区。迁地保护于厦门市园林植物园、华南植物园。

【形态特征】

常绿乔木，幼枝密被伏贴锈毛。叶片革质，两面无毛，上面光亮，深绿色，下面淡绿色，互生，常集生于枝端。托叶痕长为叶柄的 1/2 或以上。花蕾长椭球形，花梗具佛焰状苞片，厚革质，阔倒卵形，外面被锈色微毛。两性花，紫红色，花被片 9～11，单生于枝顶。蓇葖椭圆状球形，沿腹缝线开裂。花期 4～5 月，果期 9～11 月。

木兰科 | Magnoliaceae

大叶木莲 / *Manglietia megaphylla* Hu et Cheng

国家保护等级	CITES 附录	IUCN 等级	中国高等植物受威胁物种名录等级（2017）	极小种群
Ⅱ	—	LC	EN	S

分布现状　云南（西畴、麻栗坡、马关、景东、双柏），广西（靖西）。

生态生境　生于海拔 450～1 500m 的南亚热带常绿阔叶林山地林中、沟谷两旁。

保护价值　有科研价值；树形美观，可作绿化观赏和用材树种。

保护现状　部分种群就地保护于云南文山国家级自然保护区小桥沟片区、云南马关古林箐省级自然保护区、麻栗坡老山省级自然保护区。迁地保护于昆明植物园、南京中山植物园、华南植物园、桂林植物园。

【形态特征】

高大乔木。小枝、叶下面、叶柄、托叶、果柄、佛焰苞状苞片均密被锈褐色长绒毛；叶倒卵形，革质，常 5～6 片集生于枝端。花梗粗壮，花被片厚肉质，9～10 片，3 轮，雄蕊群被长柔毛；雌蕊群卵圆形。聚合果卵球形或长圆状卵圆形；蓇葖稍向外弯，沿背缝及腹缝开裂。花期 6 月，果期 9～10 月。

木兰科 | Magnoliaceae

卵果木莲 / *Manglietia ovoidea* Chang et B. L. Chen

国家保护等级	CITES 附录	IUCN 等级	中国高等植物受威胁物种名录等级（2017）	极小种群
—	—	CR	EN	2017FY100100

分布现状 云南（马关），广西。

生态生境 生于海拔 1 700～2 000m 的常绿阔叶林中。

保护价值 树形美观，花大美丽，庭园观赏与绿化树种。

保护现状 部分种群就地保护于云南马关古林箐省级自然保护区。迁地保护于华南植物园、仙湖植物园、昆明植物园、南京中山植物园。

【形态特征】

乔木，叶片革质，椭圆形，背面浅绿色，正面深绿色，托叶痕到达叶柄长的 1/2。花梗有毛，花被片 11，黄绿色，肉质，最里面的 2 花被片略带紫色。雄蕊多数，雌蕊宽卵球形至近球形，果梗有毛。成熟的聚合果卵形，背面具乳突。花期 4 月，果期 10～11 月。

木兰科 | Magnoliaceae

毛果木莲 / *Manglietia ventii* N. V. Tiep

国家保护等级	CITES 附录	IUCN 等级	中国高等植物受威胁物种名录等级（2017）	极小种群
Ⅱ	—	EN	EN	S

分布现状　云南东南部（金平、河口、屏边、元阳）。

生态生境　生于海拔 800～1 300m 的山谷林中。

保护价值　树形美观，为绿化观赏树种。

保护现状　部分种群就地保护于云南大围山国家级自然保护区、金平分水岭国家级自然保护区。迁地保护于昆明植物园、华南植物园、广东湛江神舟木兰园。近地保护于金平马鞍底乡、屏边县。

【形态特征】

常绿高大乔木，外芽鳞、嫩枝、叶柄、叶背、佛焰苞状苞片背面及雌蕊群密被淡黄色平伏柔毛。叶椭圆形，花梗长 2～3cm，紧贴花被片下具 1 佛焰苞状苞片，外面具凸起小点；花被片 9，肉质，外面基部被黄色短柔毛。雄蕊多数；雌蕊群倒卵状球形，密被黄色平伏毛。聚合果倒卵状球形或长圆状卵圆形，残留有黄色长柔毛；蓇葖具喙。花期 4～5 月，果期 8～9 月。

木兰科 | Magnoliaceae

华盖木 / *Manglietiastrum sinicum* Law

国家保护等级	CITES 附录	IUCN 等级	中国高等植物受威胁物种名录等级（2017）	极小种群
I	—	CR	CR	G&S

分布现状 云南（西畴、马关、屏边、河口、金平）。

生态生境 生于海拔 1 300～1 700m 的常绿阔叶林中。

保护价值 木兰科单属种植物，树形亭亭如华盖，观赏和用材价值高。

保护现状 部分种群就地保护于云南文山国家级自然保护区小桥沟片区、大围山国家级自然保护区、金平分水岭国家级自然保护区、马关古林箐省级自然保护区，其中在西畴小桥沟、马关古林箐和金平进行了回归，并在河口和金平建立保护小区。迁地保护于昆明植物园、华南植物园、仙湖植物园、昆明树木园。

【形态特征】

常绿大乔木，全株无毛。叶革质，狭倒卵形或狭倒卵状椭圆形，先端急尖，基部渐狭楔形，上面深绿色，有光泽，下面淡绿色，叶柄无托叶痕。花单生枝顶，花蕾绿色，佛焰苞状苞片紧接花被下；花被片 9，雄蕊多数，雌蕊群长卵球形，心皮 13～16 枚。蓇葖厚木质，沿腹缝线全裂及顶端 2 浅裂。花期 3～4 月，果期 11 月。

木兰科 ｜ Magnoliaceae

壮丽含笑 / *Michelia lacei* W. W. Smith

国家保护等级	CITES 附录	IUCN 等级	中国高等植物受威胁物种名录等级（2017）	极小种群
—	—	EN	EN	S

分布现状　云南（马关、金平、屏边、麻栗坡、元阳、河口）。

生态生境　生于海拔 1 500m 的林中。

保护价值　形态上具有含笑属较原始的特征；庭院观赏、园林绿化、美化环境的理想树种。

保护现状　迁地保护于华南植物园、武汉植物园、仙湖植物园、昆明植物园和桂林植物园。

【形态特征】

常绿大乔木，小枝粗壮，幼嫩时散生淡褐色长柔毛，后无毛。叶革质，两面无毛，长圆状椭圆形或椭圆形。花白色，花被片下具数个质薄、被白色平伏毛的佛焰苞状苞片，花梗粗壮，具 3~4 苞片脱落环痕；花被片 9，3 轮，雌蕊群长约 17mm，心皮约 12 枚，狭卵圆形，无毛，胚珠每心皮 10 枚，两列。花期 2 月。

木兰科 | Magnoliaceae

绒毛含笑 / *Michelia velutina* Candolle

国家保护等级	CITES 附录	IUCN 等级	中国高等植物受威胁物种名录等级（2017）	极小种群
—	—	—	—	2017FY100100

分布现状 云南西北部，西藏南部（墨脱、察隅、波密）；印度东北部，尼泊尔，不丹。

生态生境 生于海拔 1 500～2 400m 的山坡、河边杂木林中。

保护价值 具有较高的园林观赏价值，可用作布置风景林、防风林及城市绿色通道。

保护现状 迁地保护于昆明植物园、仙湖植物园。

【形态特征】

常绿乔木。小枝髓心海绵质，具横隔的厚壁组织，幼嫩部分密被灰色长绒毛。叶薄革质，狭椭圆形或椭圆形，先端急尖或稍钝，有短凸尖头；托叶痕长达叶柄的一半。花腋生于近枝端，花被片淡黄色，狭倒披针形，外轮被绢毛，内轮较狭小；蓇葖疏离，或集生上部，倒卵圆形，顶端圆钝，具短尖；种子橙黄色。花期5～6月，果期8～9月。

木兰科 | Magnoliaceae

观光木 / *Tsoongiodendron odorum* Chun

国家保护等级	CITES 附录	IUCN 等级	中国高等植物受威胁物种名录等级（2017）	极小种群
—	—	VU	VU	G&S

分布现状 江西南部，福建，广东，海南，广西，云南东南部。

生态生境 生于海拔 500～1 000m 的山地常绿阔叶林中。

保护价值 木兰科较进化的单种属、中国特有孑遗物种，可做观赏及行道树种。花可提取芳香油；种子可榨油；木材优良。

保护现状 部分种群就地保护于云南麻栗坡老山省级自然保护区。迁地保护于昆明植物园、华南植物园、西双版纳热带植物园、武汉植物园、桂林植物园、厦门市园林植物园、南京中山植物园、仙湖植物园。

【形态特征】

常绿乔木，小枝、芽、叶柄、叶面中脉、叶背和花梗均被黄棕色糙伏毛。叶片厚膜质，倒卵状椭圆形；叶柄基部膨大，托叶痕达叶柄中部。花芳香，花被片象牙黄色，有红色斑点，狭倒卵状椭圆形。聚合果长椭圆体形，外果皮榄绿色，有苍白色孔，干时深棕色，具黄色斑点。花期 3 月，果期 10～12 月。

锦葵科 | Malvaceae

旱地木槿 / *Hibiscus aridicola* J. Anthony

国家保护等级	CITES 附录	IUCN 等级	中国高等植物受威胁物种名录等级（2017）	极小种群
—	—	—	VU	2017FY100100

分布现状 云南（丽江、巧家），四川（盐边）。

生态生境 生于海拔 1 300～1 400m 的干热河谷丛中。

保护价值 金沙江河谷地区的特有及标志性树种，且园艺观赏价值较高。

保护现状 迁地保护于昆明植物园。

【形态特征】

落叶灌木，高 1～2m，密被黄色星状绒毛。叶厚革质，先端圆或钝，基部截形或心形，边缘粗齿状。花单生于叶腋，小苞片 6，匙形，基部合生，花萼杯状，裂片 5，三角状，内面疏被长柔毛，基部具髯毛。雄蕊不外露，花药红黄色；花柱枝 5，具长丝状毛。蒴果卵圆形，种子肾形，被白色绵毛。花期 10～11 月。

单室茱萸科 | Mastixiaceae

八蕊单室茱萸 / *Mastixia euonymoides* Prain

国家保护等级	CITES 附录	IUCN 等级	中国高等植物受威胁物种名录等级（2017）	极小种群
—	—	—	—	S

分布现状　云南（勐海的布朗山、西定、格朗河、澜沧）。

生态生境　生于海拔 1 000～1 500m 的原始山地雨林中。

保护价值　该物种为西双版纳热带雨林的重要组成成分。

保护现状　勐海县林业局在西定乡暖和村委会东暖大寨集体林内建设了 1 个“极小种群八蕊单室茱萸保护小区”。

【形态特征】

常绿乔木。叶枝交互对生，叶革质，长椭圆形或卵形，全缘。圆锥花序顶生或腋生，花序分枝四棱形；花两性，较小；花梗基部具 2 枚小苞片；花萼近平截，有 4 小齿；花瓣 4～5，卵形革质，镊合状排列，顶端向内反折；雄蕊 8 枚；子房 1 室，花柱短；花盘肉质，环状，微 4～5 裂。核果顶端宿存萼齿及花柱，种隔肿胀。花期 3 月，果期 10～12 月。

单室茱萸科 | Mastixiaceae

小果单室茱萸 / *Mastixia microcarpa* Y. C. Liu & H. Peng

国家保护等级	CITES 附录	IUCN 等级	中国高等植物受威胁物种名录等级（2017）	极小种群
—	—	—	VU	S

分布现状	云南玉龙雪山西坡。
生态生境	生于海拔 2 400～2 600m 的灌丛。
保护价值	单室茱萸属中，该种为唯一的灌木且生境特殊，发现于 2009 年，有研究价值。
保护现状	无。

【形态特征】

灌木，高可达 3m。分枝圆柱形，纤细，近无毛。叶对生，革质，椭圆形，叶柄 6～8mm，背面近无毛，基部楔形至宽楔形，先端锐尖或渐尖。花序顶生，3cm，无毛，小枝具三角形或披针形的小苞片。花未见。核果卵形至长圆形，宿存花柱和 5 枚萼片。果期 9～10 月。

防己科 | Menispermaceae

藤枣 / *Eleutharrhena macrocarpa* (Diels) Forman

国家保护等级	CITES 附录	IUCN 等级	中国高等植物受威胁物种名录等级（2017）	极小种群
I	—	—	CR	S

分布现状 云南南部及东南部，广西（那坡）；印度（梅加拉亚邦）。

生态生境 生于海拔 840～1 500m 的密林中，也见于疏林。

保护价值 中国仅有单种属，具有较高的观赏价值。

保护现状 部分种群就地保护于云南西双版纳国家级自然保护区、南滚河国家级自然保护区、铜壁关国家级自然保护区、南捧河省级自然保护区、太阳河省级自然保护区。迁地保护于西双版纳热带植物园、昆明植物园。

【形态特征】

木质藤本。幼枝被微柔毛，后脱落。叶革质，椭圆形，无毛。羽状脉在两面凸起；叶柄顶端膨大膝曲。雄花序 1～3 花，被微柔毛。雄花萼片 12，4 轮，覆瓦状排列；花瓣 6，宽倒卵形；雄蕊 6，花丝分离，心皮 6。果柄粗，具 6 个聚合果；核果椭圆形，黄色或红色，果核木质。种子椭圆形，无胚乳。花期 5 月，果期 10 月。

肉豆蔻科 | Myristicaceae

大叶风吹楠 / *Horsfieldia kingii* (J. D. Hooker) Warburg

国家保护等级	CITES 附录	IUCN 等级	中国高等植物受威胁物种名录等级（2017）	极小种群
Ⅱ	—	—	VU	G&S

分布现状 云南（勐腊、金平、河口、麻栗坡、盈江、瑞丽、龙陵、沧源、景洪）；印度东北部（阿萨姆至喀西山）至孟加拉国（吉大港）等地。

生态生境 生于海拔 800～1 200m 的沟谷密林中。

保护价值 枝叶秀丽，具有较高的观赏价值。

保护现状 部分种群就地保护于云南西双版纳国家级自然保护区、麻栗坡老山省级自然保护区、大围山国家级自然保护区、绿春黄连山国家级自然保护区、铜壁关省级自然保护区、广西弄岗国家级自然保护区。迁地保护于西双版纳热带植物园、华南植物园。

【形态特征】

乔木，小枝髓中空；叶坚纸质，倒卵形或长圆状倒披针形，有时中肋被微柔毛，其余两面无毛。雄花序腋生或从落叶腋生出，花几成簇，球形，花被 2～3 裂，花药 12 枚，合生成球形；雌花序短，多分支，花近球形，比雄花大。子房倒卵球形，被绒毛，柱头无柄。果长圆形，盘状花被裂片肥厚，宿存。果期 10～12 月。

肉豆蔻科 | Myristicaceae

云南肉豆蔻 / *Myristica yunnanensis* Y. H. Li

国家保护等级	CITES 附录	IUCN 等级	中国高等植物受威胁物种名录等级（2017）	极小种群
Ⅱ	—	CR	EN	G&S

分布现状 云南南部。

生态生境 生于海拔 540～600m 的山坡或沟谷斜坡的密林中。

保护价值 作为造林树种及绿化树种。

保护现状 部分种群就地保护于云南西双版纳国家级自然保护区。迁地保护于西双版纳热带植物园、南京中山植物园。

【形态特征】

高大乔木，树干基部有少量气根，树皮灰褐色，叶坚纸质，圆状披针形或长圆状倒披针形，雄花序腋生或从落叶腋生出，2 歧或 3 歧式假伞形排列，雄花壶形，花被裂片 3，三角状卵形，雌花未见，果椭圆形，先端偏斜，外面密被具节的锈色绵羊毛状毛；种子卵状椭圆形。花期 9～12 月，果期翌年 3～6 月。

蓝果树科 | Nyssaceae

喜树 / *Camptotheca acuminata* Decaisne

国家保护等级	CITES 附录	IUCN 等级	中国高等植物受威胁物种名录等级（2017）	极小种群
Ⅱ	—	—	—	G

分布现状 江苏南部，浙江，福建，江西，湖北，湖南，四川，贵州，广东，广西，云南等地。

生态生境 生于海拔 1 000m 以下的林边或溪边。

保护价值 具有园林绿化、用材、药用价值；可榨油。

保护现状 部分种群就地保护于湖南六步溪国家级自然保护区、云南药山国家级自然保护区、元江国家级自然保护区、湖北五道峡省级自然保护区等。迁地保护于昆明植物园、华南植物园、武汉植物园、西双版纳热带植物园、仙湖植物园、桂林植物园、厦门市园林植物园、庐山植物园、南京中山植物园、北京植物园。

【形态特征】

落叶乔木。树皮灰色，纵裂成浅沟状。当年生枝紫绿色，有灰色微柔毛，多年生枝淡褐色或浅灰色，无毛，有很稀疏的圆形或卵形皮孔；叶互生，纸质，矩圆状卵形或矩圆状椭圆形。头状花序近球形，常由2～9个头状花序组成圆锥花序。花杂性，同株；花瓣5枚，淡绿色。翅果矩圆形，顶端具宿存的花盘。花期5～7月，果期9月。

蓝果树科 | Nyssaceae

云南蓝果树 / *Nyssa yunnanensis* W. Q. Yin ex H. N. Qin & Phengklai

国家保护等级	CITES 附录	IUCN 等级	中国高等植物受威胁物种名录等级（2017）	极小种群
Ⅰ	—	CR	CR	G&S

分布现状　云南（西双版纳普文和勐罕、德宏盈江、瑞丽、陇川）。

生态生境　生于海拔 500～1 100m 的山谷密林中。

保护价值　具有区系研究的科研价值；园林绿化和营造用材林的优选树种。

保护现状　野生植株全部位于西双版纳州普文镇普文试验林场区域，已建立保护小区。并在云南西双版纳国家级自然保护区管护局附近、勐养子保护区关坪站、野象谷等地开展了回归。迁地保护于昆明植物园、华南植物园、西双版纳热带植物园、西双版纳国家级自然保护区管护局珍稀濒危植物园。

【形态特征】

大乔木，枝被绒毛，皮孔显著。叶厚纸质，椭圆形或倒卵形，叶和叶柄密被黄绿色微绒毛。花单性，异株，花梗被绒毛；花托盘状；花萼有萼片 5，外面被微绒毛；花瓣 5，外面被疏柔毛。核果被微绒毛，无果梗；总果梗被黄绿色微绒毛；种子稍扁，外壳上有 7 条纵沟纹。花期 3 月下旬，果期 9 月。

铁青树科 | Olacaceae

蒜头果 / *Malania oleifera* Chun & S. K. Lee

国家保护等级	CITES 附录	IUCN 等级	中国高等植物受威胁物种名录等级（2017）	极小种群
Ⅱ	—	VU	VU	S

分布现状 广西（大新、龙州），云南（富宁、广南）。

生态生境 生于广西海拔 300～350m 的低山地区及云南海拔 500～1 640m 的山地。

保护价值 对研究铁青树科的分类系统进化具有重要价值；是喀斯特地区园林绿化和生态修复的优选树种；是优良的木本油料作物及建筑用材。

保护现状 部分种群就地保护于广西弄岗国家级自然保护区、雅长兰科植物国家级自然保护区。在云南广南的曙光乡和富宁的者桑乡等地的自然生境处已建立保护小区 2 个。迁地保护于昆明植物园、云南省林业科学研究院、桂林植物园。

【形态特征】

常绿乔木，高达 20m；树皮具长圆形皮孔。叶互生，薄革质或厚纸质，长椭圆形，中脉在上面凹下，背面突起，侧脉每边 3～5 条。花 10～15 朵，排成伞形花序状、复伞形花序状的聚伞花序；花萼上端具 4～5 裂齿；花瓣 4 枚，宽卵形，长约 3mm。子房上位；核果具苦杏仁味；球形种子约 2cm。花期 4～9 月，果期 5～10 月。

兰科 | Orchidaceae

小白及 / *Bletilla formosana* (Hayata) Schlechter

国家保护等级	CITES 附录	IUCN 等级	中国高等植物受威胁物种名录等级（2017）	极小种群
—	Ⅱ	—	EN	2017FY100100

分布现状　陕西南部，甘肃东南部，江西，台湾，广西，四川，贵州，云南中部至西北部和西藏东南部（察隅）。

生态生境　生于海拔 600～3 100m 的常绿阔叶林、栎林、针叶林下、沟谷草地或草坡及岩石缝中。

保护价值　观赏；药用。

保护现状　无。

【形态特征】

植株高 15～50cm。假鳞茎扁卵球形，较小，上面具荸荠似的环带。茎纤细或较粗壮，具 3～5 枚叶。叶一般较狭，通常线状披针形、狭披针形至狭长圆形。总状花序具（1～）2～6 朵花；花较小，淡紫色或粉红色；唇瓣椭圆形，中部以上 3 裂；侧裂片直立；褶片从基部至中裂片上面均为波状。花期 4～5（～6）月。

兰科 | Orchidaceae

黄花白及 / *Bletilla ochracea* Schlechter

国家保护等级	CITES 附录	IUCN 等级	中国高等植物受威胁物种名录等级（2017）	极小种群
—	Ⅱ	—	EN	2017FY100100

分布现状 陕西南部，甘肃东南部，河南，湖北，湖南，广西，四川，贵州和云南。

生态生境 生于海拔 300～2 350m 的常绿阔叶林、针叶林或灌丛下、草丛中或沟边。

保护价值 观赏；药用。

保护现状 部分种群就地保护于湖北堵河源国家级自然保护区、贵州麻阳河国家级自然保护区。迁地保护于西双版纳热带植物园。

【形态特征】

植株高 25～55cm。假鳞茎扁斜卵形，较大，上面具荸荠似的环带。茎较粗壮，常具 4 枚叶。叶长圆状披针形。花序具 3～8 朵花，通常不分枝或极罕分枝；花中等大，黄色或萼片和花瓣外侧黄绿色，内面黄白色；唇瓣椭圆形，白色或淡黄色，在中部以上 3 裂；侧裂片直立；褶片仅在中裂片上面为波状。花期 6～7 月。

兰科 | Orchidaceae

大理铠兰 / *Corybas taliensis* Tang & F. T. Wang

国家保护等级	CITES 附录	IUCN 等级	中国高等植物受威胁物种名录等级（2017）	极小种群
—	Ⅱ	—	EN	2017FY100100

分布现状　云南西部至西北部（腾冲、福贡、泸水、大理），四川西部（汶川），西藏（墨脱）。

生态生境　生于海拔 2 100～2 500m 的杜鹃树林下、苔藓丛中。

保护价值　横断山区高山特有的极小种群野生植物，具有较高的观赏价值和科研价值。

保护现状　部分种群就地保护于云南高黎贡山国家级自然保护区、云南苍山洱海国家级自然保护区、西藏墨脱国家级自然保护区。

【形态特征】

小草本，块茎近球形，直径约 5cm。茎纤细，长 2.5～7.5cm。叶 1 枚，生于茎的上端，叶片先端短渐尖，无柄，基部抱茎，两面无毛，有浅色网状脉；花单朵，带紫色；中萼片直立，匙形，先端有细尖；侧萼片和花瓣相似，狭线形或钻状，具 1 脉；唇瓣基部有 1 个胼胝体；距 2 个，角状。花期 9 月。

兰科 | Orchidaceae

多花兰 / *Cymbidium floribundum* Lindley

国家保护等级	CITES 附录	IUCN 等级	中国高等植物受威胁物种名录等级（2017）	极小种群
—	Ⅱ	—	VU	2017FY100100

分布现状 云南西北部至东南部，四川东部，贵州，浙江，江西，福建，台湾，湖北，湖南，广东，广西等地。

生态生境 生于海拔 100～3 300m 的林中或林缘树上或溪谷旁透光的岩石上或岩壁上。

保护价值 观赏；药用。

保护现状 部分种群就地保护于湖南白云山国家级自然保护区、借母溪国家级自然保护区、广西雅长兰科植物国家级自然保护区、福建闽清黄楮林国家级自然保护区、大田大仙峰省级自然保护区。迁地保护于华南植物园、西双版纳热带植物园、武汉植物园、仙湖植物园、桂林植物园、南京中山植物园、北京植物园。

【形态特征】

附生植物，假鳞茎近卵球形。花茎直立或稍倾斜，叶通常 5～6 枚，带形，背面下部中脉较侧脉更为凸起。花序通常具 10～40 朵花，花苞片小。萼片与花瓣红褐色或偶见绿黄色，极罕灰褐色，唇瓣白色而在侧裂片与中裂片上有紫红色斑，褶片黄色；唇盘上有 2 条纵褶片；花粉团 2 个。蒴果近长圆形。花期 4～8 月。

兰科 | Orchidaceae

黄蝉兰 / *Cymbidium iridioides* D. Don

国家保护等级	CITES 附录	IUCN 等级	中国高等植物受威胁物种名录等级（2017）	极小种群
—	Ⅱ	—	VU	2017FY100100

分布现状	西藏东南部，四川西南部，云南西北部至东南部。
生态生境	生于海拔 900～2 800m 的林中乔木或岩石壁上。
保护价值	具有较高的园艺观赏价值。
保护现状	迁地保护于昆明植物园、西双版纳热带植物园。

【形态特征】

附生植物，假鳞茎椭圆状卵形至狭卵形；叶 4～8 枚，带形。花葶从假鳞茎基部穿鞘而出；总状花序具 3～17 朵花；花直径达 10cm；萼片与花瓣黄绿色，有 7～9 条淡褐色或红褐色粗脉；中裂片上有红色斑点和斑块；唇瓣基部与蕊柱合生；蕊柱长 2.5～2.9cm，向前弯曲，腹面基部具短毛；花粉团 2 个。蒴果近椭圆形。花期 8～12 月。

兰科 | Orchidaceae

文山红柱兰 / *Cymbidium wenshanense* Y. S. Wu & F. Y. Liu

国家保护等级	CITES 附录	IUCN 等级	中国高等植物受威胁物种名录等级（2017）	极小种群
—	Ⅱ	—	CR	G

分布现状 云南东南部（马关、文山）；越南。

生态生境 生于海拔约 1 500m 的林中树上。

保护价值 具有较高的园艺观赏价值。

保护现状 部分种群就地保护于云南文山国家级自然保护区、马关古林箐省级自然保护区。迁地保护于西双版纳热带植物园、武汉植物园。

【形态特征】

附生植物；假鳞茎卵形，包藏于叶鞘之内。叶 6~9 枚，带形。花葶明显短于叶，总状花序，花较大，不完全开放，有香气；萼片与花瓣白色，背面常略带淡紫红色，唇瓣白色而有深紫色或紫褐色条纹与斑点，在后期整个色泽常变为淡红褐色，纵褶片一般黄色，蕊柱顶端红色，其余均白色。花期 3 月。

兰科 | Orchidaceae

无苞杓兰 / *Cypripedium bardolphianum* W. W. Smith & Farrer

国家保护等级	CITES 附录	IUCN 等级	中国高等植物受威胁物种名录等级（2017）	极小种群
—	Ⅱ	VU	EN	2017FY100100

分布现状 甘肃南部，四川西部，云南西北部和西藏东南部。

生态生境 生于海拔 2 300～3 900m 的树木与灌木丛生的山坡、林缘或疏林下腐殖质丰富、湿润、多苔藓之地。

保护价值 中国特有植物，具有较高观赏价值。

保护现状 部分种群就地保护于四川王朗国家级自然保护区、黄龙寺省级自然保护区。

【形态特征】

植株高 8～12cm，具细长而横走的根状茎。茎直立，顶端具 2 枚叶。叶近对生，叶片椭圆形。花序顶生，直立，具 1 花；花苞片不存在；花较小，通常萼片与花瓣淡绿色而有密集的褐色条纹，唇瓣金黄色；花瓣长圆状披针形，唇瓣囊状，腹背压扁。蒴果椭圆状长圆形。花期 6～7 月，果期 8～10 月。

兰科 | Orchidaceae

玉龙杓兰 / *Cypripedium forrestii* P. J. Cribb

国家保护等级	CITES 附录	IUCN 等级	中国高等植物受威胁物种名录等级（2017）	极小种群
—	Ⅱ	EN	CR	G

分布现状 云南西北部（丽江、香格里拉）。

生态生境 生于海拔 3 500m 的松林下、灌木丛生的坡地或开阔林地上。

保护价值 具有较高的园艺价值；分布区狭窄，极易受到干扰。

保护现状 部分种群就地保护于云南玉龙雪山省级自然保护区。

【形态特征】

植株高 3～5cm，具细长而横走的根状茎。茎直立，包藏于 2 枚圆锥形的鞘之内，顶端具 2 枚叶。叶近对生，平展或近铺地；叶片椭圆形或椭圆状卵形，上面绿色，有较多的黑色斑点。花序顶生，具 1 花；花小，花序柄被长柔毛；花苞片不存在；子房被长柔毛，暗黄色，有栗色细斑点；花瓣斜卵形，多少围抱唇瓣，唇瓣囊状。花期 6 月。

兰科 | Orchidaceae

丽江杓兰 / *Cypripedium lichiangense* S. C. Chen & P. J. Cribb

国家保护等级	CITES 附录	IUCN 等级	中国高等植物受威胁物种名录等级（2017）	极小种群
—	Ⅱ	EN	CR	G

分布现状 云南西北部（香格里拉、丽江、大理），四川西南部（木里）。

生态生境 生于海拔 2 600～3 500m 的灌丛中或开旷疏林中。

保护价值 横断山区金沙江流域高山特有，具有较高的观赏和科研价值。

保护现状 部分种群就地保护于云南玉龙雪山省级自然保护区。迁地保护于昆明植物园、香格里拉高山植物园、丽江高山植物园。

【形态特征】

植株高约 10cm，具较短粗壮根状茎，茎直立，长 3～7cm，为 2 枚筒状叶鞘所包。叶近对生，上面暗绿色，有黑紫色斑点，边缘紫色。花序顶生，1 花；花苞片不存在；萼片、花瓣与唇瓣暗黄色而有浓密的红肝色斑点或完全红肝色；萼片边缘有缘毛；花瓣内弯并抱住唇瓣；唇瓣深囊状，囊的前方有乳头状突起但无小疣。花期 5～7 月。

兰科 | Orchidaceae

斑叶杓兰 / *Cypripedium margaritaceum* Franchet

国家保护等级	CITES 附录	IUCN 等级	中国高等植物受威胁物种名录等级（2017）	极小种群
—	Ⅱ	EN	EN	G

分布现状 四川西南部，云南西北部。

生态生境 生于海拔 2 500～3 600m 的草坡上或疏林下。

保护价值 具有药用和观赏价值。

保护现状 部分种群就地保护于云南玉龙雪山省级自然保护区。

【形态特征】

植株高约 10cm，地下具较粗壮而短的根状茎。茎直立，较短，为数枚叶鞘所包，顶端具 2 枚叶。叶近对生，铺地；叶片上面暗绿色并有黑紫色斑点。花序顶生；花序柄无毛；无花苞片。花萼片绿黄色有栗色纵条纹，花瓣与唇瓣白色或淡黄色而有红色或栗红色斑点与条纹；花瓣斜长圆状披针形，向前弯曲并围抱唇瓣；唇瓣囊状，近椭圆形，腹背压扁，囊的前方表面有小疣状突起；退化雄蕊近圆形至近四方形。花期 5～7 月。

兰科 | Orchidaceae

心启杓兰 / *Cypripedium singchii* Z. J. Liu & L. J. Chen

国家保护等级	CITES 附录	IUCN 等级	中国高等植物受威胁物种名录等级（2017）	极小种群
—	Ⅱ	EN	—	G

分布现状 云南东南部至南部（麻栗坡、马关、西畴、屏边、河口、普洱、西双版纳）。

生态生境 生于海拔 700～1 500m 的灌木林下或灌木丛生的山坡上。

保护价值 具有较高的园艺价值；分布区狭窄，极易受到干扰。

保护现状 部分种群就地保护于云南马关古林箐省级自然保护区。

【形态特征】

植株高 1～1.6m，茎密被短柔毛与腺毛，下部具 5～7 枚鞘，上部有 9～10 枚叶；叶椭圆形至椭圆披针形，背面被微短毛；花序顶生，总状，4～7 朵花；花瓣黄绿色，布满栗色斑；中萼片卵状圆形，长宽近相等，花瓣宽 16～20mm，内表面无毛。唇瓣深囊状，在口部两旁上侧和背面基部覆盖大片白色附属物。花期 6～7 月。

兰科 | Orchidaceae

云南杓兰 / *Cypripedium yunnanense* Franchet

国家保护等级	CITES 附录	IUCN 等级	中国高等植物受威胁物种名录等级（2017）	极小种群
—	Ⅱ	EN	EN	S

分布现状	云南西北部，四川西南部和南部，西藏东南部。
生态生境	生于海拔 2 700～3 800m 的松林下、疏林下、灌木林下或草坡。
保护价值	具有较高的园艺价值；分布区狭窄，极易受到干扰。
保护现状	部分种群就地保护于云南玉龙雪山省级自然保护区。迁地保护于昆明植物园。

【形态特征】

植株高 20～37cm，具粗短的根状茎。茎直立，基部具数枚鞘，鞘上方具 3～4 枚叶，叶片椭圆形或椭圆状披针形。花序顶生，具 1 花，花序柄上端疏被短柔毛；花苞片叶状；花粉红色、淡紫红色或偶见灰白色，有深色的脉纹，退化雄蕊白色并在中央具 1 条紫条纹；花瓣披针形，先端渐尖，内表面基部具毛；唇瓣深囊状，椭圆形。花期 5 月。

兰科 | Orchidaceae

铁皮石斛 / *Dendrobium catenatum* Lindley

国家保护等级	CITES 附录	IUCN 等级	中国高等植物受威胁物种名录等级（2017）	极小种群
—	II	CR	CR	S

分布现状 安徽西南部（大别山），浙江东部（鄞县、天台、仙居），福建西部（宁化），广西西北部（天峨），四川，云南东南部（石屏、文山、麻栗坡、西畴）。

生态生境 生于海拔达 1 600m 的山地半阴湿的岩石上。

保护价值 具有观赏和药用价值。

保护现状 部分种群就地保护于广西木论国家级自然保护区、福建邵武将石省级自然保护区。在浙江省余姚市鹿亭乡已建立一个保护小区。迁地保护于昆明植物园、仙湖植物园、南京中山植物园、桂林植物园、武汉植物园。

【形态特征】

茎直立，圆柱形，不分枝，具多节。常在中部以上互生 3～5 枚叶；叶二列，长圆状披针形，边缘和中肋常带淡紫色。总状花序具 2～3 朵花；萼片和花瓣黄绿色，近相似，长圆状披针形；唇瓣白色，基部具 1 个绿色或黄色的胼胝体，边缘多少波状；唇盘密布细乳突状的毛，并且在中部以上具 1 个紫红色斑块。花期 3～6 月。

兰科 | Orchidaceae

石斛 / *Dendrobium nobile* Lindley

国家保护等级	CITES 附录	IUCN 等级	中国高等植物受威胁物种名录等级（2017）	极小种群
—	II	—	VU	2017FY100100

分布现状 湖北南部（宜昌），海南（白沙），广西西部至东北部（百色、平南、兴安、金秀、靖西），四川南部（长宁、峨眉山、乐山），贵州西南部至北部（赤水、习水、罗甸、兴义、三都），云南东南部至西北部（富民、石屏、沧源、勐腊、勐海、普洱、贡山），西藏东南部（墨脱），香港，台湾。

生态生境 生于海拔 480～1 700m 的山地林中树干上或山谷岩石上。

保护价值 具有药用和观赏价值。

保护现状 迁地保护于华南植物园、武汉植物园、昆明植物园、南京中山植物园、仙湖植物园、桂林植物园、西双版纳热带植物园。

【形态特征】

茎丛生，直立，稍扁，具槽纹，节略粗；叶革质，长圆形，长 6～11cm，宽 1～3cm，先端钝并且不等侧 2 裂。总状花序具 1～4 朵花，基部被数枚筒状鞘；花苞片膜质，花大，白色带淡紫色先端；萼片矩圆形，花瓣椭圆形，与萼片等大；唇瓣宽卵状矩圆形，具短爪，两面被毛。唇盘上面具 1 个紫斑。花期 4～5 月。

兰科 | Orchidaceae

梳唇石斛 / *Dendrobium strongylanthum* H. G. Reichenbach

国家保护等级	CITES 附录	IUCN 等级	中国高等植物受威胁物种名录等级（2017）	极小种群
—	Ⅱ	—	—	G

分布现状　海南（霸王岭），云南南部至西部（景洪、普洱、双江、景东、永平、绿春、腾冲、盈江）；缅甸，泰国。

生态生境　生于海拔 1 000～2 100m 的山地林中树干上。

保护价值　花姿优雅，具极高观赏价值和一定药用价值。

保护现状　部分种群就地保护于云南高黎贡山国家级自然保护区、云南永平金光寺省级自然保护区。迁地保护于南京中山植物园、武汉植物园。

【形态特征】

茎肉质，直立，圆柱形或长纺锤形，具多个节。叶互生，长圆形。总状花序 1～4 个，顶生或侧生于茎的上部，远高出叶外，长达 13cm；花序轴纤细，密生数朵至 20 余朵小花；萼片在基部紫红色；萼囊短圆锥形，长约 4mm；花瓣浅黄绿色带紫红色脉纹，卵状披针形，比中萼片稍小，具 3 条脉；唇瓣紫堇色，中部以上 3 裂。花期 9～10 月。

兰科 | Orchidaceae

滇西槽舌兰 / *Holcoglossum rupestre* (Handel-Mazzetti) Garay

国家保护等级	CITES 附录	IUCN 等级	中国高等植物受威胁物种名录等级（2017）	极小种群
—	II	—	CR	G

分布现状 云南西北部。

生态生境 生于海拔 2 000～2 400m 的云南松和高山栎混交林中。

保护价值 具有较高的园艺观赏价值。

保护现状 部分种群就地保护于云南高黎贡山国家级自然保护区。迁地保护于北京植物园、武汉植物园、南京中山植物园。

【形态特征】

茎长约 2cm，基部长出许多长达 50cm 的气根。叶 10 余枚，肉质，圆柱状，基部上方具 1 个关节，其下具覆瓦状套叠的鞘；花序斜出，长 5～10cm，具 6～10 朵花；花直径约 3cm；花苞片卵形，外折，长达 1cm，宿存；萼片和花瓣白色；花瓣近卵状椭圆形，先端圆钝，具 3 条脉，其外侧的脉具分枝；唇瓣红色，3 裂。花期 4～6 月。

兰科 | Orchidaceae

杏黄兜兰 / *Paphiopedilum armeniacum* S. C. Chen & F. Y. Liu

国家保护等级	CITES 附录	IUCN 等级	中国高等植物受威胁物种名录等级（2017）	极小种群
—	I	EN	CR	G

分布现状　云南西北部（福贡、泸水），西藏南部。

生态生境　生于海拔 1 400～2 100m 的石灰岩壁积土处或多石而排水良好的草坡上。

保护价值　花色为兜兰属罕见的黄色花系，具有极高的观赏价值。

保护现状　迁地保护于华南植物园、西双版纳热带植物园、仙湖植物园、武汉植物园、昆明植物园、南京中山植物园、北京植物园、厦门市园林植物园、国家兰科植物种质资源保护中心。

【形态特征】

地生或半附生草本植物，叶片基生，二列，长圆形坚革质，5～7 枚，正面有深浅绿色相间的网格斑，背面有密集的紫色斑点并具龙骨状突起。花葶直立，顶端生 1 花，纯黄色，合萼片与中萼片相似，唇瓣深囊状，近椭圆状球形或宽椭圆形，囊底有白色长柔毛和紫色斑点；退化雄蕊宽卵形或卵圆形。子房有 6 条钝的纵棱。花期 2～4 月。

兰科 | Orchidaceae

同色兜兰 / *Paphiopedilum concolor* (Lindley ex Bateman) Pfitzer

国家保护等级	CITES 附录	IUCN 等级	中国高等植物受威胁物种名录等级（2017）	极小种群
—	I	EN	VU	2017FY100100

分布现状 云南西南部至东南部，贵州，广西西部；缅甸，泰国，老挝，柬埔寨，越南。

生态生境 生于海拔 300～1 400m 的石灰岩山草丛、灌丛下或石缝中。

保护价值 具有极高的观赏价值。

保护现状 广西崇左白头叶猴国家级自然保护区有就地保护种群。迁地保护于昆明植物园、南京中山植物园、武汉植物园、华南植物园、西双版纳热带植物园、厦门市园林植物园、仙湖植物园、北京植物园、桂林植物园、广西农业科学院花卉研究所兰科植物种质资源圃。

【形态特征】

地生或半附生。叶二列，4～6 枚；先端钝并略有不对称，上面有深浅绿色相间的网格斑，背面密集紫点或几乎完全紫色，基部收狭成叶柄状并对折。花葶直立，长 5～12cm，紫褐色，被白色短柔毛；花直径 5～6cm，淡黄色或稀为近象牙白色，具紫色细斑点；唇瓣深囊状，基部具短爪，囊底有毛；退化雄蕊先端略有 3 小齿，基部收狭并具耳。花期 6～8 月。

兰科 | Orchidaceae

格力兜兰 / *Paphiopedilum gratrixianum* Rolfe

国家保护等级	CITES 附录	IUCN 等级	中国高等植物受威胁物种名录等级（2017）	极小种群
—	I	CR	EN	G

分布现状	云南东南部（麻栗坡）；老挝，越南北部。
生态生境	生于海拔 1 800～1 900m 的石灰岩林下或附生在石头上。
保护价值	具有极高的观赏价值。
保护现状	迁地保护于昆明植物园。

【形态特征】

地生或附生。叶 4～8 枚，先端 2 浅裂或具 3 小齿，基部具紫色斑点。花葶近直立，长 17～32cm，被紫色短柔毛；花梗被紫色短柔毛；中萼片白色，近基部常为浅绿色，上部具深紫色斑点；合萼片白色，中央常具 2 行紫色斑点；花瓣黄褐色，中脉上侧的色泽较深；唇瓣浅黄褐色，盔状；退化雄蕊倒心形，先端急尖，基部有紫毛。花期 9～12 月。

兰科 | Orchidaceae

麻栗坡兜兰 / *Paphiopedilum malipoense* S. C. Chen & Z. H. Tsi

国家保护等级	CITES 附录	IUCN 等级	中国高等植物受威胁物种名录等级（2017）	极小种群
—	I	EN	CR	2017FY100100

分布现状 云南东南部（麻栗坡、文山、马关、河口），广西那坡，贵州兴义，重庆南部；越南。

生态生境 生于海拔 500～2 000m 的石灰岩山林下和灌丛下腐殖质丰富的泥土中、多石处或岩壁上。

保护价值 该种许多性状为杓兰属和兜兰属的过渡性状，具有极高的观赏价值及科研价值。

保护现状 部分种群就地保护于广西木论国家级自然保护区、贵州麻阳河国家级自然保护区、云南麻栗坡老山省级自然保护区、马关古林箐省级自然保护区及大围山国家级自然保护区。迁地保护于昆明植物园、华南植物园、西双版纳热带植物园、厦门市园林植物园、仙湖植物园、北京植物园、桂林植物园。

【形态特征】

地生或半附生。叶 7～8 枚，上面有深浅绿色相间的网格斑，背面紫色或具紫色斑点。花葶直立，被锈色长柔毛，中部常有 1 枚不育苞片；花梗和子房被长柔毛；花黄绿色或淡绿色，花瓣上有紫褐色条纹，唇瓣具不明显的紫褐色斑点，退化雄蕊白色，先端有深紫色斑块；唇瓣深囊状，近球形，囊底有长柔毛。花期 12 月至翌年 3 月。

兰科 ｜ Orchidaceae

白旗兜兰 / *Paphiopedilum spicerianum* (H. G. Reichenbach) Pfitzer

国家保护等级	CITES 附录	IUCN 等级	中国高等植物受威胁物种名录等级（2017）	极小种群
—	I	EN	CR	G

分布现状　云南（普洱）；缅甸，印度东北部（阿萨姆邦）。

生态生境　生于海拔 920m 的河谷边较为阴湿的山崖土上。

保护价值　花朵极其美丽，观赏价值高。

保护现状　西双版纳热带植物园对白旗兜兰开展了综合保护研究，并且在原生境开展了回归。迁地保护于华南植物园、西双版纳热带植物园、云南勐海县天籽老班章生物多样性茶园保护区。

【形态特征】

地生或半附生。叶 4～6 枚，二裂或具 2 小齿，背面基部具紫色斑点。花葶直立，疏被短柔毛；中萼片白色，基部浅绿色，内面中脉紫红色；合萼片与花瓣、唇瓣均为浅绿色；萼片两面被毛；花瓣仅内面基部被紫色长柔毛；唇瓣倒盔状，基部具柄；囊近卵形，两侧具耳，囊内壁具紫色密斑点，囊底具紫色长柔毛；退化雄蕊近菱形，中部淡紫色，边缘白色。花期 9～11 月。

兰科 | Orchidaceae

天伦兜兰 / *Paphiopedilum tranlienianum* O. Gruss & Perner

国家保护等级	CITES 附录	IUCN 等级	中国高等植物受威胁物种名录等级（2017）	极小种群
—	I	CR	EN	G

分布现状 云南东南部（麻栗坡）；越南北部。

生态生境 生于岩石和排水良好的地方，海拔约 1 000m 的石灰岩灌丛中。

保护价值 具有极高的观赏价值。

保护现状 迁地保护于昆明植物园。

【形态特征】

地生或附生植物。叶 4～6，正面深绿色，背面浅绿色，先端不等的两小叶或具三齿。花梗绿色，具紫红色的毛；苞片绿色带紫红色，卵形；花梗和子房密被紫色短柔毛。中萼片白色，下部具紫褐色的纵向条纹；合萼片近卵形；花瓣和唇瓣淡绿色具紫褐色晕，花瓣边缘强烈皱折；囊椭圆形。退化雄蕊宽倒卵形。花期 9 月。

兰科 | Orchidaceae

文山兜兰 / *Paphiopedilum wenshanense* Z. J. Liu & J. Yong Zhang

国家保护等级	CITES 附录	IUCN 等级	中国高等植物受威胁物种名录等级（2017）	极小种群
—	I	CR	EN	G

分布现状　云南东南部地区；越南（河江）。

生态生境　生于海拔 1 000～1 200m 的石灰岩山地茂密灌丛和草丛的山坡、石壁上。

保护价值　优良的盆栽观赏花卉。

保护现状　昆明植物园进行了人工繁育与迁地保护。

【形态特征】

地生、半附生或附生草本。叶基生，正面有深绿色和淡绿色网格斑，背面紫色。花葶被短柔毛，顶生 1～3 朵花；花苞片背面中脉有毛。花黄色或带白的黄色，具棕红色斑点；中萼片近圆形，背面被短绒毛；合萼片明显小于中萼片，先端钝；花瓣内面被短绒毛；唇瓣椭圆形囊状；退化雄蕊宽椭圆形，先端尾状。花期 4～5 月。

兰科 | Orchidaceae

洛氏蝴蝶兰 / *Phalaenopsis lobbii* (H. G. Reichenbach) H. R. Sweet

国家保护等级	CITES 附录	IUCN 等级	中国高等植物受威胁物种名录等级（2017）	极小种群
—	Ⅱ	—	EN	G

分布现状 广西（大新、靖西、隆安），云南东南部（麻栗坡）；越南。

生态生境 生于海拔 150～900m 的林中树干或林下岩石上。

保护价值 观赏及科研价值。

保护现状 迁地保护于华南植物园、昆明植物园。

【形态特征】

附生草本。根肉质。茎短，完全包藏于叶鞘之内。叶近基生。总状花序。萼片和花瓣乳白色，合蕊柱白色；中萼片长圆状椭圆形；侧萼片斜卵形或近圆形；花瓣楔形或狭倒卵形；唇瓣黄色，3 裂；侧裂片镰刀状；中裂片肉质，基部具圆形突起的附属物；唇盘有 4 枚丝状的附属物。花期 3～5 月。

兰科 | Orchidaceae

白花独蒜兰 / *Pleione albiflora* P. J. Cribb & C. Z. Tang

国家保护等级	CITES 附录	IUCN 等级	中国高等植物受威胁物种名录等级（2017）	极小种群
—	II	—	CR	2017FY100100

分布现状	云南西北部（大理）；缅甸北部。
生态生境	生于覆盖有苔藓的树干上或林下岩石上，也见于荫蔽的岩壁上，海拔 2 400～3 250m。
保护价值	优良的盆栽观赏花卉。
保护现状	无。

【形态特征】

附生草本。假鳞茎卵状圆锥形，顶端具 1 枚叶。花葶从老假鳞茎基部发出，顶端具 1 花；花苞倒卵形，先端近圆形或截形；花白色，下垂，芳香；萼片 3 枚，狭椭圆形；花瓣倒披针形，长 4.5～5.5cm，宽 0.8～0.9cm；唇瓣宽卵形，上部边缘撕裂状，基部囊状并形成长 1～2mm 的距；蕊柱顶端无齿缺。花期 4～5 月。

兰科 | Orchidaceae

陈氏独蒜兰 / *Pleione chunii* C. L. Tso

国家保护等级	CITES 附录	IUCN 等级	中国高等植物受威胁物种名录等级（2017）	极小种群
—	II	VU	EN	2017FY100100

分布现状	广东北部，云南西部。
生态生境	生于海拔 1 400～2 800m 的森林中。
保护价值	观赏价值。
保护现状	无。

【形态特征】

地生或附生草本。假鳞茎卵形至圆锥形，顶端具 1 枚叶。花葶从老假鳞茎基部发出，长 5～7cm，顶端具 1 花；花淡粉红色至玫瑰紫色，唇瓣中央具 1 条黄色或橘黄色条纹和多数同样色泽的流苏状毛；中萼片狭椭圆形；侧萼片斜椭圆形；花瓣倒披针形或匙形，反折；唇瓣展开时宽扇形；蕊柱顶端具翅。花期 3 月。

兰科 | Orchidaceae

黄花独蒜兰 / *Pleione forrestii* Schltr.

国家保护等级	CITES 附录	IUCN 等级	中国高等植物受威胁物种名录等级（2017）	极小种群
—	II	EN	EN	2017FY100100

分布现状 云南西北部（大理、漾濞、大姚、云龙）。

生态生境 生于海拔 2 200～3 100m 的疏林下或林缘腐殖质丰富的岩石上，也见于岩壁和树干上。

保护价值 园艺观赏。

保护现状 迁地保护于昆明植物园。

【形态特征】

附生草本。假鳞茎圆锥形，上端渐狭成明显的颈，绿色，顶端具 1 枚叶。叶在花后出现，近椭圆形至狭椭圆状披针形，纸质，基部渐狭成柄；花葶从无叶的老假鳞茎基部发出，顶端具 1 花；花黄色、淡黄色或黄白色，仅唇瓣上具有红色或褐色斑点；花瓣镰刀状倒披针形。唇瓣宽倒卵状椭圆形。花期 4～5 月。

棕榈科 | Palmae

龙棕 / *Trachycarpus nanus* Beccari

国家保护等级	CITES 附录	IUCN 等级	中国高等植物受威胁物种名录等级（2017）	极小种群
II	—	EN	EN	2017FY100100

分布现状	云南中部、西部至西北部（大姚、宾川鸡足山、永胜、峨山等地）。
生态生境	生于海拔 1 500～2 300m 的云南松针阔混交林下。
保护价值	中国特有，是棕榈科植物中较为特殊的低矮观赏物种。
保护现状	部分种群就地保护于云南大理鸡足山省级自然保护区中。迁地保护于昆明植物园和西双版纳热带植物园。

【形态特征】

灌木状，无地上茎，地下茎节密集，多须根，向上弯曲，犹如龙状。叶簇生于地面，先端浅 2 裂；叶柄两侧有或无密齿。花序从地面直立伸出，通常二回分枝；雌雄异株，雄花球形，无毛，萼片 3，发育雄蕊 6，退化雄蕊 3；雌花淡绿色，球状卵形，心皮 3，被银色毛，胚珠 3，只 1 颗发育。花期 4 月，果期 10 月。

禾本科 ｜ Poaceae

铁竹 / *Ferrocalamus strictus* Hsueh & P. C. Keng

国家保护等级	CITES 附录	IUCN 等级	中国高等植物受威胁物种名录等级（2017）	极小种群
—	—	—	—	S

分布现状　云南（金平、元阳、绿春、墨江）。

生态生境　生于海拔 900～1 200m 的山地常绿阔叶林中。

保护价值　竿极坚硬，过去用于制作狩猎的弩箭，也是做竹筷和毛线纺织针棒的上乘材料。

保护现状　无。

【形态特征】

秆高 5～9m，梢头劲直，节间长 0.6～1.2m；秆环隆起；枝基部节间长仅 2cm 或更短，秆箨迟落乃至宿存，背面密被黑褐色刺毛与白色微毛，鞘基底的刺毛呈淡黄色；箨舌近截形，背面密被锈毛。叶鞘长 10～15cm，鞘口繸毛易脱落，叶舌截形，叶片长 30～35cm，宽 6～9cm，先端长急尖，基部收窄为楔形，叶柄扁平，圆锥花序，含小花 3～10 朵。果实黑褐色。

远志科 | Polygalaceae

西南远志 / *Polygala crotalarioides* Buchanan-Hamilton ex Candolle

国家保护等级	CITES 附录	IUCN 等级	中国高等植物受威胁物种名录等级（2017）	极小种群
—	—	—	—	2017FY100100

分布现状 四川（米易），广西（南宁、钦州、靖西、隆林），云南（永仁、元谋），贵州，西藏南部（吉隆、聂拉木）；尼泊尔，印度，老挝，泰国。

生态生境 生于海拔 1 100～2 800m 的山坡灌丛中或草地中。

保护价值 具有较高的药用价值，富含皂苷，野外比较罕见。

保护现状 无。

【形态特征】

多年生草本，植株被刺毛状棉毛。茎具多分枝。单叶互生，叶片纸质，椭圆形。总状花序腋生或与叶对生，具 8～15 花；萼片花瓣状，顶端带红褐色；花瓣 3，分离，紫红色或白色带紫色条纹；雄蕊 8；子房圆形，具翅及缘毛，蒴果圆形，具狭翅，顶端微缺；种子 2，长圆形，黑色，密被白色柔毛，种阜盔状。花果期 7～9 月。

报春花科 | Primulaceae

大理独花报春 / *Omphalogramma delavayi* (Franchet) Franchet

国家保护等级	CITES 附录	IUCN 等级	中国高等植物受威胁物种名录等级（2017）	极小种群
—	—	—	—	2017FY100100

分布现状　云南（大理、泸水）。

生态生境　生于海拔 3 300～4 000m 的高山灌丛及草坡。

保护价值　具有观赏价值。

保护现状　就地保护于云南高黎贡山国家级自然保护区、云南大理苍山洱海国家级自然保护区。

【形态特征】

多年生草本，根状茎肥厚；叶丛基部被红色鳞片包被，叶片阔卵形至矩圆形或近圆形，至果期叶片长可达 10cm，宽至 7cm；叶柄长于叶片可达 3 倍。花葶被毛，果期高 20～30cm；花冠漏斗状，玫瑰紫色，花冠裂片上有明显的 3 条脉；蒴果筒状。花期 6 月。

报春花科 | Primulaceae

匍枝粉报春 / *Primula caldaria* W. W. Smith & Forrest

国家保护等级	CITES 附录	IUCN 等级	中国高等植物受威胁物种名录等级（2017）	极小种群
—	—	—	—	2017FY100100

分布现状 云南（德钦），西藏（察隅察瓦龙、芒康盐井），四川（乡城）。

生态生境 生于海拔 2 200～3 000m 的水沟边和温泉旁。

保护价值 该物种具有明显的匍匐茎，在报春花科中较为特殊，为报春花属与点地梅属之间的过渡类群，系统位置非常重要，同时，其植株优雅、花朵艳丽，可作为观赏花卉进行栽培利用。

保护现状 迁地保护于昆明植物园。

【形态特征】

多年生草本，具粗短的根状茎和多数纤维状长根；常自基部发出匍匐枝，顶端具簇生枝叶；基生叶倒披针形，正面秃净，背面被乳白色粉，叶柄具狭翅。伞形花序顶生，多花（10～30 朵）；花萼钟状，多少被粉；花冠白色或紫蓝色，有长花柱花和短花柱花之分，蒴果球形。花期 5 月，果期 6 月。

报春花科 | Primulaceae

马关报春 / *Primula chapaensis* Gagnepain

国家保护等级	CITES 附录	IUCN 等级	中国高等植物受威胁物种名录等级（2017）	极小种群
—	—	—	EN	2017FY100100

分布现状	云南（马关）；越南北部。
生态生境	生于海拔 1 700m 的石灰岩山地空旷山坡。
保护价值	重要观赏物种。
保护现状	部分种群保护于云南马关古林箐省级自然保护区。迁地保护于武汉植物园。

【形态特征】

多年生草本植物，根茎粗短，叶片卵形至椭圆状卵形，基部圆形或心形，边缘具近于整齐的三角形小牙齿，上面绿色无毛，下面淡绿色无毛或散布少数糠秕状毛。花葶基部和顶端密被铁锈色曲柔毛，中部近于无毛；总状花序近伞形，花萼钟状，绿色或略带紫色，花冠粉红色或深玫瑰红色，冠筒口周围黄绿色至橙黄色；蒴果长圆体状。花期 5～6 月，果期 7～8 月。

报春花科 | Primulaceae

滇南报春 / *Primula henryi* (Hemsley) Pax

国家保护等级	CITES 附录	IUCN 等级	中国高等植物受威胁物种名录等级（2017）	极小种群
—	—	—	EN	2017FY100100

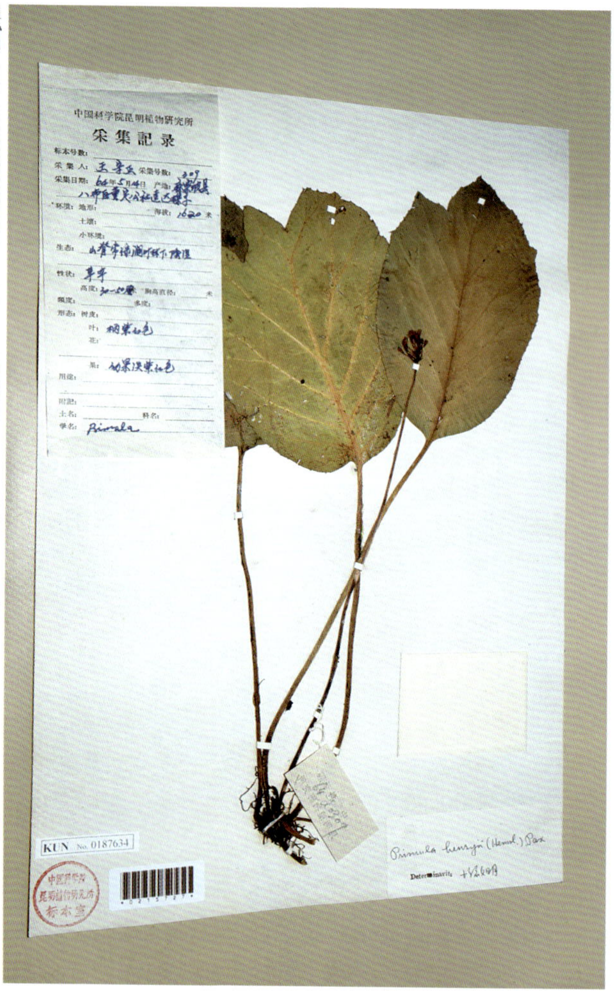

分布现状	云南（屏边、麻栗坡）；越南北部。
生态生境	生于海拔 1 600～1 650m 的常绿阔叶林下阴湿处。
保护价值	重要观赏物种。
保护现状	部分种群就地保护于云南大围山国家级自然保护区、麻栗坡老山省级自然保护区。

【形态特征】

多年生草本。根茎粗短。叶 2～3 枚自根茎抽出，具长柄，叶片阔披针形至卵状披针形或卵状椭圆形，先端渐尖，基部圆形或多少呈楔形，边缘具刺状小齿，两面无毛。花葶高 15～21cm；总状花序顶生，花萼钟状，花冠粉红色。蒴果下半段黑色，上半段褐色，顶端锐尖呈喙状。

报春花科 | Primulaceae

总序报春 / *Primula pauliana* W. W. Smith & Forrest

国家保护等级	CITES 附录	IUCN 等级	中国高等植物受威胁物种名录等级（2017）	极小种群
—	—	—	EN	2017FY100100

分布现状 四川（木里、盐源），云南（龙陵、宁蒗）。

生态生境 生于海拔 2 500～3 300m 的草地、灌木林缘和潮湿的石缝中。

保护价值 重要观赏物种。中国特有。

保护现状 无。

【形态特征】

多年生草本植物，根状茎短，叶丛生，阔三角形或阔卵形以至近圆形，基部心形，边缘具掌状浅裂状粗齿，上面密被柔毛、下面沿叶脉被灰白色长柔毛。花葶具多细胞柔毛；伞形花序，花萼管状，绿色或略带紫色，花冠粉红色或深玫瑰红色，冠筒口周围黄绿色至橙黄色，蒴果长圆体状。5～6 月开花，7～8 月结果。

报春花科 | Primulaceae

香海仙报春 / *Primula wilsonii* Dunn

国家保护等级	CITES 附录	IUCN 等级	中国高等植物受威胁物种名录等级（2017）	极小种群
—	—	—	—	2017FY100100

分布现状 云南（普洱、大理、昆明、嵩明、永仁、昭通），四川（木里、稻城、冕宁、越西、石棉、康定）等地。

生态生境 生于海拔 2 000～3 300m 的山坡潮湿地和溪边。

保护价值 具有观赏价值，常用来美化家居环境。

保护现状 迁地保护于昆明植物园、华南植物园。

【形态特征】

多年生草本。叶片倒卵状长圆形至倒披针形，鲜时揉碎有香气，叶柄甚短或与叶片近等长，具阔翅。伞形花序 3～6 轮，每轮具 4～10（～16）花。长花柱花：雄蕊着生处距冠筒基部 1.5～2mm，花柱长约 7mm；短花柱花：雄蕊距冠筒基部约 5mm 着生，花柱长约 1mm。蒴果卵圆形。花期 5～7 月，果期 9～10 月。

毛茛科 | Ranunculaceae

马耳山乌头 / *Aconitum delavayi* Franchet

国家保护等级	CITES 附录	IUCN 等级	中国高等植物受威胁物种名录等级（2017）	极小种群
—	—	—	—	2017FY100100

分布现状　云南（洱源与鹤庆之间的马耳山）。

生态生境　生于海拔 3 700～3 800m 的高山草地或丛林中。

保护价值　块根药用。

保护现状　无。

【形态特征】

多年生草本植物，块根圆锥形。叶片圆五角形，三全裂，顶生总状花序有 4～11 花；轴和花梗密被开展的黄色柔毛和反曲的白色短柔毛；下部苞片叶状，其他苞片三裂或线形；萼片蓝紫色，上萼片高盔形，花瓣的爪有少数毛；雄蕊无毛，花丝全缘；心皮 5，子房密被黄色柔毛。8～10 月开花。

毛茛科 | Ranunculaceae

五裂黄连 / *Coptis quinquesecta* W. T. Wang

国家保护等级	CITES 附录	IUCN 等级	中国高等植物受威胁物种名录等级（2017）	极小种群
—	—	NE	CR	G&S

分布现状	云南东南部（金平）。
生态生境	生于密林下阴处，海拔 1 700～2 500m。
保护价值	民间常采挖其全株或根状茎作为药用，破坏较为严重。
保护现状	2017 年，金平县森林公安从集市收缴到的植株，移交浙江大学开展组培繁殖与保存研究。

【形态特征】

根状茎黄色，具须根。叶 5～6，近革质，卵形，五全裂，中央全裂片菱状椭圆形至菱状披针形，顶端渐尖至长渐尖，羽状浅裂或深裂，边缘具锐锯齿；侧裂片较小；最外面的裂片斜卵形至斜卵状椭圆形，长 2.8～7cm，顶端渐尖或急尖，不等的二中裂或深裂，两面叶脉隆起，除表面沿脉被短柔毛外，其余均无毛。果期 5 月。

鼠李科 | Rhamnaceae

俅江枳椇 / *Hovenia acerba* var. *kiukiangensis* (Hu & Cheng) C. Y. Wu ex Y. L. Chen & P. K. Chou

国家保护等级	CITES 附录	IUCN 等级	中国高等植物受威胁物种名录等级（2017）	极小种群
—	—	—	—	2017FY100100

分布现状 云南西北部至南部（贡山、景洪、勐海、西畴、富宁、屏边），西藏东南部（察隅）。

生态生境 生于海拔 650～1 800m 的山谷常绿阔叶林或混交林中。

保护价值 木材细致坚硬，为建筑和制细木工用具的良好用材；具园林绿化价值、食用价值及药用价值。

保护现状 部分种群就地保护于云南高黎贡山国家级自然保护区。迁地保护于昆明植物园、西双版纳热带植物园。

【形态特征】

高大乔木；小枝褐色，有明显白色皮孔。叶互生，纸质，边缘常具整齐浅而钝的细锯齿。二歧式聚伞圆锥花序，被棕色短柔毛；花两性；萼片具网状脉或纵条纹；花瓣椭圆状匙形，具短爪；花盘被柔毛；花柱下部被疏柔毛。浆果状核果近球形，被疏柔毛；果序轴膨大。花期 6～7 月，果期 9～10 月。

蔷薇科 | Rosaceae

野山楂 / *Crataegus cuneata* Siebold & Zuccarini

国家保护等级	CITES 附录	IUCN 等级	中国高等植物受威胁物种名录等级（2017）	极小种群
—	—	—	—	S

分布现状 河南，湖北，江西，湖南，安徽，江苏，浙江，云南，贵州，广东，广西，福建；日本。

生态生境 生于海拔 250～2 000m 的山谷、多石湿地或山地灌木丛中。

保护价值 园林观赏、食用和药用价值。

保护现状 部分种群就地保护于陕西子午岭国家级自然保护区、云南永平金光寺省级自然保护区。迁地保护于昆明植物园、武汉植物园、桂林植物园、庐山植物园、南京中山植物园。

【形态特征】

落叶灌木或小乔木，分枝密，通常具细刺。叶片宽倒卵状长圆形，先端急尖，基部楔形，下延连于叶柄，边缘有不规则重锯齿，顶端常有 3 或稀 5～7 浅裂片。伞房花序，总花梗和花梗均被柔毛；花瓣近圆形或倒卵形，白色，基部有短爪；果实近球形或扁球形，红色或黄色。花期 5～6 月，果期 9～11 月。

蔷薇科 | Rosaceae

沧江海棠 / *Malus ombrophila* Handel-Mazzetti

国家保护等级	CITES 附录	IUCN 等级	中国高等植物受威胁物种名录等级（2017）	极小种群
—	—	—	—	2017FY100100

分布现状 云南西北部，四川西南部。

生态生境 生于海拔 2 000～3 500m 的山谷沟边杂木林中。

保护价值 具有观赏价值，为育种的潜在种质资源。

保护现状 部分种群就地保护于云南高黎贡山国家级自然保护区。迁地保护于昆明植物园、桂林植物园。

【形态特征】

乔木，小枝暗紫色，具稀疏纵裂皮孔。叶卵形，先端渐尖，基部截形或圆形，边缘有锐利重锯齿，下面具白色绒毛；叶柄有绒毛。伞形总状花序，密被柔毛；花瓣白色；雄蕊多数，花丝比花瓣稍短；花柱 3～5，较雄蕊稍长。果实近球形，红色，先端有杯状浅洼，萼片宿存；果梗长约 3cm，有长柔毛。花期 6 月，果期 8 月。

蔷薇科 | Rosaceae

滇梨 / *Pyrus pseudopashia* T. T. Yu

国家保护等级	CITES 附录	IUCN 等级	中国高等植物受威胁物种名录等级（2017）	极小种群
—	—	—	VU	2017FY100100

分布现状 云南（兰坪），贵州。

生态生境 生于海拔 550～3 000m 的杂木林中。

保护价值 具有观赏及食用价值。

保护现状 无。

【形态特征】

乔木，小枝圆柱形，老枝紫褐色；叶片卵形或长卵形，边缘具钝锯齿，上面无毛，下面有黄色绵毛，逐渐脱落近于无毛；伞形总状花序；萼片三角卵形，边缘有腺齿；花瓣宽卵形，基部有短爪；果实近球形，基部近圆形，外面有斑点，先端具有宿存直立或内曲萼片。花期 4 月，果期 8～9 月。

芸香科 | Rutaceae

红河橙 / *Citrus hongheensis* Ye et al.

国家保护等级	CITES 附录	IUCN 等级	中国高等植物受威胁物种名录等级（2017）	极小种群
—	—	—	—	2017FY100100

分布现状　云南东南部（红河、元江、新平、绿春）。

生态生境　生于海拔 800～2 000m 的石灰岩山地林中。

保护价值　科研价值，可用于柑橘属品种开发及生产；辛香调料；柑橘砧木。

保护现状　无。

【形态特征】

大乔木；嫩枝被稀疏短绒毛，长枝及隐芽具刺。单身复叶，叶片狭卵状披针形，顶端渐尖，基部阔楔形，翼叶阔长圆形，顶端近截形，基部楔形。总状花序，花蕾紫红色，花白色；花萼浅杯状；花瓣外面紫色；花柱细长，被疏柔毛；子房近球形。果表皮黄色，油胞突起；种子近圆球形。花期 3～4 月，果期 10～11 月。

芸香科 | Rutaceae

秃叶黄檗 / *Phellodendron chinense* var. *glabriusculum* C. K. Schneider

国家保护等级	CITES 附录	IUCN 等级	中国高等植物受威胁物种名录等级（2017）	极小种群
—	—	—	—	S

分布现状 陕西南部，甘肃南部，湖北，湖南，江苏，浙江，台湾，广东，广西，贵州，四川，云南。

生态生境 生于海拔 800～3 000m 的山地疏林或密林中，或高山地区。

保护价值 树皮供药用；种子可榨油。

保护现状 无。

【形态特征】

落叶乔木。成年树有厚而纵裂的木栓层，内皮黄色。小枝粗壮，暗紫红色；羽状复叶具小叶 7～15 枚，叶轴、叶柄及小叶柄无毛或被疏毛，小叶叶面仅中脉有短毛，有时嫩叶叶面有疏短毛，叶背沿中脉两侧被疏少柔毛，有时几为无毛但有棕色甚细小的鳞片状体。聚伞状圆锥花序顶生，通常密集，果椭圆形或近圆球形，蓝黑色，果通常较疏散。花期 5～6 月，果期 9～11 月。

芸香科 | Rutaceae

富民枳 / *Poncirus polyandra* S. Q. Ding et al.

国家保护等级	CITES 附录	IUCN 等级	中国高等植物受威胁物种名录等级（2017）	极小种群
—	—	—	—	S

分布现状　云南富民老青山周边。

生态生境　生于海拔 2 100～2 400m 峡谷阳坡的石岩山地灌丛中。

保护价值　云南特有种，是珍贵的柑橘育种种质资源及砧木树种，其果实可做枳壳的代用品入药，当地人称“止咳树”。

保护现状　迁地保护于昆明植物园。云南省昆明市濒危动植物收容拯救中心开展了人工繁育与野外回归。

【形态特征】

常绿小乔木。叶腋有一芽一短尖刺。指状三出叶，中央一小叶边缘有波浪状锯齿，侧生两小叶较小；叶柄具窄叶翼。单花腋生，白色，萼片 5；花瓣 5～9 片，阔椭圆形，被绒毛，以边缘为多；雄蕊多数，花丝分离，花药黄色，顶端尖，具乳白色半透明凸起；子房被绒毛，柱头头状；果幼嫩时扁圆球形，绿色，被绒毛。花期 3～4 月。

无患子科 | Sapindaceae

伞花木 / *Eurycorymbus cavaleriei*（H. Léveillé）Rehder & Handel-Mazzetti

国家保护等级	CITES 附录	IUCN 等级	中国高等植物受威胁物种名录等级（2017）	极小种群
II	—	NT	—	2017FY100100

分布现状 云南（贡山、蒙自），贵州（贵定、印江、遵义、兴义、兴仁、安龙、独山），广西（南丹、兴安、桂林），湖南（永绥、花垣、城都），江西（龙南、安远），广东（连县、阳山、翁源、乐昌、平远），福建（长汀、龙岩），湖北神农架，台湾（台北、花莲、高雄）。

生态生境 生于海拔 300～1 400m 的阔叶林中。

保护价值 伞花木为第三纪残遗于中国的特有单种属植物，对研究植物区系和无患子科的系统发育有科学价值；木材具有经济价值。

保护现状 部分种群就地保护于江西九连山国家级自然保护区、贵州六盘水娘娘山国家湿地公园、福建明溪县龟山自然保护区。迁地保护于华南植物园、武汉植物园、昆明植物园、南京中山植物园、北京植物园、桂林植物园、西双版纳热带植物园。

【形态特征】

落叶乔木，高可达 20m，小枝圆柱状，被短绒毛；羽状复叶小叶 4～10 对，近对生，长圆状披针形或卵形，腹面仅中脉上被毛，背面近无毛或沿中脉两侧被微柔毛。花序半球状，稠密而极多花；萼片卵形，外面被短柔毛，花瓣外面被长柔毛；花丝无毛；子房被绒毛；蒴果被绒毛，种脐朱红色。花期 5～6 月，果期 10 月。

无患子科 | Sapindaceae

野荔枝 / *Litchi chinensis* Sonnerat

国家保护等级	CITES 附录	IUCN 等级	中国高等植物受威胁物种名录等级（2017）	极小种群
—	—	—	EN	2017FY100100

分布现状 云南（西双版纳、金平、屏边、河口、马关、麻栗坡、西畴、富宁），广西（南部），广东，福建（西南部），贵州（西北），四川（西南），台湾；东南亚各国，非洲南部和美国多有引种。

生态生境 生于海拔 120～1 200m 的低山、平坝的林内或栽培于村寨附近。

保护价值 该种果实可食，果核及根可药用，木材可做家具等材料，具有很高的经济价值。

保护现状 迁地保护于华南植物园、西双版纳热带植物园、武汉植物园、昆明植物园、桂林植物园、庐山植物园、厦门市园林植物园、南京中山植物园。

【形态特征】

大乔木，高达 20m；小枝圆柱状，先端被细小平伏锈色微柔毛，具苍白色皮孔。羽状复叶长 7～20cm，小叶 2～4 对；对生或近对生，叶背疏被平伏微柔毛或近无毛。圆锥花序密被锈色绒毛，小聚伞花序具短柄；花萼杯状，4 齿裂，钝三角形，外面被锈色微硬毛；雄蕊通常 8，花丝中部以下被长柔毛。花期 2～4 月，果期 5～7 月。

山榄科 | Sapotaceae

滇藏榄 / *Diploknema yunnanensis* D. D. Tao & Z. H. Yang & Q. T. Zhang

国家保护等级	CITES 附录	IUCN 等级	中国高等植物受威胁物种名录等级（2017）	极小种群
—	—	—	—	S

分布现状 云南大盈江流域。

生态生境 海拔 1 000～1 300m 的林中。

保护价值 该属在我国仅有两个种，具有保护价值。

保护现状 德宏州林业局建立保护小区，由云南铜壁关省级自然保护区盈江管理所监管。德宏州林业局中心苗圃开展人工繁殖，迁地保护幼苗于中心苗圃及瑞丽市珍稀植物园中。

【形态特征】

乔木，小枝有毛。叶螺旋排列，托叶宿存，叶椭圆形或倒卵形，革质，背面具微毛，贴服状。花序腋生，花芳香，花梗密被锈色柔毛，萼片 5～6，卵状，黄绿色，花冠裂片 12 或 13，长卵形。雄蕊 80～90 或多数，花丝 2～3cm，微背毛，雄蕊箭头状。子房盘状，背锈色毛。花期 9 月。

山榄科 | Sapotaceae

紫荆木 / *Madhuca pasquieri* (Dubard) H. J. Lam

国家保护等级	CITES 附录	IUCN 等级	中国高等植物受威胁物种名录等级（2017）	极小种群
Ⅱ	—	VU	VU	G&S

分布现状 广东西南部，广西南部，云南东南部（绿春、屏边、麻栗坡）；越南北部。

生态生境 生于海拔 1 100m 以下的混交林中或山地林缘。

保护价值 珍贵用材和油料兼备的好树种，为建筑、家具的上等良材；种子含油率约 45%，可作食用油。

保护现状 就地保护于广西弄岗国家级自然保护区、广东罗浮山省级自然保护区、鼎湖山国家级自然保护区、英德石门台省级自然保护区、连州田心省级自然保护区、云南大围山国家级自然保护区等。迁地保护于广东树木公园、华南农业大学树木园、西双版纳热带植物园、华南植物园、桂林植物园。

【形态特征】

高大乔木，具乳液。幼枝被毛。叶互生，革质，倒卵形或倒卵状长圆形，先端阔渐尖，基部楔形；叶柄被毛。花数朵簇生叶腋，花梗被毛；花萼 4 裂，被毛；花冠黄绿色，裂片 6～11；雄蕊 16～24；子房卵圆形，密被毛。种子 1～5，椭圆状球形，无胚乳，子叶油质。花期 7～9 月，果期 10 月至翌年 1 月。

玄参科 | Scrophulariaceae

胡黄连 / *Neopicrorhiza scrophulariiflora* (Pennell) D. Y. Hong

国家保护等级	CITES 附录	IUCN 等级	中国高等植物受威胁物种名录等级（2017）	极小种群
II	—	—	EN	S

分布现状	西藏南部（聂拉木以东地区），云南西北部，四川西部。
生态生境	生于海拔 3 600～4 400m 的高山草地及石堆中。
保护价值	胡黄连为单种属植物，其根状茎是我国的常用中药。
保护现状	就地保护于西藏珠穆朗玛峰国家级自然保护区。迁地保护于华南植物园。

【形态特征】

多年生矮小草本，具直径达 1cm 的根状茎，密被老叶残余，节上有粗的须根。叶基生呈莲座状，匙形至卵形，边具锯齿。花葶生棕色腺毛。花序穗状，花萼有棕色腺毛；花冠深紫色，外面被短毛，花冠筒上唇略向前弯作盔状，下唇 3 裂片长约达上唇之半；雄蕊 4，花丝无毛。蒴果长卵形。花期 7～8 月，果期 8～9 月。

玄参科 | Scrophulariaceae

矮马先蒿 / *Pedicularis humilis* Bonati

国家保护等级	CITES 附录	IUCN 等级	中国高等植物受威胁物种名录等级（2017）	极小种群
—	—	—	—	2017FY00100

分布现状 云南西北部（高黎贡山南斋公房附近）。

生态生境 生于海拔 3 050m 多石的草地中。

保护价值 具有观赏价值，为我国特有种。

保护现状 部分种群就地保护于云南高黎贡山国家级自然保护区。

【形态特征】

多年生草本，根纺锤形多数，茎多条呈匍匐形展开。叶基出者有长柄，柄有狭翅，基部膨大。羽状全裂叶片长约 15mm，宽 7～10mm，裂片 5～6 对，苞片叶状；花腋生，少数，有梗而直立；萼膜质，缘有毛，佛焰苞状，齿两枚；花冠有毛，玫瑰色管圆筒形，盔基部扭转，具短腺毛，下唇伸张，小而圆，3 浅裂，中裂深 2 裂；雄蕊着生于管端，花丝 2 枚有毛，药卵圆形，药室钝头。花期 7 月。

百部科 | Stemonaceae

克氏百部 / *Stemona kerrii* Craib

国家保护等级	CITES 附录	IUCN 等级	中国高等植物受威胁物种名录等级（2017）	极小种群
—	—	—	—	2017FY100100

分布现状 云南（玉溪大龙潭、小甘坝、红河冷墩、个旧、西双版纳）。

生态生境 生于海拔 345～1 700m 的山坡灌木丛中。

保护价值 含百部科特有生物碱，具药用价值。

保护现状 部分种群就地保护于云南大围山国家级自然保护区。迁地保护于昆明植物园、西双版纳热带植物园。

【形态特征】

茎攀缘状有短毛，基部木质。叶互生，披针形或卵形，膜质。总状花序腋生，花梗丝状。花被片粉红色，内部具圆齿的边缘，先端急尖；花丝非常短；花药 5～6mm，由结缔组织的薄片形成；附属物顶端具肉质生长物。蒴果球状卵形，1 个或 2 个种子。花期 8～9 月。

百部科 | Stemonaceae

云南百部 / *Stemona mairei*（H. Léveillé）K. Krause

国家保护等级	CITES 附录	IUCN 等级	中国高等植物受威胁物种名录等级（2017）	极小种群
—	—	—	—	2017FY100100

分布现状　云南（永仁、鹤庆、丽江、德钦等地）和四川（攀枝花、德荣）交界的金沙江流域。

生态生境　生于海拔 1 026～2 070m 的山坡草地上或山地灌木丛中。

保护价值　含有百部科特有的百部碱，具有药用价值。

保护现状　部分种群就地保护于四川攀枝花苏铁国家级自然保护区。迁地保护于昆明植物园。

【形态特征】

茎攀缘状，圆柱形，粉绿色，具纵条棱。块根肉质；叶对生或 3～4 枚轮生，线形或线状披针形，主脉 3～5 条。花单生于叶腋或叶片中脉基部，白色，有时带粉红色；花被狭长圆形，雄蕊直立；花药顶端延伸为线状附属物；蒴果卵形。种子外表面具纵槽纹，基部丛生泡囊状附属物。花期 4～6 月。

梧桐科 | Sterculiaceae

云南梧桐 / *Firmiana major* (W. W. Smith) Handel-Mazzetti

国家保护等级	CITES 附录	IUCN 等级	中国高等植物受威胁物种名录等级（2017）	极小种群
—	—	EN	EN	2017FY100100

分布现状 云南（丽江、元谋），四川（攀枝花）。

生态生境 生长于海拔 1 600～2 500m 金沙江边的山坡上。

保护价值 可供观赏，对金沙江河谷生态恢复具有重要价值。

保护现状 部分种群就地保护于四川攀枝花苏铁国家级自然保护区。迁地保护于昆明植物园。

【形态特征】

落叶乔木，树干直，树皮青带灰黑色。叶掌状 3 裂，基部心形，下面密被黄褐色短茸毛。圆锥花序顶生或腋生，花紫红色；萼 5 深裂几至基部，萼片条形或矩圆状条形，雄花的雌雄蕊柄长管状，花药集生在雌雄蕊柄顶端呈头状；雌花的子房具长柄。蓇葖果膜质；种子圆球形，黄褐色，表面有皱纹，着生在心皮边缘的近基部。花期 5～6 月，果期 7～8 月。

梧桐科 | Sterculiaceae

平当树 / *Paradombeya sinensis* Dunn

国家保护等级	CITES 附录	IUCN 等级	中国高等植物受威胁物种名录等级（2017）	极小种群
II	—	—	EN	2017FY100100

分布现状　云南（永善、大关、会泽、泸水、禄劝普渡河河谷、金沙江流域），四川（屏山）。

生态生境　生于海拔 280～1 500m 干热河谷地区的稀树灌丛中。

保护价值　中国特有，具科研价值。

保护现状　无。

【形态特征】

小乔木或灌木，高 3～6m，小枝被稀疏星状短柔毛，托叶线形，叶膜质，卵状披针形至椭圆状倒披针形，边缘有小锯齿，叶面几无毛，叶背具稀疏星状柔毛，茎生脉 3 条，花簇生叶腋，花萼 5 裂几至基部，卵状披针形，花瓣 5 片，黄白色，凋而不落；雄蕊 15 枚，每 3 枚集合成群。子房圆球形，2 室，被星状茸毛，蒴果，种子矩圆状卵形，深褐色。花期 9～10 月。

梧桐科 | Sterculiaceae

景东翅子树 / *Pterospermum kingtungense* C. Y. Wu ex H. H. Hsue

国家保护级别	CITES 附录	IUCN 等级	中国高等植物受威胁物种名录等级（2017）	极小种群
II	—	CR	CR	G&S

分布现状 云南景东。

生态生境 生于海拔 1 200～1 460m 沟谷杂木林中的石灰岩山地草坡上。

保护价值 用材树种及药用、科研价值，云南特有种。

保护现状 部分种群就地保护于云南无量山国家级自然保护区中。迁地保护于西双版纳热带植物园、景东亚热带植物园。

【形态特征】

乔木。叶革质，顶端常有 3～5 个不规则的浅裂，下面密被淡黄白色星状绒毛；叶柄密被淡褐色绒毛。花单生于叶腋；萼片 5 枚，外面密被深褐色绒毛，内面密被黄褐色绒毛；花瓣 5 片，斜倒卵形，顶端近圆形；子房卵圆形，密被淡黄褐色绒毛，花柱有毛，柱头分离但扭合在一起。花期 4～6 月，果期 7～9 月。

梧桐科 | Sterculiaceae

勐仑翅子树 / *Pterospermum menglunense* H. H. Hsue

国家保护等级	CITES 附录	IUCN 等级	中国高等植物受威胁物种名录等级（2017）	极小种群
II	—	CR	EN	2017FY100100

分布现状 云南南部（西双版纳勐仑、勐海）和东南部（绿春）。

生态生境 生于海拔 500～800m 的石灰岩山地疏林中。

保护价值 为中国热带石灰岩山季雨林的特有和建群树种，对研究热带植物区系、开展热带石灰岩山地造林绿化有重要价值。

保护现状 迁地保护于西双版纳热带植物园。

【形态特征】

乔木。嫩枝被灰白色短绵毛。叶披针形或椭圆状披针形，长 4.5～12.5cm，宽 1.5～4.8cm，顶端长渐尖或尾状渐尖，基部斜圆形。花单生于小枝上部的叶腋；小苞片长锥尖状；花瓣倒卵形，白色；雌雄蕊柄长 8mm；退化雄蕊 5 枚。蒴果长椭圆形，果柄长 1～2cm。种子连翅长约 3.5cm。花期 3～4 月，果期 5～7 月。

山茶科 | Theaceae

云南金花茶 / *Camellia fascicularis* Hung T. Chang

国家保护等级	CITES 附录	IUCN 等级	中国高等植物受威胁物种名录等级（2017）	极小种群
—	—	CR	CR	S

分布现状 云南（个旧、马关、河口）。

生态生境 生于海拔 300～1 100m 的山谷或山地热带雨林中。

保护价值 云南特有，山茶属中的金花茶类群因花色特殊，均具较高观赏价值。

保护现状 部分种群就地保护于云南大围山国家级自然保护区、马关古林箐省级自然保护区。迁地保护于昆明植物园、西双版纳热带植物园。

【形态特征】

灌木或小乔木，嫩枝无毛。叶革质，椭圆形、倒卵状椭圆形或长圆状椭圆形，网脉在两面均明显，边缘有细锯齿。花黄色，单生于叶腋。苞片 5 片；花瓣 6～8 片；雄蕊外轮花丝成束状联生；子房 3 室，花柱 3 深裂过半。蒴果球形，果皮木质；种子每室 1～4 个，种皮有褐色绢毛。花期 12 月至翌年 1 月，果期翌年 9～10 月。

山茶科 | Theaceae

南川茶 / *Camellia nanchuanica* H. T. Chang et Xiong

国家保护等级	CITES 附录	IUCN 等级	中国高等植物受威胁物种名录等级（2017）	极小种群
—	—	—	—	S

分布现状	重庆（南川）、云南（盐津）。
生态生境	生于海拔 900～1 400m 的阔叶林中。
保护价值	观赏价值。
保护现状	无。

【形态特征】

小乔木，高 5～8m，嫩枝无毛，芽体被柔毛。叶革质，椭圆形，先端急锐尖，边缘密生细锯齿。花生于枝顶叶腋，白色，直径 6cm，无毛；苞片 2，早落；萼片 5，近圆形，无毛；花瓣 7～8 片，倒卵圆形；雄蕊离生；子房 4～5 室，无毛；蒴果扁球形，具沟，木质。花期 11 月至翌年 1 月，果期 9～10 月。

瑞香科 | Thymelaeaceae

土沉香 / *Aquilaria sinensis* (Loureiro) Sprengel

国家保护等级	CITES 附录	IUCN 等级	中国高等植物受威胁物种名录等级（2017）	极小种群
Ⅱ	Ⅱ	VU	VU	S

分布现状 广东，海南，广西，福建，云南等地。

生态生境 喜生于低海拔的山地、丘陵及路边阳处疏林中。

保护价值 老茎受伤后所积得的树脂，俗称沉香，可作香料原料，并为治胃病特效药；树皮纤维柔韧，色白而细致，可做高级纸原料及人造棉；木质部可提取芳香油，花可制浸膏。

保护现状 部分种群就地保护于广东惠东古田省级自然保护区、龙川枫树坝省级自然保护区、潮安凤凰山省级自然保护区和云南西双版纳国家级自然保护区。迁地保护于华南植物园、西双版纳热带植物园、仙湖植物园、桂林植物园、厦门市园林植物园。

【形态特征】

叶革质，圆形，先端锐尖，基部宽楔形，两面均无毛；叶柄被毛。花黄绿色，伞形花序；花梗密被黄灰色短柔毛；萼筒浅钟状，两面均密被短柔毛；花瓣鳞片状，密被毛；子房卵形，密被灰白色毛，花柱极短或无。蒴果卵球形，顶端具短尖头，密被黄色短柔毛，种子褐色，卵球形，疏被柔毛。花期春夏，果期夏秋。

椴树科 | Tiliaceae

滇桐 / *Craigia yunnanensis* W. W. Smith & W. E. Evans

国家保护等级	CITES 附录	IUCN 等级	中国高等植物受威胁物种名录等级（2017）	极小种群
II	—	EN	EN	G&S

分布现状　云南（德宏、文山、怒江），贵州（独山），西藏（墨脱）。

生态生境　生于海拔 1 300～1 900m 的石灰岩季节性雨林或半常绿季雨林中。

保护价值　滇桐属为椴树科的孑遗属，滇桐可能为本属唯一的幸存种。

保护现状　部分种群就地保护于云南麻栗坡老山省级自然保护区、文山国家级自然保护区、铜壁关省级自然保护区、高黎贡山国家级自然保护区。迁地保护于昆明植物园、武汉植物园、华南植物园、昆明树木园、德宏州林业局中心苗圃。

【形态特征】

落叶乔木，顶芽有灰白色毛。叶纸质，椭圆形，先端急短尖，基部圆形，叶两面干后同为暗绿色，秃净，基出脉 3 条，边缘有小齿突。聚伞花序腋生，花柄有节；萼片 5 片，长圆形，长约 1cm，外面被毛；花瓣缺；外轮雄蕊退化，10 枚，内轮能育雄蕊 20 枚；子房 5 室，花柱 5 条。具翅蒴果椭圆形 5 棱。花期 7～8 月，果期 12 月。

第三章

典型极小种群野生植物研究与保护

第一节 苏铁属植物的研究与保护

苏铁类植物自二叠纪晚期以来在地球植被更替和演化过程中扮演了重要的角色，在历史上经历了漫长的兴衰过程。经过系列的气候变化和地质变迁，大部分苏铁类植物已经绝灭，仅剩少部分类群残存分布在热带和亚热带的一些区域（Osborne，2002）。在系统发育上，现存苏铁类植物与银杏互为姐妹群，是整个裸子植物的最早分支（Wu et al.，2013；Li et al.，2017），对研究种子植物的起源与早期演化具有极为重要的价值。苏铁类植物与银杏不同，它们通过不断适应环境和近期的快速辐射演化（Nagalingum et al.，2011），繁衍至今有 2 科 10 属 300 余种（Calonje et al.，2018），但绝大多数都处于受威胁状态，从其对环境适应的机制角度进行研究，在保护生物学上亦具有重要价值。在苏铁类植物中，亚洲自然分布的只有苏铁属（*Cycas* L.），属于苏铁科的单科属，在我国苏铁属植物有“铁树、凤尾铁、凤尾松、凤尾蕉、避火蕉、山菠萝、地菠萝”等其他别称，具有很高的观赏价值和人文价值，被广为栽培和利用。苏铁科植物四季常青，树形美观，孢子叶球大型壮观，种子大而艳丽，俗称“凤凰蛋”。其寿命很长，即使数百年树龄，仍生长茂盛，开花结实，因此，被视为长寿、吉祥的象征，常被广泛栽培于寺院，一些苏铁种类也因此而得以保存至今，如四川苏铁（*C. szechuanensis* W. C. Cheng & L. K. Fu）只有雌株植于寺院中保存至今。苏铁树干苍劲挺拔，叶丛四季浓郁翠绿，象征着公正与铁面无私。苏铁茎干和种子富含淀粉，脱毒后可食用。

苏铁科苏铁属约有 100 个物种，分布区跨越了亚洲、大洋洲和非洲，是现存苏铁类植物中物种最丰富、分布最广泛的一个属。中国苏铁属植物约有 23 种，全部被列入国家 I 级重点保护野生植物，主要分布于云南、四川、贵州、福建、广东、广西、海南、台湾等省（自治区）。云南共分布有苏铁属植物 15 种（表 3.1.1），分别为叉叶苏铁［*C. bifida*（Dyer）K. D. Hill］、陈氏苏铁（*C. chenii* X. Gong & Wei Zhou）、德保苏铁（*C. debaoensis* Y. C. Zhong & C. J. Chen）、滇南苏铁（*C. diannanensis* Z. T. Guan & G. D. Tao）、长叶苏铁（*C. dolichophylla* K. D. Hill, T. H. Nguyen & K. L. Phan）、贵州苏铁（*C. guizhouensis* K. M. Lan & R. F. Zou）、灰干苏铁（*C. hongheensis* S. Y. Yang & S. L. Yang ex D. Yue Wang）、长柄叉叶苏铁（*C. longipetiula* D. Yue Wang）、多羽叉叶苏铁（*C. multifrondis* D. Yue Wang）、多歧苏铁（*C. multipinnata* C. J. Chen & S. Y. Yang）、攀枝花苏铁（*C. panzhihuaensis* L. Zhou & S. Y. Yang）、篦齿苏铁（*C. pectinate* Buch.-Ham.）、叉孢苏铁（*C. segmentifida* D. Yue Wang & C. Y. Deng）、单羽苏铁［*C. simplicipinna*（Smitinand）K. D. Hill］、谭清苏铁（*C. tanqingii* D. Yue Wang）。其中，长柄叉叶苏铁和多羽叉叶苏铁两种是以栽培植株发表的种类，其野生居群分布地点一直未能确定，陈氏苏铁、滇南苏铁、灰干苏铁、长柄叉叶苏铁、多羽叉叶苏铁、谭清苏铁 6 种为中国云南特有种。在云南分布的 15 种苏铁属植物中，除贵州苏铁和灰干苏铁外，均被列入亟待开展系统调查、研究和保护的极小种群野生植物（云南省林业厅和云南省科学技术厅，2009；国家林业局，2010，2011；孙卫邦，2013；Yang and Sun，2017）。按照极小种群野生植物的界定标准（孙卫邦，2013；Sun，2016；Yang and Sun，2017），贵州苏铁和灰干苏铁也是典型的极小种群野生植物。

表 3.1.1　苏铁属植物在云南的地理分布及其种群现状

物种名称	地理分布（保护区或分布点）	种群现状
叉叶苏铁	大围山国家级自然保护区	—
陈氏苏铁	恐龙河州级自然保护区内应有分布	在云南楚雄、玉溪和红河发现 7 个分布点，种群更替良好，但均缺乏有效管护；新平县绿汁江流域分布点的数量较多，但人为干扰较严重
德保苏铁	分布于云南富宁的种群不在保护区内。广西种群已纳入保护区	富宁县的三个分布点受人为干扰破坏严重，种群年龄结构不均衡
滇南苏铁	大围山国家级自然保护区、恐龙河州级自然保护区和哀牢山国家级自然保护区	该种碎片化分布于红河流域，受人为干扰严重，其分布点数量和野生个体数均在持续减少
长叶苏铁	纳板河流域国家级自然保护区、西双版纳国家级自然保护区、马关古林箐省级自然保护区、麻栗坡老山和中越边境地段	除麻栗坡分布点外，其余分布点的数量都在不断减少
灰干苏铁	大围山国家级自然保护区和个旧	仅见两个毗邻的分布点（冷墩和麻玉田）。2015 年首次见到两个分布点的大小孢子叶球
长柄叉叶苏铁	应在大围山国家级自然保护区有分布	此种是否成立尚存争议。疑为多歧苏铁与叉叶苏铁的杂交种。目前，仅在金平县发现人工栽培的植株
多羽叉叶苏铁	可能在大围山国家级自然保护区有分布	目前，尚未发现野生植株
多歧苏铁	大围山国家级自然保护区和金平分水岭国家级自然保护区	野外调查到 4 个分布点，每个点的个体数量都少于 15 株
攀枝花苏铁	轿子雪山国家级自然保护区	主要分布地为四川省攀枝花苏铁国家级自然保护区。保护区内种群生存状况良好，保护区外 5 个种群遗传成分独特，但个体数均少于 20 株
篦齿苏铁	纳板河流域国家级自然保护区、西双版纳国家级自然保护区和糯扎渡省级自然保护区	斑块状分布于西双版纳州及周边地区，个体数量较多
叉孢苏铁	在广南县一带分布，未建立有自然保护区	在云南分布的数量极为有限（广南县板蚌乡分布不足 30 株）。贵州省分布的主要种群已纳入省级自然保护区（望谟）
单羽苏铁	纳板河流域国家级自然保护区、西双版纳国家级自然保护区和糯扎渡省级自然保护区	目前的生境片断化严重
谭清苏铁	绿春黄连山国家级自然保护区	长期得到监测、管护，个体数量较多，种群健康
贵州苏铁	罗平万峰山（市级）、鲁布革（县级）、师宗县菌子山（市级）、翠云山（县级）和丁累大箐（县级）自然保护区	种群数量明显减少。调查发现，分布于云南各保护区种群数均不足 50 株。贵州分布的种群，已纳入南盘江流域的金钟山国家级自然保护区进行保护

注：评估数据来源于中国科学院昆明植物研究所龚洵研究组，“—”代表种群现状未能评估。

一、苏铁属极小种群物种在云南的地理分布和生存现状

从历史分布上来看，云南的苏铁属植物在 20 世纪 50 年代或更早以前应较广泛地分布于红河流域、横跨云南和贵州的南盘江流域、纵跨四川和云南的金沙江流域等地区。近 60 年来，随着人口增长和经济发展的加快，对土地利用的需求增大，加之严重的人为干扰，导致苏铁属植物自然分布区面积大量缩减，适宜生境破坏严重。苏铁适宜的生境有土山灌丛、干热石灰岩山坡、次生林下，或季雨林半阴环境等。近期野外调查发现，虽然苏铁属不同种类生境丧失程度不同，但总体的丧失趋势十分严重。适宜苏铁生长的土山灌丛和石灰岩山的生境常被开垦种植木薯（*Manihot esculenta* Crantz），而交通便利的山下种植香蕉（*Musa nana* Lour.）、甘蔗（*Saccharum officinarum* Linn.）等；季雨林生境常被砍伐后种植杉木［*Cunninghamia lanceolate*（Lamb.）Hook.］或者橡胶［*Hevea brasiliensis*（Willd. ex A. Juss.）

Müll. Arg.］等经济植物（图 3.1.1）。此外，红河流域、南盘江流域和金沙江流域因公路和水电站建设，导致苏铁的生境被割离或毁灭，适宜生境小气候被改变，生长于道路、水电站周边的苏铁属植物种群生存状况也不容乐观。对于位于保护区内的苏铁植物（表 3.1.1），由于其生境能在一定程度上得到保护，不少种群都能得到较大程度上的保存和繁衍。

图 3.1.1　生长于杉木人工林下的长叶苏铁

二、遗传多样性水平和遗传分化

1. 遗传多样性

遗传变异对受威胁物种维持其适应性和生活力方面起着至关重要的作用，全面了解苏铁的遗传多样性和遗传分化可为科学保护提供指导。因此，为了比较不同苏铁物种谱系之间的遗传变异情况，本节列出了苏铁属极小种群物种中部分已发表种类的 SSR 和 cpDNA 数据的遗传多样性和遗传分化值，并在表 3.1.2 中补充了中国科学院昆明植物研究所龚洵研究组尚未发表的分子数据。

表 3.1.2　云南分布的极小种群苏铁遗传多样性以及群体分化比较

数据来源	物种名	PPL/%	He	Gst/Fst	参考文献
SSR 数据	叉叶苏铁	89.06	0.543 0	0.115 6	龚奕青，2015
SSR 数据	德保苏铁	93.58	0.484 0	0.114 4	Gong et al，2015
SSR 数据	长叶苏铁	87.98	0.466 0	0.260 0*	Zheng et al.，2016
SSR 数据	灰干苏铁	90.00	0.435 0	—	Guan et al.，2018
SSR 数据	多歧苏铁	94.12	0.497 0	0.295 7*	Gong et al.，2015
SSR 数据	叉孢苏铁	84.52	0.436 0	0.229 0*	Feng et al.，2016a
SSR 数据	贵州苏铁	88.11	0.419 0	0.138 0*	Feng et al.，2016b

续表

数据来源	物种名	Hd	π	Gst/Fst	参考文献
cpDNA	叉叶苏铁	0.718	0.001 9	0.832 8	龚奕青，2015
cpDNA	陈氏苏铁	0.621	0.001 4	0.954 0	Yang et al.，2016b
cpDNA	德保苏铁	0.492	0.001 3	0.801 0	Zhan et al.，2011
cpDNA	滇南苏铁	0.564	0.000 9	0.818 5	Liu et al.，2015
cpDNA	长叶苏铁	0.940	0.002 5	0.840 0*	Zheng et al.，2016
cpDNA	多歧苏铁	0.772	0.001 5	0.923 0	Gong et al.，2015
cpDNA	攀枝花苏铁	0.571	0.003 8	0.790 3	张芳铭，2012
cpDNA	叉孢苏铁	0.602	0.002 3	0.998 0*	Feng et al.，2016a
cpDNA	单羽苏铁	0.864	0.002 6	0.986 7	Feng et al.，2014
cpDNA	贵州苏铁	0.794	0.000 9	0.698 2*	Feng et al.，2016b

PPL：多态性位点比例（percentage of polymorphic loci）；He：期望杂合度（expected heterozygosity）；Hd：单倍型多样性（haplotype diversity）；π：核苷酸多态性（nucleotide diversity）；Gst/Fst：遗传分化系数（genetic differentiation）。—：数据缺失，*：$P<0.05$，代表 Fst 值显著。

基于 SSR 的数据显示苏铁属在物种水平的较高的遗传多样性（表 3.1.2），数据显示的 7 种苏铁的多态性位点比例（PPL）为 84.52%～94.12%，期望杂合度（He）为 0.419～0.543。与 655 株木本植物的这两个参数的平均值相比（aver. PPL＝51.30%，He＝0.150，Hamrick et al.，1992），这 7 种苏铁的遗传变异处于高水平。

在 cpDNA 水平上，已报道的苏铁属极小种群植物同样也表现为高水平的遗传多样性（表 3.1.2）。10 种苏铁属植物的 cpDNA 单倍型多样性（Hd）从 0.492 变化到 0.94，高于孑遗植物银杏（Hd＝0.191 0）（Gong et al.，2008）。此外，中国的大多数苏铁属植物还表现出比裸子植物南方红豆杉（0.626）更高的单倍型多样性（Liu et al.，2013）。然而，苏铁属植物的核苷酸多态性（π）却较低。统计显示：内陆苏铁属物种的平均核苷酸多样性指数为 0.001 9，低于银杉（π＝0.0021，Wang and Ge，2006），但略高于银杏（π＝0.001 7，Gong et al.，2008）。值得注意的是，两个沿海或岛屿物种（福建和台湾分布）台东苏铁（*C. taitungensis* C. F. Shen, K. C. Hill, C. H. Tsou et C. J. Chen）和苏铁（*C. revoluta* Thunb.）的核苷酸多样性比其他内陆物种大一个数量级（苏铁：π＝0.058 1，台东苏铁：π＝0.012 7，Huang et al.，2001；Chiang et al.，2009）。

2. 遗传分化水平

对遗传分化水平的比较，发现另一个一般结论是，中国分布的苏铁，尤其是分布于中国西南地区的种类存在显著的种群间遗传分化，这与先前对 6 种苏铁科物种（Fst＝0.254）（González-Astorga et al.，2009）通过 SSR 数据检测到高水平的遗传分化（平均 Fst＝0.202 0）相一致，并且所报道的大多数苏铁属植物具有明显的谱系地理结构（表 3.1.2）。在 cpDNA 水平上，尤其是分布于内陆的苏铁属植物，其遗传分化都较为显著。例如，叉孢苏铁（Fst＝0.998 0）和长叶苏铁（Fst＝0.840 0）（表 3.1.2）。较高的遗传分化水平暗示了作为极小种群物种的苏铁属多数分类群的种群间基因流较小，这应是人为干扰后的生境片断化所致。

三、苏铁属植物的受威胁因素

长期以来，由于苏铁原生环境的破坏和人们对野生苏铁的肆意盗挖，使得苏铁资源锐减，灰干苏铁和多歧苏铁等种类已濒临灭绝，其种群和个体数量急剧减少，受威胁状况日益严重，对苏铁植物的研究和拯救保护迫在眉睫。调查发现，由于西南地区的特殊环境条件和地理区位，苏铁属植物在此区域生长繁殖受气候变化影响不大，且多数苏铁属种类具有较广的生态幅和较强的适应能力。威胁苏铁植物生存的因子主要来自于人为的生境破坏（开垦山地进行作物种植）和过度采挖利用。由于采挖后不科学的栽培和管理，常导致一些成年植株死亡。野外观察数据分析表明，成年苏铁雌株的结实率较高，如果能够促进种子有效传播和对生境保护，苏铁种群自然恢复能力会得到加强。

1. 人类活动

人类活动长期以来一直是物种多样性和长期生存的主要威胁。在过去的几十年里，过度把野生苏铁用于木材、食药、园林绿化等，导致苏铁种群及种群数量急剧下降（Wang et al.，1996；Mustoe，2007）。在中国分布的23种苏铁属植物中，有16种（69.57%）被国际自然保护联盟列为威胁种类（极度濒危、濒危和易危），6种（26.09%）濒临灭绝，大多数保存在生态条件较差的地区；由于过度采挖，许多野外苏铁属植物已面临灭绝的境地。除了篦齿苏铁广布于东南亚和印度北部—孟加拉国地区外，大多数苏铁属植物的分布区极为狭窄。例如，基于红河流域野外调查资料分析发现，多歧苏铁4个种群的数量都少于15个个体；灰干苏铁只在个旧两个毗邻的区域有分布；谭清苏铁只在绿春县狭域分布；而长柄叉叶苏铁和多羽叉叶苏铁迄今尚未找到其野外分布，很可能已经野外灭绝。

此外，人类活动造成的栖息地丧失或破碎化增加了苏铁属植物的生存压力（Terry et al.，2008）。一些研究表明，栖息地的丧失会影响植物散布模式，最终会影响物种种群构成和相互作用。因此，生境碎片化可能导致将单一种群细分为多个分离的亚群体，最终形成很小的群体。然而，很小的种群极易遭受遗传多样性的丢失，并且更容易经历更高的灭绝概率和群体遗传学变化（Kupfer et al.，2006；Ottewell et al.，2016）。森林砍伐，牧场、农田以及城市扩张等人类活动已经严重破坏了苏铁属植物原有的生境；如道路修建和水电站的建设，给近期新发表的陈氏苏铁造成了很大的威胁。目前，对仅分布于中国云南红河流域的陈氏苏铁，尚未建立自然保护区开展就地保护。

2. 气候变化

气候变化对分布狭窄、种群小和生境要求较低的珍稀濒危植物特别具有威胁性（Ulrey et al.，2016）。在第四纪冰期，气候波动通过物种分布对动植物的遗传多样性和历史动态产生重大影响（Qiu et al.，2011）。苏铁属植物受气候变化的影响也不例外。由于多数苏铁属植物都生长在山脊或悬崖，以及低海拔的山谷或季风森林中（Fragnière et al.，2015），其特点是喜温暖湿润。然而，冰期至间冰期气候震荡以及亚洲大陆东南部强烈的亚洲冬季季风增强（Cook and Jones，2012），将苏铁属植物限制在分散的栖息地，阻碍了群体间的基因交流（Xie et al.，2005；Zhan et al.，2011；Feng et al.，2014；Liu et al.，2015；Zheng et al.，2016）。可见，苏铁类植物的种群逐渐分离，这也深刻地影响了当前的种群数量、遗传多样性以及遗传结构。此外，资料分析显示，自1961年以来，中国西南部的气温已上升了0.7℃，降雨量增加了22%～33%（Turkington and Harrower，2016）。无疑，不断变化的中国西南地区的气候条件而引起的频繁泥石流、降雨量增加而导致山体滑坡，已经不同程度地对该地区苏铁属植物栖息地造成破坏。

四、已有保护成效

保护生物学的主要目标是保持物种适应变化环境的进化潜力，并防止它们灭绝（Frankham et al., 2002）。如上所述，很明显，云南分布的许多极小种群苏铁属植物在物种水平上表现出高水平的遗传多样性和种群间的强烈遗传分化。然而，人类活动、栖息地破碎化和气候变化已经大大缩小了其种群数量和规模，需要采取必要的就地保护措施。同时，需要立即采取人工繁殖基础上的保护手段，应对在这些物种中检测到的近交衰退和遗传漂变。

目前，对于苏铁而提出的保护行动主要集中在就地和迁地保护。在具体的保护策略中，基于已有研究，明确了基于滇南苏铁种群特有单倍型而对其原生境进行保存的情况（Liu et al., 2015）。此外，为了改善特有物种的种群数量和遗传多样性，在苏铁属植物的具体保护实践中，还补充了非原生境保存和回归引种的保护措施。对德保苏铁的保护，中国科学院深圳市仙湖植物园（以下简称仙湖植物园）已经采取的措施包括：在原生境建立自然保护区和保护站、在回归引种地加强宣传教育、开展快速繁殖技术研究和加强政府管理（Xie et al., 2005）。云南省环境保护厅支持对多歧苏铁开展的相应回归自然和种群恢复工作；中国科学院昆明植物研究所的龚洵研究组，基于对滇南苏铁和长叶苏铁遗传多样性、遗传结构的评估，开始了这两种物种的回归自然和种群恢复工作（图 3.1.2）。

图 3.1.2 人工繁育用于回归自然和种群恢复的滇南苏铁（1）和长叶苏铁（2）苗木

此外，我国政府和相关专家对苏铁属植物的保护付出了长期的努力。由于苏铁属的特殊研究价值和保护价值，中国政府部门早在 1999 年就将苏铁属所有种全部纳入国家一级重点保护（国家林业局和农业部，1999）。在 2001 年正式启动的“全国野生动植物保护及自然保护区建设工程”中，将苏铁属植物与大熊猫等列为 15 大重点保护物种。另外，国际自然保护联盟的苏铁专家特别小组（Cycad Special Group）一直致力于苏铁植物的保护工作。国家林业局公布的、在 2015 年以前要启动拯救保护的 120 种极小种群野生植物名单中，就有 11 种苏铁（孙卫邦，2013）。在就地保护方面，已建立了一批针对苏铁属植物的自然保护区（表 3.1.1），如攀枝花苏铁国家级自然保护区主要为了保护攀枝花苏铁的野生种群，云南大围山国家级自然保护区保护了红河流域的滇南苏铁、多歧苏铁、长叶苏铁和灰干苏铁等物种（图 3.1.3）。

图 3.1.3　攀枝花苏铁国家级自然保护区的攀枝花苏铁（1、2）和大围山国家级自然保护区的灰干苏铁（3、4）

在苏铁类植物的迁地保护方面，中国的一些植物园作出了贡献。华南植物园已栽培保存了苏铁类植物 9 属 43 种（黄宏文，2014）；仙湖植物园自 1988 始开始收集苏铁类植物，1994 年始建苏铁园，2002 年 12 月 18 日正式挂牌成立“国家苏铁种质资源保护中心”，目前，该园已收集保存了苏铁类植物 2 科 10 属近 240 种；在云南分布的 15 种苏铁属植物在中国科学院昆明植物研究所昆明植物园进行了栽培保存，同时该园还保存了其他苏铁类植物 10 余种。

五、未来的保护建议

尽管目前我国在苏铁属植物保护方面做了许多工作，但其科学保护问题仍需要在系统研究的基础上采取针对性的有效保护措施。一些苏铁属植物常呈零星分布，有的种类分类地位不确定，给保护工作带来了挑战。此外，由于园林利用栽培苏铁的同时，也引入例如苏铁小灰蝶（*Polymmathus* spp.）和介壳虫［主要是苏铁白轮盾介（*Aulacaspis yasumatsui* Takagi）］等害虫，对云南本地苏铁属其他物种造成了危害（图 3.1.4），并且由于该园林苏铁的广泛栽培（尤其是在保护区周边种植），给云南本地分布的苏铁属植物带来了潜在的基因污染。基于已有研究和保护实践，对苏铁属植物下一步的保护提出以下建议。

图 3.1.4 受小灰蝶危害（1）和介壳虫危害（2）的苏铁属物种

1. 生境保护和恢复

适宜的栖息地 / 生态位是物种生存的先决条件，特别是对于极小种群野生物种。已有调查和研究资料表明，威胁苏铁属植物种群发展的主要因素是栖息地被破坏，无论这种栖息地的破坏是由人类活动还是生境片断化造成的。因此，在苏铁属植物保护中应优先考虑栖息地保护和恢复。恢复栖息地的措施应包括：控制地区性入侵物种、重新引入本地物种、清除入侵物种和选择性清除侵略性的本地植物以及土壤改良等（Rey et al.，2009）。在自然保护区内的农田、牧场或经济植物种植地块（包括林下经济种植）都应采取“退耕还林”措施或其他生境恢复技术，促进苏铁适宜生境的快速恢复。加强保护区的有效管理，严格禁止采挖包括极小种群野生植物的珍稀和濒危物种。对一些栖息地已不再适合数量极少的苏铁属植物生存的情况，应采取必要的“抢救性保护”方案，如人工迁移到适合的生境或植物园进行保护。

2. 就地保护

对目前尚无保护区或保护小区（保护点）、但分布有苏铁种群的地区，应尽快建立就地保护设施或条件，优先保护好现存种群及其生境。长期以来，小规模的保护区或植物微型保护区（plant micro-reserve）（Laguna，2001；Laguna et al.，2004）一直被认为是保护分散景观中小型种群的有效方法（Cowling et al.，2003；Draper et al.，2003；Götmark and Thorell，2003；Kadis et al.，2013）。当然，极小种群的保护小区或保护点不能作为大型自然保护区的替代品，而是对大型保护区的补充，是保护那些被开垦地包围的破碎化生境的唯一选择。近期在云南文山州广南县调查发现一个叉孢苏铁的新种群，且其种群数量估计超过 2 000 株，种群结构健康，有 1/3 的植株是近成年状态；此外，还在云南省玉溪市新平县与楚雄彝族自治州（以下简称楚雄州）双柏县交界的地区（绿汁江流域）发现了一个规模较大的陈氏苏铁新种群。这两个新发现的苏铁种群，虽然其生境受人为干扰较少、种群结构健康（图 3.1.5），但它们都分布在公路附近，受人为破坏或干扰的概率极高，有必要尽快建立保护小区或保护点进行保护。

图 3.1.5 位于保护区外、种群及其生境健康的叉孢苏铁（1）和陈氏苏铁（2）植株生长发育状况

此外，对这两个苏铁种群还应尽快开展种群监测和必要的管护措施，如病虫害防治、外来灌丛清除和必要的栖息地恢复等。在此基础上，采集种子开展人工育苗，添加到现有种群中，加强或增加现有种群的数量以提高种群生存能力（IUCN-SSC，2013），这是对位于保护区外种群进行就地保护的措施（Soorae，2016）。需要注意的是，用于强化种群（增加数量）的个体必须来自同一地点或来自同一栖息地内相近的地理位置、遗传多样性最接近的种群。

3. 迁地保护与回归引种

迁地保护是当物种已经没有合适的栖息地以维持其仅有种群时，用于防止物种灭绝的保护行动（Hoegh-Guldberg et al.，2008）。人工繁育在植物园或树木园进行活植物栽培保存是迁地保护的主要形式，也是“抢救性保护”极小种群野生植物的一个重要手段，更是未来开展物种回归和种群恢复或重建的重要工作。在苏铁的保护工作中，广西黄连山自然保护区德保苏铁野外回归成功是迁地保护基础上开展回归实践工作的一个很好案例（甘金佳等，2013）。通过对回归德保苏铁的生理指标和繁殖特性等方面的研究，以及回归引种后德保苏铁的生存状况、自我更新以及环境适应能力等监测数据的分析显示（李正文等，2012；王运华等，2018），德保苏铁已经能在新的栖息地正常繁殖更新，其回归引种取得初步成功。

4. 苏铁种质资源库 / 圃建设

为了满足社会需求，减轻苏铁的灭绝威胁，从苏铁种质资源长期保存与利用角度出发，有必要建设相应的苏铁种质资源库 / 圃。苏铁种质资源库 / 圃可以专业保存不同种以及同一种不同分布点或种群的种质资源。这些种质资源不但是有效人工培育幼苗进行引种栽培和野外回归的基础和前提（Guerrant and Kaye，2007；Godefroid et al.，2011），还是开展苏铁种质资源研究与利用的重要环节。建议在苏铁属植物分布集中的红河流域，选择适宜的区域建立云南省苏铁种质资源库 / 圃。

5. 教育和宣传

野生物种流失的最主要原因是缺乏对这些物种的实际价值之外的真实价值的认识（Volis，2016）。对于苏铁物种的保护，直接对其种群进行就地和迁地保护是较为有效的方法，但这些工作不应仅限于在保护工作者和政府部门展开。相关的教育和宣传也应该得到加强和实施，特别是在有苏铁属极小种群野生植物分布的地区。在教育培训方面，应对从事迁地保护的工作人员开展苏铁育种、育苗和移栽等方面的技术培训，以提高苏铁的存活率和在当地的适应性。对于森林管理员和志愿者，应提供相关的专业培训以提高他们的管理技能。

此外，对于当地民众，应该加强教育，普及民众对生物多样性和生境的保护的知识，宣传国家在保护濒危动植物方面的法律法规，以唤起和提高其对野生苏铁植物保护的重要性的认知。特别是应努力把当地百姓变成苏铁保护的盟友，这将是一个强大的力量。红河哈尼族彝族自治州（以下简称红河州）金平县勐桥乡石洞村就是个很好的例子，在当地部门的配合下，石洞村村民积极研究多歧苏铁的人工繁殖和杂交探索，并取得了成功（图 3.1.6）。为了加强对多歧苏铁的保护，石洞村民还明确了多歧苏铁禁止买卖的村规民约。

图 3.1.6　红河州金平县勐桥乡石洞村人工栽培长势良好的多歧苏铁

6. 建立国际通信网络

信息全球化和沟通是有效保护受威胁物种的先决条件。世界苏铁名录在线版（http://cycadlist.org）是提供苏铁综合分类参考资料的全球数据库。国际自然保护联盟濒危物种红色名录（http://www.iucnredlist.org）是另一个收集有关分类学、地理分布、种群现状、栖息地、受威胁程度和保护行动等信息的苏铁类数据库。尽管国际自然保护联盟列出了98种苏铁属植物，但这些网络公布的信息并不充足，特别是一些先发现的种群、新发表的物种并没有包括在内。例如，新发表的陈氏苏铁（Zhou et al.，2015）及其7个种群的信息就未进入国际自然保护联盟的数据库。该物种的种群都在保护区外，是应急需采取相应保护行动的种类。

此外，由于信息过时，目前极小种群物种苏铁的生存状况比国际自然保护联盟网站上所列出的要严峻得多。根据国际自然保护联盟的信息，灰干苏铁种群规模少于5 000个成熟个体，且还在下降。但是根据我们的再次调查，该物种在野外已经只剩下2个毗邻的种群，发现的个体数应少于2 000株。值得一提的是，灰干苏铁首次观察到雌雄花同时开花的特性，人工授粉、提高结实的研究工作也已展开（图3.1.7），有望收获种子进行批量育苗，进行该物种的种群增强与恢复工作。

图3.1.7 大围山国家级自然保护区工作人员开展灰干苏铁人工授粉工作

由于传播 / 获取信息不完善而导致的信息共享不足严重妨碍了苏铁属植物的保护工作。为此，在保护实践中，应建立一个特定于苏铁的综合平台，用于长期监测、记录和信息共享。野外监测的内容包括种群结构、生境、威胁和保护状况。此外，还应收集和保存与物种管理有关的资料、报告和专家意见，以便这些信息在保护实践中可以发挥参考作用。

目前，针对苏铁属植物的研究还主要集中在系统发育、群体遗传学和生态学领域，其有效保护的理论和保护技术体系的研究、实践相对还比较薄弱。但近 70% 的中国苏铁属植物受到不同程度的威胁，多数种类已是典型的、亟待拯救保护的极小种群野生植物。因此，对苏铁属植物保护应加大政策与经费的支持，调动社会各方资源，构建适合苏铁属极小种群野生植物有效保护的技术体系。

第二节 华盖木的研究与保护

华盖木（*Manglietiastrum sinicum* Law）是 1979 年建立的木兰科（Magnoliaceae）单种属植物（刘玉壶，1979，1984；Sun et al.，2012），特产于我国滇南及滇东南地区（Wang et al.，2016b；陈叶，2017）。自从华盖木属建立以来，备受国内外分类学家广泛关注，其先后被归并到木莲属（*Manglietia* Bl.）（Chen and Nooteboom，1993）、木兰属（*Magnolia* L.）（Figlar and Nooteboom，2004；孙卫邦和周俊，2004；Sun et al.，2012）、厚壁木属或秃木兰属（*Pachylarnax* Dandy）（夏念和，2007；司马永康，2011）中。尽管不同学者对华盖木（属）的分类学地位存在不同的观点，但他们都认为华盖木是一个分类上的“好种”，是研究木兰科植物起源、演化和系统分类的重要类群。由于其重要的科学研究价值和广阔的应用前景（园林树种、芳香植物、用材树种），在 1999 年颁布的第一批《国家重点保护野生植物名录》中列入国家Ⅰ级重点保护，Cicuzza 等（2007）和 River 等（2016）出版的 *The Red List of Magnoliaceae*（木兰科红色名录）中被评估为极度濒危（CR）。作为世界广为关注的、严重受威胁的“明星物种”，云南省有关科研院所一直不同程度地开展了华盖木的拯救保护工作。特别是 2009 年，云南省林业厅和云南省科学技术厅组织编制的《云省极小种群物种拯救保护规划纲要（2010—2020 年）和紧急行动计划》（2010 年 3 月得到云南省人民政府的批复）将华盖木列入 20 个优先拯救保护的种类，在 2012 年国家林业局和国家发改委下发的“关于印发《全国极小种群野生植物拯救保护工程规划（2011—2015 年）》通知”中也被列入亟待拯救保护的对象。从 2004 年开始，中国科学院昆明植物研究所极小种群野生植物综合保护研究团队基于国内外对华盖木的工作基础，系统开展了其综合保护研究与实践。通过对华盖木种群现状系统调查、生境特征、繁殖生物学特性、遗传多样性水平及遗传结构等的深入研究，揭示了导致华盖木濒临高度灭绝风险的主要因子。同时，在昆明植物园多年对华盖木人工繁殖和迁地保护工作的基础上，开展了华盖木的回归自然与种群恢复重建试验（Sun et al.，2012），并基于对迁地与回归自然种群的遗传多样性水平、遗传结构的比较分析，评估了目前华盖木采取保护措施的有效性，提出了进一步拯救保护华盖木的策略、措施（陈叶，2017）。

一、华盖木的保护生物学研究

1. 华盖木种群现状及生境特征

在对华盖木研究资料系统整理的基础上，采用种群生态学的研究方法，系统调查研究了华盖木的种群数量、径级结构、地理分布范围、主要伴生植物、受人为干扰程度，并采集相应的土壤样品，比较分析不同分布点的土壤理化性质。目前为止，共调查到华盖木 52 株，未见幼苗，它们散生于云南省西畴、马关、屏边、河口和金平等地的常绿阔叶林中，集中分布于东经 103°29′50″～104°47′16″、北纬 22°40′27″～23°22′43″、海拔 1 339～1 707m 的范围内，分布区面积 794.18km^2（陈叶，2017），其主要伴生植物有大叶木莲（*Manglietia megaphylla* Hu et Cheng）、桢楠（*Phoebe zhennan* S. Lee）、刺栲（*Castanopsis hystrix* Miq.）、菝葜（*Smilax china* L.）、假柴龙树［*Nothapodytes obtusefolia*（Merrill）R. A. Howard］、鹅掌柴［*Schefflera octophylla*（Lour.）Harms］、中华桫椤（*Alsophila costularis* Baker）、珍珠伞（*Ardisia maculosa* Mez）、西南山茶（*Camellia pitardii* Cohen-Stuart）、沿阶草（*Ophiopogon bodinieri* Levl.）、冷水花（*Pilea notate* C. H. Wright）、原始观音座莲（*Archangiopteris henryi* Christet）等。对华盖木的株高和胸径进行测量与分析，根据株高和胸径大小将 52 株华盖木按 8 级进行分级（图 3.2.1）：Ⅰ～Ⅱ级（$H \geq 23$cm）为幼苗，Ⅲ～Ⅳ级（H，4～15m；DBH，5～20cm）为幼树，Ⅴ～Ⅷ级（H，13～42.6m；DBH，25.5～127cm）为成年植株，结果显示，成年华盖木占 82.69%，而幼树少，占 17.31%，可见其已基本丧失自然更新能力（陈叶，2017）。调查还发现，当地村民为种植草果仍在不同程度地侵占保护区外华盖木栖息地，其适宜生境面临进一步萎缩的趋势，人为干扰也还在一定程度上威胁华盖木现有种群生存、种群更新（Wang et al.，2016b）。

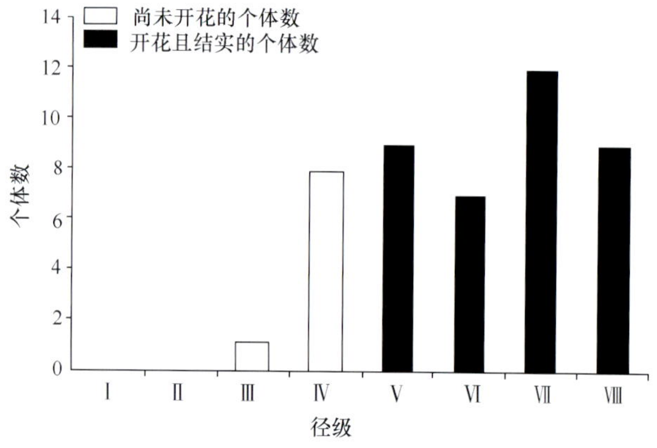

图 3.2.1　按华盖木株高和胸径大小的分级结果

华盖木分布区的土壤为黄棕壤。对 6 个华盖木分布点（西畴县的蚌谷和法斗、马关县的大栗树和篾厂、金平县的马鞍底和河口县的莲花滩）的土壤理化性质分析表明，其土壤均为酸性（pH 4.75～5.30），有机质含量（有机碳含量）、全氮和水解性氮含量较高，而全钾、全磷、速效钾和有效磷含量却处在一个较低的水平；不同分布点间仅全磷含量差异极显著，而全氮、全钾、水解性氮含量、有效磷含量和速效钾含量却没有明显差异，说明虽然华盖木生境呈片断化分布，种群间相隔较远，但其不同分布点间的土壤成分并没有较大差异（陈叶，2017）。根据土壤分析结果，在人工培育华盖木幼苗时应选择酸性、有机质、氮和水解性氮含量丰富的土壤，并能根据实际情况添加缺乏的成分，以保证其幼苗成活率。

2. 华盖木繁殖生物学特性

对华盖木单花开花动态观察（图 3.2.2 和图 3.2.3）发现，华盖木花朵雌蕊先熟，花开 2 次，单花花期 3～4 天；第一次开花在晚上 19：00 左右，持续约 1h 于在 20：00 花开始闭合，闭合动态持

图 3.2.2　华盖木传粉生物学研究（野外观察与数据采集）

图 3.2.3 华盖木花朵开放过程（1～9）、访花昆虫（10～14）及果实特征（15～16）

续约 15min；第二次开花在第二天下午 15：30 左右，花开放动态持续约 10min，此次花开后不再闭合，直至第三天深夜或第四天凌晨花萼全部脱落（Chen et al.，2016）。华盖木花开前不去雄、套袋隔离访花昆虫的花朵不结实，自然传粉、同花自交授粉、同株异花授粉和异株授粉的结实率分别为 22%、63.64%、58.15% 和 69.04%，自交亲和指数 SCI 为 0.86；人工授粉结实率为 63.61%，显著高于自然传粉的结实率（Chen et al.，2016）。可见，华盖木是自交亲和、但以异交为主和需要传粉者的植物。

对华盖木访花昆虫野外观察表明，蜜蜂和甲虫是主要访问者（图 3.2.3）；蜜蜂在第一天花期（白天）无法进入花内，第二天主要是采集花粉且访问活动集中在 15：30～16：30，访问频率为（28.3±1.47）次 /h，蜜蜂应为花粉采集者而不是传粉者；甲虫可以长期停留在花朵内，其活动有利于花粉充分接触有活性的柱头，活动时间为开花第一天 19：00 左右至第二天下午 15：40 左右，故此甲虫应该是华盖木的传粉者（Chen et al.，2016）。进一步观察发现，毛金龟科（Pleocomidae）和象甲科（Curculionidae）的 2 种甲虫可携带花粉进出华盖木的花，它们应是华盖木的有效传粉昆虫（Chen et al.，2016）。

采用动态顶空吸附法对华盖木的花气味进行收集，经 GC-MS 分析，确认了 20 种化合物，它们分别属于醇、酮、单萜和倍半萜（Chen et al.，2016）。醇和单萜类化合物是华盖木花气味的主要成分，占总质量的 93.39%；其中：β- 蒎烯为 33.32%±0.64%，柠檬烯为 27.31%±1.00%，1-8- 桉叶素为 14.13%±0.50%，α- 蒎烯为 8.98%±0.22%，2- 戊醇为 3.57%±2.74%，月桂烯为 3.34%±0.22%，3- 甲基 -2- 丁烯 -1- 醇为 2.74%±0.12%，这些烯类化合物对甲虫具有较强的吸引力，该结果进一步支持昆虫为有效传粉者的结论（Chen et al.，2016）。

3. 华盖木种子生物学、种子在自然生境中的散布和萌发特性

对华盖木种子休眠与萌发研究表明，GA3 和冷层积可有效打破其种子休眠，促进萌发（Zheng and Sun，2009）；种子干藏会丧失发芽力，但湿沙储藏播种发芽率可达 70%～80%，扦插繁殖成活率低（杨宇明等，2008）。华盖木假种皮含油量较高，可以为种子散布者提供丰厚的能量报酬，但在野外种子散布试验（图 3.2.4）中未发现鸟类、啮齿类或其他动物取食或散布华盖木的种子，这可能是试验地点缺乏取食 / 散布华盖木种子的动物种群或该区域取食 / 散布华盖木种子的动物访问频率比较低（陈叶，2017）。在华盖木的自然生境中进行人工播种试验（图 3.2.5）显示，其种子可以正常萌发（图 3.2.6），不去红色假种皮种子萌发率（9%）与去假种皮种子萌发率（16.67%）间的差异并不明显（$F_{1,4}=0.68$，$P=0.455$），说明红色假种皮对华盖木的种子在自然条件下的萌发影响不大（陈叶，2017）。因此，只要华盖木的种子能散布到适宜生境中，种子的自然萌发和幼苗形态建成是可以实现的；自然生境中缺乏取食 / 散布华盖木种子的动物种群或华盖木种子产量不足，在一定程度上限制了该物种的自然更新。

4. 华盖木遗传多样性水平与遗传结构

采用高通量测序技术开发了可用于华盖木遗传多样性研究的 SSR 引物，并用 20 对多态性高的引物对 6 个华盖木野生种群（西畴县蚌谷和法斗、马关县大栗树和篾厂、金平县马鞍底和河口县莲花滩）共计 40 个个体进行遗传多样性及遗传结构分析，共检测到 111 个等位基因（NA），平均每位点 5.55 个等位基因，其在物种水平上的遗传多样性较高（PPB＝92.5%，He＝0.423，$I=0.825$）；在种群水平上，金平县马鞍底种群具有最高的遗传多样性，西畴县蚌谷种群遗传多样性最低；所有种群的近交系数 F_{is} 均大于 0，说明其种群杂合子缺失，纯合子过剩，存在不同程度的近交；基因流为 0.779～3.867，表明两两种群对间的基因交流广泛（陈叶，2017）。AMOVA 分析显示绝大部分的遗传变异分布在种群内（86.89%），遗传分化系数 Fst 为 0.13，意味着种群间遗传分化较低；UPGMA 聚类树将 6 个种群分为 2 支，在一定程度上解释了种群间的亲缘关系；Mantel test 检测结果显示华盖木的遗传距离与地理距离并无相关性（$P>0.05$）；Structure 和 PCoA 分析仅能将个体区分开来，却不能将种群区分开；基于贝叶斯分析的华盖木 6 个种群遗传聚类结果显示，在种群内，根据遗传背景的从属差异，一些个体可以与另一些个体明显区分开来，但不能在种群水平上将种群一一区分（图 3.2.7）（陈叶，2017）。从华盖木物种水平较高的遗传多样性水平推断，该物种的“极小种群”

图 3.2.4 华盖木种子野外散布（1～2）与人工播种试验（3）

图 3.2.5 华盖木野外人工播种形成的幼苗

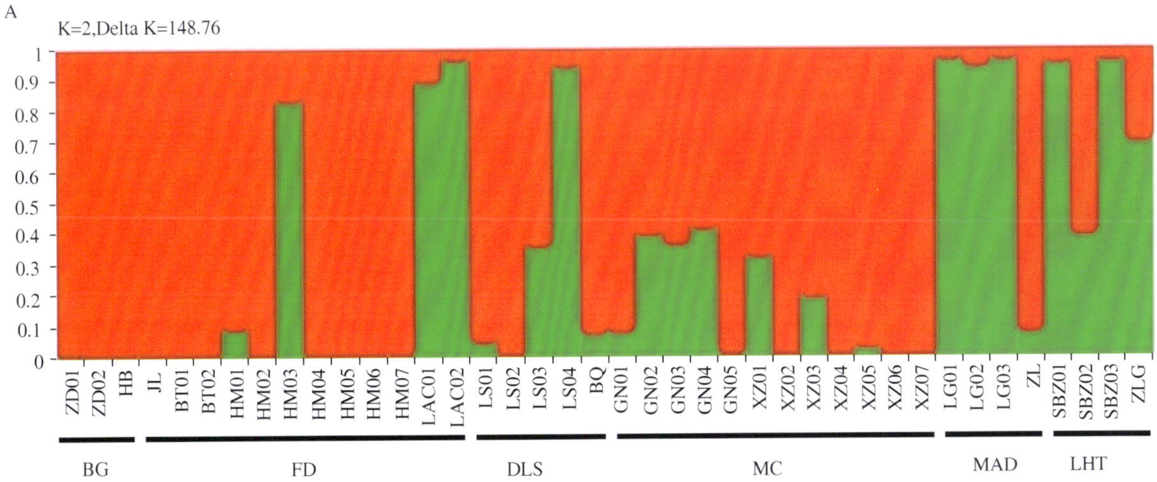

图 3.2.6 基于贝叶斯分析的华盖木 6 个种群遗传聚类结果

BG. 西畴县蚌谷；FD. 西畴县法斗；DLS. 关县大栗树；MC. 马关县篾厂；MAD. 金平县马鞍底；LHT. 河口县莲花滩

图 3.2.7 云南省红河州金平县华盖木保护小区

1. 保护小区警示牌；2. 设置保护小区边界；3. 保护小区警示牌及路边的华盖木

形成应是近期人为破坏的结果；从华盖木存在一定程度的近交结果看，在未来的自然更新后代中，近交衰退会不可避免。

二、华盖木的综合保护与试验示范

1. 华盖木的就地保护

目前已知的 52 株华盖木，40 株在保护区内进行了保护，其余 12 株通过建立保护小区或落实保护责任的形式也到了不同程度的保护。

1）文山国家级自然保护区小桥沟片区内的华盖木

该片区位于滇东南文山州的文山县和西畴县小桥沟境内（东经 103°53′～104°10′ 和东经 104°41′～104°52′、北纬 23°16′～23°25′ 和北纬 23°21′～23°24′），保护区总面积 344 406hm²，属森林生态系统类型的自然保护区，以保护华盖木、长蕊木兰等多种木兰科植物及其生态环境，季风常绿阔叶林和山地苔藓常绿阔叶林生态系统为目的，保护区共有野生种子植物 187 科 946 属 3 085 种。西畴县境内共有 19 株华盖木，全部在该片区有效保护范围内。

2）马关古林箐省级自然保护区内的华盖木

保护区位于文山州马关县西南部，地理位置在东经 103°53′～104°05′、北纬 22°41′～22°53′，东西宽 20.5km，南北长 21.5km。保护区内有国家Ⅰ级重点保护野生植物华盖木、南方红豆杉、巴兰萨苏铁、云南穗花杉、伯乐树、东京龙脑香、毛叶坡垒、望天树、长蕊木兰、藤枣 10 种，国家Ⅱ级重点保护野生植物有蚬木、桫椤、董棕等 27 种。在马关县境内分布的华盖木共有 17 株，其中 12 株分布在马关古林箐省级自然保护区有效保护范围区，其余 5 株分布在保护区外的大栗树乡（当地政府通过落实“责任制”进行保护）。

3）大围山国家级自然保护区内的华盖木

该保护区位于云南省东南部，地跨红河州屏边、河口、蒙自、个旧四县（市），面积为 43 993hm²，属森林生态系统类型的自然保护区。保护以多歧苏铁、叉叶苏铁、滇南苏铁、宽叶苏铁、红河苏铁、望天树、长蕊木兰、伯乐树、毛叶坡垒、东京龙脑香、水松、云南穗花杉、蚬木、篦子三尖杉、桫椤等为代表的国家重点保护野生植物和多种兰科植物，保护区共有国家级和省级保护植物 120 种。屏边县境内共有 9 株华盖木，全部分布于该保护区内。

4）金平县境内的华盖木保护

中国科学院昆明植物研究所的科技人员与金平分水岭国家级保护区管护局的工作人员合作，长期开展植物资源的野外考察。在金平县海拔 1 300～1 500m 的沟谷潮湿山地开展的国家重点保护野生植物调查中，采集到疑似华盖木的植物标本，经多次考察、资料整理和标本鉴定，确认了华盖木在勐桥乡野猪寨、马鞍底乡中梁和马场等地有分布。至 2014 年，在金平县境内共发现华盖木 7 株，并在云南省林业和草原局的支持下，在马鞍底乡中梁沿保华盖木分布海拔带到猛桥乡瓦窑河建设了保护小区，保护现有华盖木单株及其生境。该保护小区南北长 18km，东西宽 1.5km，面积 2 700hm^2。共埋设标桩 100 根，警示牌 5 块（图 3.2.7）。

2. 华盖木的人工繁殖与迁地保护

自从华盖木属（种）建立以来，国内多家植物园和树木园就开始了其人工繁殖与迁地保护工作。中国科学院华南植物园于 1978 年率先从西畴采集种子播种育苗进行迁地保护。云南省林业科学院对华盖木人工繁殖与迁地保护试验研究始于 1983 年。昆明植物园也于 1983 年开始了华盖木的人工繁殖与迁地保护研究工作，于当年成功繁育的 10 株华盖木，随后定植于木兰园及其他园区，这批定植于园区的华盖木于 2013 年 3 月首次开花，这也是世界上首例迁地保护开花的华盖木，并通过人工授粉获得了种子。在昆明植物园开花的华盖木花被片内外全为白色，花被片 12 片，这同以往所有文献的描述不一致（花被片 9，外轮花被片背面深红色）（图 3.2.8）。事实上，近期的研究表明，华盖木花朵的花被片有 9 片、11 片、12 片，外轮花被片有红色、粉红色和白色（Wang et

图 3.2.8 昆明植物园迁地保护开花的华盖木

1. 植株；2. 未全开的花朵；3. 花被片全开；4. 授粉获得的幼果

al.，2016a）。昆明植物园的华盖木开花，其意义是：①表明昆明植物园的华盖木迁地保护取得初步成功；②从实践上证明了华盖木从种子播种育苗至开花结实是一个漫长的过程（30余年）；③为进一步系统研究华盖木的物种生物学和保护生物学提供了研究材料。此外，昆明植物园于2005年再一次开展了华盖木的人工繁殖与迁地保护工作。目前，昆明植物园共迁地保存华盖木共计77株，其生长发育良好（表3.2.1）。

表3.2.1 昆明植物园迁地保护的华盖木生长发育状况

引种年份	定植株数	最高株 /m	最矮株 /m	平均高 /m	年均生长 /cm	总体评价
1983	10	13.0	4.4	9.0	31.0	良好
2005	67	5.4	1.5	2.7	38.6	良好

在种源收集和种质圃建立方面，红河州林业科学研究所共计收集华盖木种源3个共15个单株，在此基础上建设了种质圃32亩，定植了华盖木3 080株；其中：西畴种源12亩，3个单株种源共1 320株，屏边种源4.0亩，2个单株种源共440株（楚永先提供的资料）。此外，中国科学院武汉植物园、中国科学院深圳市仙湖植物园、湛江市林业良种繁育场、峨眉山生物站等单位，也先后引种华盖木开展迁地保护试验研究。

3. 华盖木的种群增强与回归

1）文山国家级自然保护区小桥沟片区华盖木回归自然试验研究基地

云南省西畴县小桥沟法斗是华盖木的模式产地，华盖木也是文山国家级自然保护区小桥沟片区（以下简称小桥沟）的主要保护对象。该基地位于保护区试验区内，由小桥沟林区（东经104°41′06″、北纬23°21′35″、海拔1 680m）和上厂林区（北纬23°22′24″、东经104°46′10″、海拔1 528m）两个点组成。该基地始建于2006年，在“全球数木保护行动”国际项目的支持下，基于昆明植物园对华盖木的迁地保护基础，通过昆明植物园、野生动植物保护国际、文山州林业局种苗站和文山国家级自然保护区管理局小桥沟管理分局紧密合作而完成（Sun et al.，2012）。该基地分别于2007年11月和2008年4月两次定植华盖木共计400株，同时昆明植物园和野生动植物保护国际制定了《华盖木回归植株监测和管护手册》。文山国家自然保护区小桥沟片区华盖木回归自然试验研究基地苗木生产发育情况见图3.2.9。文山国家级自然保护区管理局小桥沟管理分局在昆明植物园的技术指导下，按《华盖木回归植株监测和管护手册》开展了回归华盖木的科学管护、动态监测、数据采集建档等工作。通过近10年的监测和管护，2018年5月进行了数据采集分析，结果显示，上厂林区回归的华盖木成活率为20%，平均株高为4.14m（增长3.24m），平均基径为4.72cm（增长3.46cm），平均胸径4.06cm；小桥沟林区的华盖木成活率为2%，平均株高2.25m（增长1.47m），平均基径3.78cm（增长2.26cm），平均胸径1.81cm。小桥沟林区回归点华盖木死亡的原因，主要是大部分植株沿水沟和在箐沟内种植，雨季水沟涨水和雨水冲刷导致植株在种植两年后开始死亡，仅存的植株均定植在坡地和林下。

2）云南省极小种群野生植物回归自然试验示范研究基地的华盖木

2009年9月8日，由国家林业局、云南省林业厅和中国科学院昆明植物研究所联合举办的“全国极小种群野生植物保护研讨会暨回归自然启动仪式”在昆明成功举办，标志着从国家层面正式启动了极小种群野生植物回归自然的保护行动。有鉴于此，2010年7月，国家林业局、云南省林业厅和中国科学院昆明植物研究所，联合云南省马关古林箐省级自然保护区管护局，在该保护

图 3.2.9 文山国家自然保护区小桥沟片区华盖木回归自然试验研究基地的警示牌（1）和回归华盖木的生长发育状况（2 和 3）（图片摄于 2011 年 10 月）

区老箐管理站（北纬 22°50′26″、东经 103°58′01″、海拔 1 752m）和马关县篾厂乡桂皮山村委会金厂河剐牛处（北纬 22°51′47″、东经 104°02′36″、海拔 1 535m）两个点建立了云南省极小种群野生植物回归自然试验示范研究基地。华盖木是该研究基地的主要目标树种。2010 年年底，共完成了 200 株华盖木回归定植工作。随后，在云南省林业厅物种保护专项经费的支持下，昆明植物园对马关古林箐省级自然保护区管护局技术骨干进行培训，并指导他们按照《物种回归植株监测与管护实施计划》进行了华盖木的科学管护、动态监测、数据采集建档等工作。通过近 8 年的监测和管护，于 2018 年 5 月采集的数据显示，回归于马关古林箐省级自然保护区老箐管理站的华盖木成活率为 74.7%，平均株高 3.31m（增长 1.97m），平均基径 5.50cm（增长 3.77cm），平均胸径已达到 2.45cm；回归于篾厂乡桂皮山村委会金厂河剐牛处的华盖木成活率为 74.0%，平均株高 3.23m（增长 1.68m），平均基径 4.49cm（增长 2.75cm），平均胸径已达到 2.88cm。由此可见，回归于云南省极小种群野生植物回归自然试验示范研究基地的华盖木成活率都达到了74%，其株高、基径和胸径等指标增长明显，植株生长发育正常。云南省极小种群野生植物回归自然试验示范研究基地启动、培训及华盖木苗木生长发育状况见图3.2.10。

3）红河州华盖木回归自然试验

红河州林业科学研究所（楚永先资料）在大围山地区开展了华盖木回归自然试验，共回归了4个点，面积161亩，2014年6月定植了华盖木6 161株。其中：水冲子片区23亩、1 150株，卡口箐片区36亩、1 476株，滴水箐片区59亩、种植2 065株，大围山箐脚水库边43亩、种植1 476株。定植方法：定植前进行林地清理，采用块状整地，打塘规格50cm×50cm×40cm，梅花形定植，每塘施0.5kg农家肥，移栽时撕去营养袋，苗木扶正，盖土平苗木地径处，并把苗木周围的土压实。2015年9月10日统计，成活的华盖木共6 080株，成活率达98.7%。

此外，金平分水岭国家级自然保护区（刘杰勇资料）也开展了华盖木育苗与回归自然的工作，于2016年在马鞍底乡回归华盖木共计8 700株，回归面积163亩。其中：拉灯苦竹寨集体林内100亩、5 900株，马尾冲大坪集体林40亩、2 000株；中梁竹林脚3亩、100株。

三、基于遗传多样性与遗传结构分析的华盖木综合保护有效性评价

对已构建的4个回归种群（西畴县小桥沟和上厂、马关县剐牛处和老箐）（74个个体）及2个迁地种群（昆明植物园和华南植物园）（38个个体）共计112个个体的遗传多样性与遗传结构进行分析，分别检测到89个和83个等位基因，每位点平均等位基因数分别为4.45个和4.15个；昆明植物园种群（He＝0.384，PPB＝100%）的遗传多样性高于华南植物园种群（He＝0.176，PPB＝50%）的遗传多样性（陈叶，2017）。通过分析152个个体在20个微卫星位点的等位基因频率，发现在保存野生种群的遗传变异上，昆明植物园（70.27%）＞马关县老箐（54.05%）＞马关县剐牛（52.25%）＞西畴县小桥沟（48.65%）＞西畴县上厂（46.85%）＞华南植物园（32.43%）。除华南植物园外，其余地点的保护成效比较明显，尤以昆明植物园最成功，但是仍有25.23%的遗传变异并未在回归、迁地种群内检测到，这可能是由于采集的样品量不足，或者回归和迁地区缺乏携带这25.23%遗传变异的种苗（陈叶，2017）。

综合分析现有研究结果表明，华盖木的自然生境、特别是分布于保护区以外的华盖木自然生境还面临一定程度的人为干扰，这些生境有进一步萎缩的风险；生境的片断化和极小的种群导致了种群内花粉量不足从而影响了华盖木的结实率，野外种子传播/取食缺乏或不足等导致其种群基本丧失自然更新能力；华盖木物种水平遗传多样性较高，但存在近交衰退的风险；目前的迁地保护与回归种群的保护效果明显，但是仍然有25.23%的遗传变异并未通过回归和迁地进行保存。因此应进一步采取以下保护策略、措施：①就地保护方面，应强化对现有种群及其生境的保护力度，特别是要进一步优化或新建保护小区，促进自然保护区外的种群快速恢复；②未来迁地保护和回归自然的种子采集策略方面，需要重点采集金平县马鞍底、西畴县法斗和河口县莲花滩分布点的种子，并注意扩大法斗分布点的种子来源，在此基础上，扩大迁地保护与种群回归的规模；③对结实和未成年幼树（17.3%），应采集所有个体的营养繁殖器官，研发营养繁殖及种质离体保存技术，实现其种质资源的有效保存。

图 3.2.10　云南省极小种群野生植物回归自然试验示范研究基地启动研讨会合影（1）、华盖木数据采集培训（2）、华盖木生长状况（3）

第三节 毛果木莲的研究与保护

毛果木莲（*Manglietia ventii* N.V. Tiep）为木兰科（Magnoliaceae）木莲属（*Manglietia*）常绿乔木，花期4～5月，果期9～10月。该物种是Tiep（1980）依据采自云南省屏边的标本命名发表的物种，发表后极少再有报道。据《中国植物志》（第30卷第一册）（中国植物志编辑委员会，1990）、《云南植物志》（第16卷）（中国科学院昆明植物研究所，2006）及滇东南相关植物名录记载，其分布在云南金平苗族瑶族傣族自治县（以下简称金平县）、河口瑶族自治县（以下简称河口县）及屏边苗族自治县（以下简称屏边县）（税玉民和陈文红，2010）海拔800～1 500m的山地雨林、季风常绿阔叶林中。*Flora of China*（Vol.7）（Xia et al.，2008）记载，该种在越南亦有分布，但标本及相关报道均未见，可以认为毛果木莲是云南特有种（刘玉壶，1984，2004；税玉民和陈文红，2010；Xia et al.，2008）。由于木兰科在属的分类上存在不同观点，毛果木莲的名称先后经历过以下分类学处理：*Manglietia hebecarpa* C.Y. Wu & Y.W. Law（刘玉壶，1984，2004）、*Magnolia hebecarpa*（C.Y. Wu & Y.W. Law）V.S. Kumar（Kumar，2006）、*Manglietia venti* N.V. Tiep（夏念和，2007；Xia et al.，2008；司马永康，2011）和 *Magnolia venti*（N.V. Tiep）V.S. Kumar（Rivers et al.，2016；王斌，2017）。毛果木莲树干挺拔通直，木材结构细致，耐腐、抗虫，是珍贵的用材树种；同时，其花色淡雅、芳香，树冠优美，四季常青，又是极具开发前景的园林绿化植物。此外，毛果木莲是木兰型（Magnolia-type）植物中较原始的种类，对研究古植物区系及木兰科分类系统和演化有较高的科研学术价值（Wang et al.，2016a）。有鉴于此，毛果木莲在1999年颁布的第一批《国家重点保护野生植物名录》中被列入国家Ⅱ级重点保护，在Cicuzza等（2007）和Rivers等（2016）出版的 *The Red List of Magnoliaceae*（木兰科红色名录）中被评估为濒危［EN B2ab（i,ii,iii）；D和EN B1ab（iii）；D］，在最近发表的《中国高等植物受威胁物种名录》（覃海宁等，2017）中也被评估为濒危等级［EN B2ab（i,ii,iii,v）；D］。作为一种云南特有的受威胁植物，在2009年云南省林业厅和云南省科学技术厅组织编制的《云省极小种群物种拯救保护规划纲要（2010—2020年）和紧急行动计划》（2010年3月得到云南省人民政府的批复）将其列为20个优先拯救保护的极小种群野生植物之一。为了有效拯救保护这一濒临高度灭绝风险的物种，从2014年起中国科学院昆明植物研究所极小种群野生植物综合保护团队系统地开展了毛果木莲的保护生物学研究，揭示了其种群生态/生物学特征、繁殖生物学特性、遗传多样性水平与遗传结构（Wang et al.，2016a，2017；王斌，2017）。同时，昆明植物园、云南省红河州林业科学研究所、金平分水岭国家级自然保护区管护局等单位开展了毛果木莲抢救性保护，取得了初步成效。

一、毛果木莲的保护生物学研究

1. 毛果木莲的种群现状及生境特征

据中国科学院昆明植物研究所调查研究及相关植物志记载，毛果木莲分布于云南省红河州的屏边大围山、河口莲花滩乡和金平马鞍底乡、勐桥乡等地，近年来调查发现元阳县也有少量分布，但仅发现2株成年植株（红河州林业局莫明忠个人资料），其主要分布于东经103°31′33.40″～103°51′42.50″、北纬22°38′29.50″～22°53′56.60″、海拔800～1 500m范围内的中山山地雨林和季风常绿阔叶林中，一些植株零星分布在村落、农田边及道路旁，生境受人为干扰频繁、破坏严重。据昆明植物所极小种群野生植物研究团队和金平分水岭国家级自然保护区科技人员联合开展的样方法调查推算：在分布区范围内的毛果木莲总数为 2 452 株（包括部分幼树），其中屏边县有 366 株（全部位于保护区内），河口县有 60 株（20 株位于保护区内），金平县有 2 024 株（全部位于保护区外），元阳县有 2 株（均在保护区外），分布区总面积约为 400hm^2（孙卫邦和刀志灵，2011；王斌，2017；喻智勇，2016）。毛果木莲常与橄榄［*Canarium album*（Lour.）Raeusch.］、云树（*Garcinia cowa* Roxb.）、黑桫椤［*Gymnosphaera podophylla*（Hooker）Copeland.］、刺栲（*Castanopsis hystrix* Miq.）、川滇木莲（*Manglietia duclouxii* Finet et Gagnep.）、网叶山胡椒［*Lindera metcalfiana* var. *dictyophylla*（Allen）H. P. Tsui］、云南拟单性木兰（*Parakmeria yunnanensis* Hu）、山乌桕［*Sapium discolor*（Champ. ex Benth.）Muell. Arg.］、青皮树（*Altingia excelsa* Noronha）、草鞋木［*Macaranga henryi*（Pax et Hoffm.）Rehd.］、大叶桂（*Cinnamomum iners* Reinw. ex Bl.）、黄心树（*Machilus bombycina* King ex Hook.f）、红木荷［*Schima wallichii*（DC.）Choisy］、倒卵叶黄肉楠［*Actinodaphne obovata*（Nees）Bl.］和鸡脖子（*Artocarpus tonkinensis* A. Chev. ex Gagnep.）等植物混生成林。

王斌（2017）较详细地调查记录了毛果木莲各调查样方点海拔、经度和纬度、坡度和人为干扰程度，实际测量和统计分析了样方中毛果木莲株数、树高（*H*）、胸径（DBH）、冠幅等生长指标。调查中，选择分布于金平县马鞍底水井的毛果木莲，统一在植株距地面 1.3m 高处测量 DBH 并沿相同高度的树干横切圆面将生长锥指向圆心钻取深度超过取样树髓心（即深度大于取样所在横切圆面的半径）的木芯样品，带回实验室统计年轮数作为植株年龄，建立了 DBH 与年龄的回归方程（王斌，2017）（图 3.3.1）。

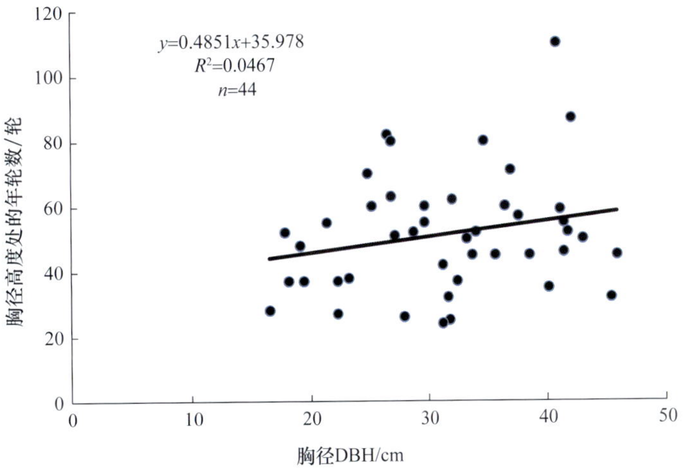

图 3.3.1　毛果木莲胸径（DBH）与相同高度处年龄的相关分析

根据调查数据，结合胸径大小与树龄相关性分析结果，将毛果木莲植株大小分为 5 个等级，每个等级及其植株比例（括号内为百分比）是：Ⅰ级（幼苗）：DBH＜2.5cm（15.71%）；Ⅱ级（小树）：DBH 2.5～7.5cm（14.20%）；Ⅲ级（中龄树）：DBH 7.5～22.5cm（34.14%）；Ⅳ级（成年树）：DBH 22.5～67.5cm（34.44%）；Ⅴ级（大树）：DBH≥67.5cm（1.51%）（王斌，2017）。进一步分析显示，毛果木莲呈现出倒梯形的种群结构（图 3.3.2），属缓慢增长型种群（有一定增长潜力），种群内幼苗和小树的个体数之和约占种群植株总数的 1/3，这种缓慢增长型的种群结构对种群的稳定更新和健康发展是不利的（Wang et al., 2016a，2017）。

对毛果木莲分布范围内的 29 个土壤样品（为去除表层枯枝落叶靠近树基部土层纵深 10cm 以内的土壤）的全 N、全 P、全 K、速效 N、速效 P、速效 K、有机质含量、pH 等理化性质测定结果显示，土壤 pH=3.15～5.66（酸性土）（水土比为 2.5∶1），有机质含量为 4.55～145.03g/kg，全氮含量为 0.08～7.15g/kg，全磷含量为 0.16～1.00g/kg，全钾含量为 1.97～33.59g/kg，速效氮含量为 30.54～801.04mg/kg，速效磷含量为 0.44～33.19mg/kg，速效钾含量为 35.31～310.11mg/kg，其不同分布点的土壤理化指标存在较大差异，说明不同分布点生境因子也存在一定差异（王斌，2017）。

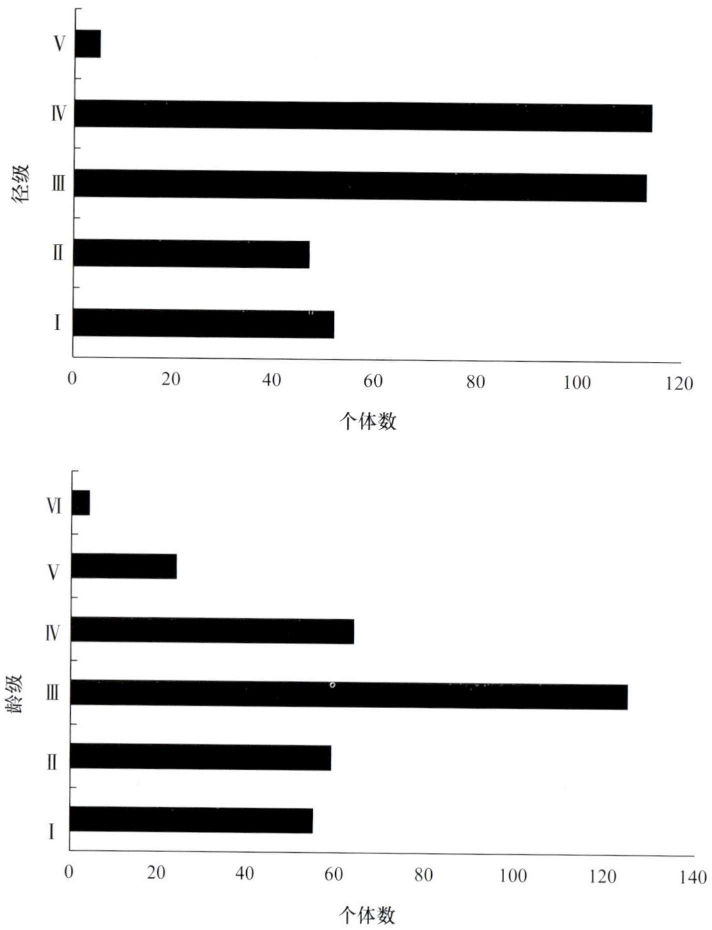

图 3.3.2　毛果木莲径级和年龄结构

2. 毛果木莲的繁殖生物学与种子萌发特性

毛果木莲在 4～5 月雨季时开花，盛开的钟形花朵朝下，这可能是为了保护花粉不被雨水冲刷而流失，并给访花昆虫提供避雨场所，有利于规避不利环境因素影响其繁殖适合度（王斌，2017）。毛果木莲的单花花期约 6 天，但其雌蕊、雄蕊功能的有效展示阶段则分别是在花朵开放的第一天和第二天，花朵呈现“打开—闭合—再打开”的开放规律，其具体分为雌蕊成熟前（pre-pistillate stage）、雌蕊成熟（pistillate stage）、雄蕊成熟前（pre-staminate stage）、雄蕊成熟（staminate stage）和雄蕊成熟后（post-staminate stage）5 个阶段（图 3.3.3）。雌蕊成熟前阶段出现在单花初开当天的中午至傍晚初开前大约 18：00，主要特征为花蕾最外轮花被片松弛、花蕾尖端略微露出第二轮的花被片，即“花蕾尖端露白”（图 3.3.3-1）；初开时，随着最外轮的一片花被展开（19：00 左右）后不久（图 3.3.3-2），其余花被片几乎在同时迅速打开（大约 19：20），此时花朵开始进入雌蕊成熟阶段（图 3.3.3-3），处于雌蕊成熟阶段的花朵，其性别表现为雌花功能，柱头表现出可授性（分泌出像蜂蜜一样的黏液）（图 3.3.3-8），雌蕊成熟阶段一直持续到 23：30 左右，这时除了最外轮三片花被外其余花被片完全闭合（图 3.3.3-9）；随后花朵进入雄蕊成熟前阶段（图 3.3.3-10），这时雄蕊尚未开裂，随着时间的不断推移，雌蕊群柱头的可授性会逐渐散失，直到第二天下午大约 16：00 单花再次打开前，即雄蕊成熟前阶段结束，此时的柱头可授性完全散失；单花再次打开时，进入雄蕊成熟阶段，这时雄蕊花粉囊开裂并散粉（图 3.3.3-11～13），持续至第二天结束；随后进入雄蕊成熟后阶段，这时单花不再闭合或者即便有闭合迹象也不紧致，此时正值当地雨季，空气湿度大，花被片脱落缓慢，花粉可以随雄蕊群在雌蕊群周围存留一段时间后才脱落（图 3.3.3-14～16）。

图 3.3.3　毛果木莲花朵开放的五个阶段

雌蕊成熟前期（1 和 2）、雌蕊成熟期（3～9）、雄蕊成熟前期（10）、雄蕊成熟期（11～13）和雄蕊期（14～16）

毛果木莲的访花昆虫包括：隐翅虫（*Aleochara* sp.）（图 3.3.4-1）、蓟马（*Thrips* sp.）（图 3.3.4-1）、象鼻虫（*Sitophilus* sp.）（图 3.3.4-3）和金龟甲（*Anomala* sp.）（图 3.3.4-2）（王斌，2017）。在花朵雌蕊成熟前阶段的末期，即“花蕾尖端露白”时就能观察到访花昆虫飞向花蕾，着落后迅速地爬向花蕾尖

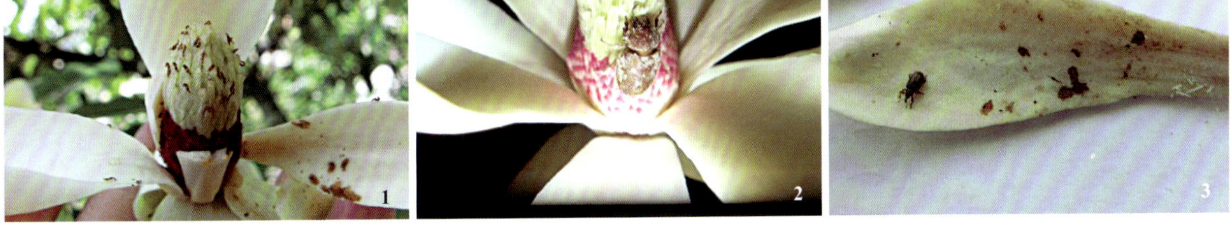

图 3.3.4　毛果木莲的主要访花昆虫

1. 隐翅虫（*Aleochara* sp.）和蓟马（*Thrips* sp.）；2. 金龟甲（*Anomala* sp.）；3. 象鼻虫（*Sitophilus* sp.）

端，若此时访花昆虫进入花朵中，便在柱头表面和柱头间不断爬行（图 3.3.4-2 显示金龟甲虫体上粘有大量花粉且正在访问处于雌蕊成熟阶段的单花），而极少飞离花朵，也极少在不同花间来回访问，直到花朵闭合后被关闭在花中长达 16h 以上（在花中过夜），到花朵再次打开时，携带花粉的昆虫才飞向另一朵花（昆虫主要取食柱头分泌的黏液、花粉和内轮花被片等）（王斌，2017）。

采用动态顶空吸附法采集花气味进行分析，共检测到 52 种有机化合物，主要有：柠檬烯（limonene）、β- 蒎烯（β-pinene）、α- 蒎烯（α-pinene）、1,8- 桉叶素（1,8-cineole）、2- 甲基丁酸甲酯（methyl-2-methylbutyrate）、对聚伞花素（p-cymene）、3- 甲基 -2- 丁烯酸甲酯（methyl-3-methyl-2-butenoate）和 2- 甲氧基 -2- 甲基 -3- 丁烯（2-methoxy-2-methyl-3-buten）等；对花气味成分 20 次重复的数据进行非线性多维度（non-metric multi-dimensional scaling，NMDS）分析，沿 *x* 轴（NMDS1）方向具有较高的线性拟合（R^2=0.713），NMDS 双标图显示不同地点采集到的气味样品，以每个分布点为单位形成了离散的群集，说明花气味成分在每个分布点间存在一定的分化（王斌，2017）。同时，对这些花气味成分进行主成分分析（principal components analysis，PCA）显示：荒田村（HT）分布点的花气味主成分为 2- 甲基丁酸甲酯（methyl-2-methylbutyrate），荒田龙树（HTL）、荒田拐角（HTG）和水井村（SJ）三个分布点的花气味主成分为柠檬烯，而 1,8- 桉叶素则是水头寨（ST）、水井村（SJ）、荒田村（HT）和荒田拐角（HTG）等分布点花气味成分中的主成分之一（图 3.3.5）（王斌，2017）。可见，毛果木莲不同分布点的花气味组成差别不大，同一分布点内不同单株间花气味成分中含量比例高的主成分趋于相同；花朵通过释放花气味吸引访花昆虫，昆虫访花的活跃程度与花气味的释放量呈正相关（王斌，2017）。

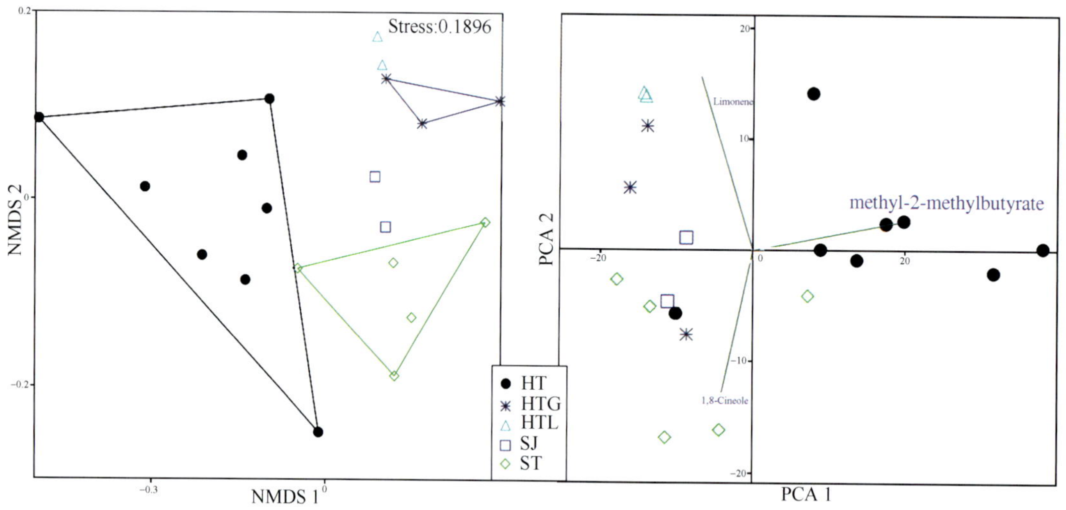

图 3.3.5　五个分布点 20 份毛果木莲花气味中 15 个主要花气味成分分析

1. 非线性多维度分析（NMDS）；2. 主成分分析（PCA）；HT. 荒田村；HTG. 荒田拐角；HTL. 荒田龙树；SJ. 水井村；ST. 水头寨

王斌（2017）研究结果表明，毛果木莲的平均坐果率为：自然对照 8.89%±5.09%、自动自交 0.00%±0.00%、孤雌生殖 0.00%±0.00%、同株异花授粉 40.00%± 28.87% 和异株异花授粉 100.00%±0.00%；人工授粉处理可以极大地提高其坐果率（$F_{4,10}$=31.6，*P*<0.000 1，ANOVA）和结实率（$F_{2,170}$=950.1，*P*<0.000 1，ANOVA）；自然对照与同株异花授粉的坐果率差异不显著（*P*=0.140，Tukey's post-hoc test），而异株异花授粉的坐果率均显著高于自然对照和同株异花授粉（*P*=0.001 and 0.012，both Tukey's post-hoc test）；坐果率大于零的处理平均结籽率分析显示：自然对照 3.08%±

1.64%、同株异花授粉 25.43%±27.13% 和异株异花授粉 99.04%±2.27%，两两之间的结籽率均具有极显著差异（P<0.000 1，Tukey's post-hoc test）。因此，毛果木莲以异交为主，需要传粉者。

毛果木莲通过人工授异株花粉时的结实率可高达 96% 以上（自然结实率不到 5%），其种子在恒温（25℃）、变温（30/20℃、25/15℃、20/10℃、15/6℃）、25℃下赤霉素不同浓度（200mg/L、100mg/L 及 50mg/L）和细胞分裂素（6-BA）三个处理（200mg/L、100mg/L 和 50mg/L）等条件（以蒸馏水处理为对照）下的萌发试验结果显示，恒温条件（25℃）的萌发率为 41±5.74（Mean±SE），而变温条件下的萌发率分别为 39.00±5.26（30/20℃）、46.00±1.15（25/15℃）、27.00±6.61（25/15℃）和 24.00±5.57（15/6℃）；其中变温条件下（25/15℃）萌发率最高，其次是恒温条件。25/15℃变温和 20/10℃变温（P=0.022）、25/15℃变温和 15/6℃变温（P=0.010）的萌发率具有显著差异（王斌，2017）。三个不同水平赤霉素（GA）处理的萌发率和对照之间都没有显著差异，但细胞分裂素抑制了毛果木莲的种子萌发（楚永兴等，2011；张略和楚永兴，2013；王斌，2017）。

3. 毛果木莲遗传多样性研究

采用 12 对多态性高的 SSR 引物，对 5 个野外分布点及 2 个迁地保护点共 444 株毛果木莲（信息见表 3.3.1）开展了遗传多样性和遗传结构检测和分析，结果表明（王斌，2017）：在物种水平上，多态位点百分数（PPB）为 100%，Nei's 基因多样性指数（H）为 0.654，Shannon's 信息指数（I）为 1.323；在种群水平上，多态位点百分数（PPB）为 100%，Nei's 基因多样性指数（H）为 0.570，Shannon's 信息指数（I）为 1.043；河口分布点（HK）拥有较高的遗传变异（PPB=100%，A_E=3.685，I=1.257，He=0.624）。毛果木莲各分布点间的遗传分化系数 Gst 为 0.128，表明其在不同分布点间没有明显的遗传分化，推断该物种片断化的"小居群"应是近期人为干扰所致；AMOVA 分析显示，遗传变异（72.35%）主要存在于各分布点内，同木兰科其他植物相比，毛果木莲维持了较高的遗传多样性水平。

表 3.3.1 毛果木莲 5 个野生及 2 个迁地居群分布信息

分布点（代码）	涵盖的小分布点	经纬度	海拔 /m	个体数 / 株
河口（HK）	水头山、白岩、牛塘、中岭岗、石板寨和凹塘	103°33′E～103°40′E，22°38′N～22°53′N	860～1 484	65
金平马鞍底（JPMAD）	高新寨、龙树林、水井小组、新纸厂、水头寨、荒田村、水井村、沙族和坡头	103°30′E～103°33′E，22°43′N～22°45′N	1 124～1 388	230
金平勐桥（JPMQ）	大寨后山	103°25′ E, 22°51′N	1 204	18
金平平寨（JPPZ）	平寨村山路边和瓦窑河	103°27′E～103°29′E，22°46′N～22°49′N	1 209～1 360	64
屏边（PB）	干田村马德云和火山	103°46′E～103°47′E，22°5′N～22°53′N	1 240～1 246	8
屏边迁地（PBEX）	屏边创新公司苗圃	103°42′ E, 22°57′ N	1 384	26
昆明植物园迁地（KBGEX）	昆明植物园苗圃	102°44′ E, 25°08′N	1 935	33

对毛果木莲 7 个群体间的遗传距离进行 UPGMA 聚类分析（图 3.3.6）、基于贝叶斯聚类分析（Structure 聚类分析）（图 3.3.7）和主坐标分析 PCoA 结果（图 3.3.8）均表明（王斌，2017）：毛果木莲的 7 个群体可分为两大支（Clade Ⅰ和 Clade Ⅱ），5 个分布点的毛果木莲与屏边迁地种群聚在一起（Clade Ⅰ），而昆明植物园的毛果木莲迁地保护种群为单独的一支（Clade Ⅱ），其种源可能来源于

毛果木莲自然分布区范围的其他分布点；金平马鞍底（JPMAD）和金平平寨（JPPZ）毛果木莲的亲缘关系最近，它们与河口（HK）毛果木莲的亲缘关系较金平勐桥（JPMQ）的近；屏边（PB）分布点的毛果木莲和屏边迁地（PBEX）种群的亲缘关系最近，可以推断屏边迁地（PBEX）种群的种源应来自屏边。此外，采用 Mantel test 统计检验比较了毛果木莲 7 个群体的遗传距离与地理距离的相关性（图 3.3.9）显示，其遗传距离与地理距离之间无相关性（$P>0.05$）。以上结果，为进一步制定毛果木莲的保护措施提供了理论指导。

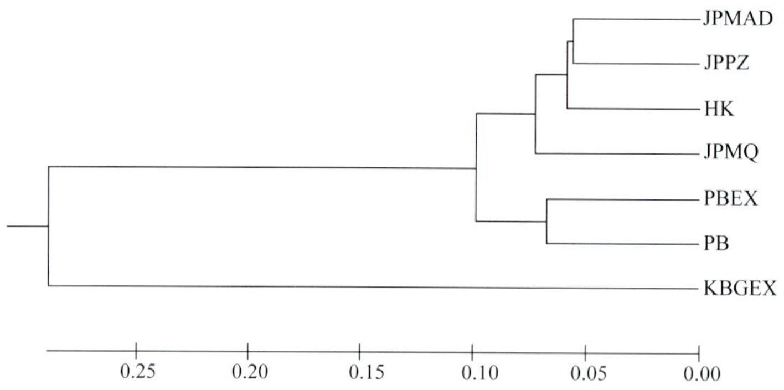

图 3.3.6　基于 Nei's 遗传距离构建的毛果木莲 UPGMA 聚类分析

HK．河口；JPMAD．金平马鞍底；JPMQ．金平勐桥；JPPZ．金平平寨；PB．屏边；PBEX．屏边迁地；KBGEX．昆明植物园迁地，下同

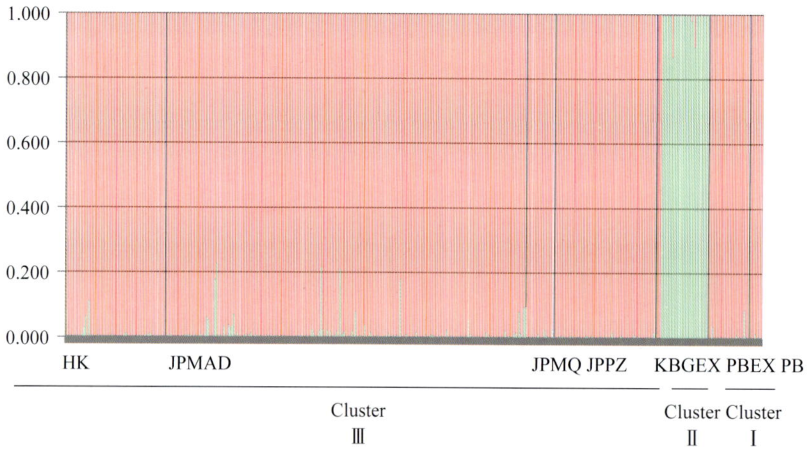

图 3.3.7　基于贝叶斯分析的毛果木莲的聚类结果（$K=2$）

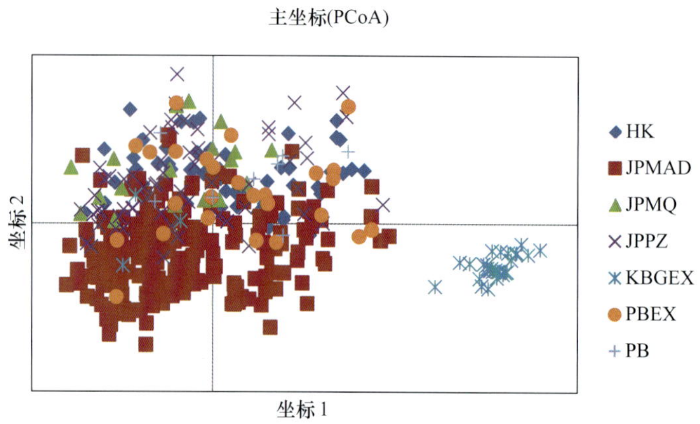

图 3.3.8　毛果木莲 7 个群体 444 个单株主坐标分析（PCoA）二维散点

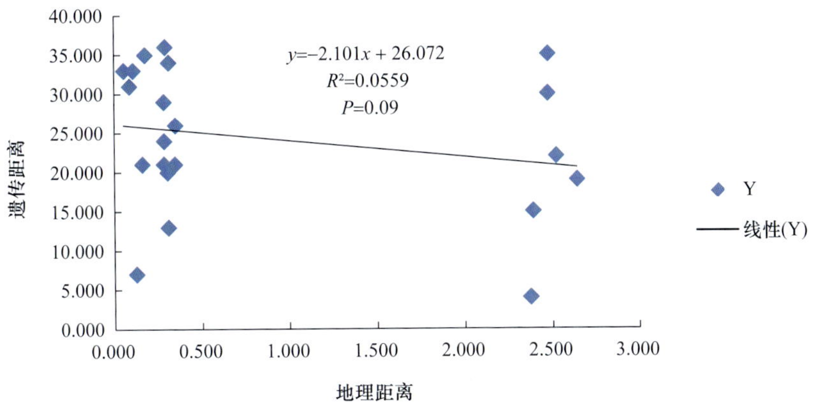

图 3.3.9　毛果木莲 7 个居群的遗传距离与地理距离相关分析

二、毛果木莲的保护现状及下一步的保护建议

毛果木莲的种群呈现缓慢增长型，自然更新较为困难，有衰退的趋势（王斌，2017）。尽管毛果木莲生境破坏严重、生境片断化而导致不同分布点间相互隔离，但是其在物种水平上保持了较高的遗传多样性水平，不同分布点间的遗存分化还不明显（王斌，2017）。目前，毛果木莲的受威胁特征主要表现在：①分布区域狭小，生境破碎化严重，居群相互隔离；②自然结实率低，野生居群内少见幼苗、幼树；③有效传粉媒介不足，且极易发生近交衰退而产生生殖障碍；④遗传多样性水平较高，不同分布点间还未发生明显的遗传分化，但迁地保护群体的遗传多样性极低（王斌，2017）。此外，毛果木莲的受威胁因素还有该物种常被偷砍盗伐（材用）、森林过度砍伐和林下种植草果等对其原生境的破坏，以及当地居民保护意识薄弱等（徐涛等，2012）。

1. 就地保护现状与建议

1）云南大围山国家级自然保护区内的毛果木莲

该保护区地处云南省东南部的红河州，地跨该州的蒙自、个旧、屏边及河口四个市县，位于东经 103°20′～104°03′、北纬 22°35′～23°07′、海拔 225～2 365m 范围内，其毗邻中南半岛，生物资源丰富。保护区内除分布有毛果木莲（集中在屏边和河口）外，还有华盖木、伯乐树（*Bretschneidera sinensis* Hemsl.）、望天树（*Parashorea chinensis* Wang Hsie）、狭叶坡垒（*Hopea chinensis* Hand.-Mazz.）、天星蕨［*Christensenia assamica*（Griff.）Ching］、亮叶木莲（*Manglietia lucida* B.L. Chen et S.C. Yang）、桫椤［*Alsophila spinulosa*（Wall. ex Hook.）R. M. Tryon］、云南红豆杉（*Taxus yunnanensis* Cheng et L. K. Fu）、苏铁属植物、兰科（Orchidaceae）植物等众多珍稀濒危植物（国家重点保护野生植物、按国际自然保护联盟体系评估的受威胁植物和极小种群野生植物），是生物多样性保护的重要区域，对生物多样性保护起着重要的作用（楚永兴等，2011）。目前，分布于该保护区（屏边及河口境内）的毛果木莲共 386 株，也就是约 15.74% 的毛果木莲已在云南大围山国家级自然保护区内得到了较好的保护。

2）毛果木莲的保护小区建设

金平分水岭国家级自然保护区管护局，根据分布在金平县境内的毛果木莲分布现状，在马鞍底乡中梁至勐桥乡瓦窑河建设了保护护小区1个。该保护小区位于东经103°26′～103°34′、北纬22°42′～22°50′、海拔1 000～1 300m的范围内，其南北长18km、东西宽1.5km，总面积2 700hm²，共埋设水泥标桩100根，竖立警示牌5块，对该区域内的毛果木莲及其生境进行保护。

鉴于以上毛果木莲的就地保护现状，下一步还应开展以下工作：①强化对大围山国家级自然保护区内和马鞍底保护小区内毛果木莲及其生境的有效管护、种群及生境动态监测、基础科学数据采集，禁止过量种子采集和木材盗伐等人为干扰；②科学规划，尽快增加保护小区的数量，保护位于河口莲花滩乡的毛果木莲（40余株）（孙卫邦和刀志灵，2011），以及金平境内现有保护小区不能涵盖的毛果木莲及其生境；③针对散生于村庄、田边地头的毛果木莲，在通过挂牌建档进行警示的同时，引导、教育当地群众，提升他们的保护意识；④采取人工辅助授粉措施，提高毛果木莲的结实量，保证有足够的种子在其自然生境中散布萌发，促进种群的自然恢复。

2. 迁地保护现状与建议

根据记载，昆明植物园于1987年从云南省西畴县采集毛果木莲的种子进行繁殖，其中2株定植在该园木兰园开展迁地保护，目前其胸径分别为17.4cm和24.8cm、树高分别为14m和18m。近几年的野外调查和研究发现，1987年引种记载的毛果木莲并非毛果木莲，实际上为鉴定、记录错误。此外，中国科学院华南植物园从昆明植物园采集引种枝条（登录号：20010046）也是采自该误定植株。

昆明植物园从2009年开始，先后从屏边大围山及金平马鞍底采集毛果木莲的种子进行育苗繁殖，并于2015年在该园极小种群野生植物专类园构建了毛果木莲迁地保护与展示种群，这批植株定植时的地径均在1.2～1.4cm，在2016年和2017年的冬季、春季受到了不同程度的冻害后，补充种植了部分苗木。目前，在昆明植物园极小种群野生植物专类园共保存毛果木莲28株，最大植株的高度已达5.5m、地径9.4cm，最小植株株高1.3m、地径2.7cm，植株平均高度3.8m、平均地径7.3cm，生长状况良好（图3.3.10）。此外，毛果木莲也在中国科学院华南植物园（为云南大围山国家级自然保护区种源，登录号：20080215）和广东省湛江神舟木兰园等地进行迁地保护，其生长状况良好。

王斌（2017）的研究显示，昆明植物园迁地保存的毛果木莲遗传多样性水平在7个研究群体中最低（PPB＝100%、A_E＝1.864、I＝0.679和He＝0.370）。华南植物园的种源也仅来源于屏边。因此，毛果木莲下一步的迁地保护工作，应根据种群分布格局，结合遗传多样性和遗传结构分析结果，制定能最大限度捕获遗传多样性的种质资源（种子、DNA材料、营养和有性繁殖器官）采集策略，系统开展种质资源的迁地保护（种质库保存和活植物栽培保护）。

3. 近地保护与回归自然的现状与建议

1）屏边大围山毛果木莲近地保护基地

该基地始建于2009年，由红河州林业科学研究所与屏边大围山国家级自然保护区管理局合作共建（得到云南省绿色环境发展基金会部分经费支持），其位于大围山国家级自然保护区试验区，地处东经103°41′、北纬22°56′、海拔1 680m的区域，面积1hm²。基地成土母岩为泥质岩，土壤以山地黄壤为主，土层厚度大于200cm，主要原生植物有旱冬瓜（*Alnus nepalensis* D. Don）、山黄麻［*Trema tomentosa*（Roxb.）Hara］、尼泊尔水东哥（*Saurauia napaulensis* DC.）、岗柃（*Eurya groffii* Merr.）、木荷（*Schima superba* Gardn. et Champ.）、香果树（*Emmenopterys henryi* Oliv.）、木姜子（*Litsea pungens* Hemsl.）、金丝桃（*Hypericum monogynum* L.）、尖子木［*Oxyspora paniculata*（D.

图 3.3.10 昆明植物园的毛果木莲迁地保护种群

1、2. 迁地保护种群外貌；3. 单株形态；4. 植株标牌特征；5. 补植植株

Don）DC.］等。屏边大围山毛果木莲近地保护基地的毛果木莲种子采自大围山，2009 年进行育苗，于 2010 年进行苗木定植，定植时的苗木（一年生实生苗）地径≥0.60cm、苗高≥50cm、Ⅰ级侧根数≥8 根，苗干粗而直、顶端优势明显、上下均匀、充分木质化、无病虫害和机械损伤，定植的株行距为 2m×3m（每亩定植 110 株），共定植 2 500 株；2011 年 11 月调查记录结果，共成活 2 413 株，保存率达 96.5%。通过该基地的建设，总结出了一套毛果木莲的科学引种、育苗及种植等近地保护的技术措施，为今后开展其他物种的近地保护提供了借鉴（注：以上资料由红河州林业科学研究所楚永兴高级工程师提供）。

2）金平马鞍底毛果木莲回归试验基地

该基地面积共 0.335hm^2，由金平分水岭国家级自然保护区管护局建设，由马鞍底中梁（0.201hm^2）和马鞍底水头寨（0.134hm^2）两个点组成。马鞍底中梁回归点位于东经 103°30′、北纬 22°40′、海拔 1 220m 的地段；马鞍底水头寨回归点（集体林）位于东经 103°31′、北纬 22°45′、海拔 1 228m 的地段。基地现有树种包括喜树（*Camptotheca acuminata* Decne）（栽培）、木荷、杉木［*Cunninghamia lanceolata*（Lamb.）Hook.］（人工）、岗柃、马蹄荷［*Exbucklandia populnea*（R. Br.）R. W. Brown］、乌桕［*Sapium sebiferum*（L.）Roxb.］、桤木（*Alnus nepalensis* D. Do）、三桠苦［*Evodia lepta*（Spreng.）Merr.］、金毛榕（*Ficus chrysocarpa* Reinw.）、野生芭蕉（*Musa basjoo* Siebold）及人工竹类等。采用混合采种的方式采集种子进行人工育苗，2015 年两个点共定植一年生植株 700 株（中梁点 500 株、水头寨点 200 株），定植苗木的平均地径为 0.5cm，平均苗高为 30cm（注：以上资料由金平分水岭国家级自然保护区管护局刘杰勇提供）。

基于以上毛果木莲的近地保护和回归自然工作，下一步应重点开展：①对已开展近地和回归的毛果木莲保护成效进行科学评估；②制定毛果木莲近地和回归自然种群的管护、动态监测、数据采集技术规范，对现有两个点的毛果木莲进行长期、系统的科学管护和监测工作；③系统采集不同分布点或种群的毛果木莲种子，在进行育苗的基础上，开展种群增强和回归工作。

第四节 滇桐的研究与保护

滇桐（*Craigia yunnanensis* W. W. Smith & W. E. Evans）是椴树科（Tiliaceae）滇桐属（*Craigia*）的模式种（Smith and Evans，1923），其模式标本（Forrest 采自中国云南）有详细的花部形态描述和插图，但缺乏果实形态的描述。根据化石记录，滇桐属在第三纪时曾经在欧洲、北美洲和东亚广泛分布，现代仅在亚洲残存两个种，是一个孑遗属。这两个种分别为：滇桐及桂滇桐（*Craigia kwangsiensis* H. H. Hsue）。桂滇桐只在中国记录有一个野外分布点，该种在 1975 年发表后再也没有发现过野外植株的记载，*Flora of China*（Vol. 12）中推测该种可能已经灭绝（Tang et al.，2007）。滇桐是落叶大乔木，高可达 30m，生长于海拔 1 000～2 000m 的石灰岩岩溶生境的季节性雨林或半常绿季雨林中，在 1999 年颁布的第一批《国家重点保护野生植物名录》中列为国家Ⅱ级重点保护，国际自然保护联盟红色名录等级为濒危（EN B1＋2c）（Oldfield et al.，1998），在近期出版的《中国高等植物受威胁物种名录》中也被列为濒危物种（覃海宁等，2017）。作为特殊的古老残遗种，也是滇桐属仅存的代表物种，滇桐被列入《全国极小种群野生植物拯救保护工程规划（2011—2015 年）》的 120 个极小种群野生植物中，也被列入了《云南省极小种群物种拯救保护规划纲要（2010—2020 年）和紧急行动计划》的 62 个亟待拯救保护的极小种群野生植物中。中国科学院昆明植物研究所从 2006 年开始，就对滇桐开展保护生物学研究，并在云南省林业厅针对极小种群野生植物的抢救性保护项目资助下，系统开展了其种质资源调查、采集和综合保护工作。

一、滇桐的保护生物学研究

1. 滇桐种群现状及生境特征

据记录，滇桐主要分布于中国云南、广西、贵州、西藏墨脱，越南北部也有分布（Tang et al.，2007），但缺乏越南的分布资料。2004～2007 年高则睿等对滇桐开展种群结构调查（Gao et al.，2010），未在广西发现有滇桐分布，并在云南省德宏傣族景颇族自治州（以下简称德宏州）的护国乡、江东乡和文山州法斗乡、莲花塘乡、下金厂乡、大栗树乡发现了 6 个残存的小种群，这些小种群内的植株均存在明显砍伐痕迹，很多残株是从伐桩上生长出来的。2005年，6个残存的小种群共有成年滇桐植株655株，但在2007年，高则睿重新回访调查后发现仅剩584株。2014～2017年，作者对云南省滇桐进行种质资源调查和采集时发现，高则睿调查过的6个种群仅残存73株成年植株（护国乡7株、江东乡6株、法斗乡16株、莲花塘乡11株、下金厂乡32株、大栗树乡1株）。根据未发表的资料，中国科学院昆明植物研究所、中国科学院成都生物研究所、西南林业大学、云南省文山州麻栗坡县林业局、云南省德宏州林业局等单位的研究者，先后在西藏自治区林芝市墨脱县（4株），文山州的蚌谷乡（1株）、董干乡（3株）、达号乡（1株）、天保镇（3株），德宏州的苏典乡（9株）、铜壁关省级自然保护区（3株）等发现有残留或零星的滇桐分布。2017年，贵州省植物园的研究人员在执行国家科技基

图3.4.1 滇桐孤立植株的适宜生境已完全丧失（1）；被人类活动严重破坏的滇桐植株（2）和生境（3）

础资源调查专项项目“中国西南地区极小种群野生植物调查与种质保存”（2017FY100100）的过程中，在贵州省黔南布依族苗族自治州（以下简称黔南州）独山县麻尾镇发现 11 株。整合这些资料，在中国分布滇桐成年植株百余株，其主要分布在东经 95°10′19″～107°34′19″、北纬 29°18′26″～22°57′49″ 的区域内。

在云南省的多个分布点中，因林下栽培草果、茶、杉木等经济作物的需要，地面草本被人为去除，裸露的地表为滇桐种子的萌发提供了很好的条件，常常可见到许多一年生的小苗，但多数都被之后人工除草的行为而削绞掉，仅极少数幸存下来的植株能形成幼树或小树。Gao 等（2010）的研究发现，滇桐不同分布点植株的径级结构出现分布频率的不连续性，多数分布点的幼树和成年植株数量大幅下降，揭示滇桐从幼苗成长为幼树或小树过程中可能受到了生境的剧烈碎片化及很强的人为干扰。总体来看，云南省虽然有多个分布点，但每个分布点的植株数量少，除了文山州下金厂分布点因处于老山省级自然保护区的缓冲区而受到的破坏较少之外，其他分布点人为干扰强度大，生境遭受人类活动与经济作物种植的严重破坏，种群的自然更新极为困难。

滇桐分布区的土壤主要以石灰土和黄棕壤为主。在滇桐的 5 个分布点（下金厂、法斗、江东、苏典、大栗树）中选择受人为干扰强度为强（2 个）和一般（6 个）的 8 个采集点，采集了 10cm、50cm 和 100cm 处的土壤开展了理化性质的测定。干扰程度一般的滇桐分布点表层土（10cm）pH 变化值较大，变化范围为 3.99～6.42，这可能与腐殖质或林下具有人为种植草果等干扰行为引起的变化有关；100cm 处的土壤 pH 变化较小，范围为 4.23～5.64；干扰程度大的滇桐分布点土壤 pH 变化范围没有超越上述区间。以 100cm 处的土壤 pH 判断，滇桐分布点的土壤为偏酸性。干扰一般的滇桐分布点，土壤富含更高的营养，有机质含量在 10cm 深度的范围为 44.69～96.43g/kg，100cm 深度的范围为 12.13～32.04g/kg。在干扰强的滇桐分布点中，有机质含量显著偏低，10cm 深处为 4.49～5.92g/kg，100cm 深处为 4.60～5.07g/kg。此外，所有滇桐分布点中，全氮含量变化范围为 1.71～3.06g/kg，全磷含量变化范围为 0.26～0.86g/kg，全钾含量变化范围为 15.41～29.02g/kg。文山州分布点土壤铁和镁元素的含量均比德宏州的高出一倍，两个分布点的滇桐在遗传上分化较大，土壤差异或可部分反映其生境差异。

2. 滇桐繁殖生物学特性

对滇桐开展传粉生物学特性和繁育系统研究（高则睿等，2012）发现：滇桐每个聚伞花序有 2～9 朵两性花，单花花期为 3～4 天，单花雌雄蕊在时空上有一定的隔离；杂交指数（OCI）>4，花粉 - 胚珠比（P/O）为 1381±53；有效传粉昆虫为大头丽蝇（*Chrysomya megacephala* Fabricius）。2017 年，对迁地保护于昆明植物园开花的滇桐进行了传粉昆虫的观察，也发现了大头丽蝇是滇桐的主要传粉昆虫（图 3.4.2）。同株异花授粉结实率低，繁育系统以异交为主，部分自交亲和，传粉过程需要传粉者。自然状态下滇桐的坐果率和结籽率均较低。异株异花授粉均可显著提高坐果率及结籽率，这与当前片断化生境中传粉昆虫少、效率低下等有关。表明生境片断化正在影响滇桐植株的早期生殖成功。对滇桐的径级结构与种子和幼苗相关性状指标的比较研究（Gao et al.，2010）发现：滇桐的种子无休眠特性，通过人工播种培育苗木容易。事实上，滇桐在自然生境中的结实量较大，若靠风力和重力传播的种子能落到适宜的生境中，其应该能够实现自然更新。

图 3.4.2　滇桐的单花形态和传粉者

3. 滇桐遗传多样性与种群遗传分化

利用 AFLP 分子标记（Yang et al.，2016a）对 6 个分布点的滇桐开展遗传多样性研究发现：滇桐在物种水平的遗传多样性（He=0.221）并不低，但从地区间和种群内部来看，遗传多样性是显著丧失的。每个分布点滇桐植株的数量多少和遗传多样性高低的联系不密切，佐证了滇桐小种群的形成应是近期人为干扰的结果。研究还显示：德宏州与文山州（地理距离约 600km）分布的滇桐在遗传上已经呈现了较大的分化（图 3.4.3）。化石证据表明，滇桐属在始新世晚期逐渐分布到中国南部，作为孑遗种残存于现在的避难所中。因此，滇桐在地理上差距较大的避难所间经历了长时间的独立进化，从而形成了区域间较大的遗传分化。可以推测，新发现的贵州种群、西藏墨脱种群和云南文山、德宏的种群间应该都有较大的遗传距离，对这些区域分布的滇桐开展保护，应注意对地理间的隔离进行区别性保护。在开展滇桐回归自然与种群恢复或重建工作中，不能将地理间隔差异较大的地区（如德宏州与文山州）或不同省间的种源进行混合育苗。因为遗传分化很大的种源杂交，可能会在后代中发生远交衰退现象。研究也发现，就算是同一地区内的不同分布点间的滇桐也存在长期隔离、缺乏基因交流的现象，其遗传距离与地理距离有显著相关性，遗传上产生了分化。因此，滇桐种质资源的综合保护，须涵盖不同区域（如德宏州与文山州或其他省分布点）的种源，并最好能涵盖所有分布点的种源才能完整保存该物种的遗传资源。

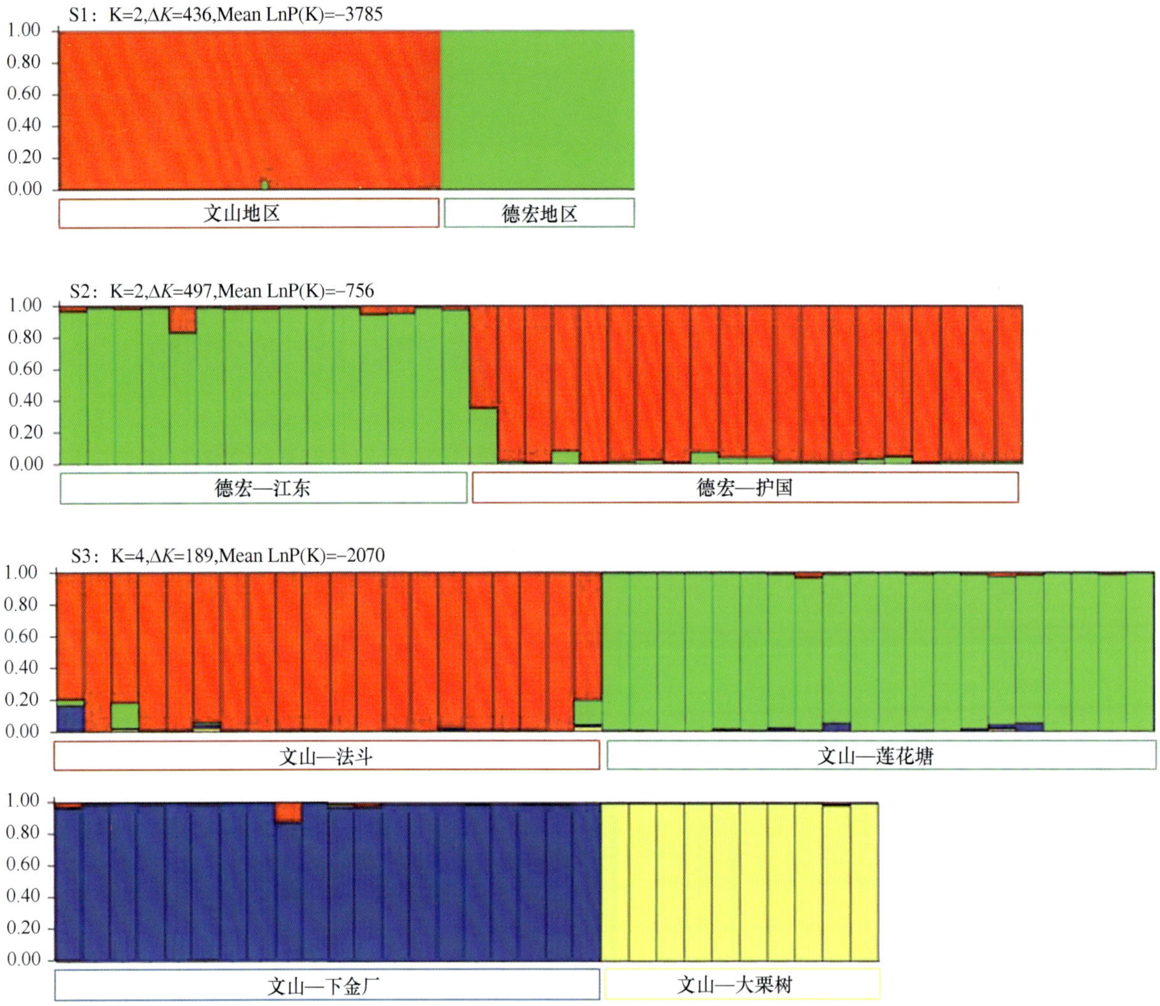

图 3.4.3 基于贝叶斯聚类分析两个区域间和区域内各种群间的遗传混杂情况

二、滇桐的综合保护现状与保护建议

1. 滇桐种群的就地保护

云南省有三个滇桐分布点位于保护区内或边缘，分别是：铜壁关省级自然保护区（3 株）、老山省级自然保护区（32 株）、文山国家级自然保护区小桥沟片区（16 株）。位于保护区内的种群，树下能够萌发幼苗，也能在种群内找到幼树，具有一定的自然更新能力，适宜采取禁止林下种植的方法逐步恢复种群。在云南省林业和草原局极小种群野生植物保护项目的支持下，盈江县林业局开展了苏典分布点（9 株）的保护小区建设，但是该分布点的成株下为道路和河流，种子落地后没有合适的生境萌发成苗，该保护小区的主要功能为保护目前的成株，但不能起到恢复种群的作用。目前，在保护区及保护小区得到保护的滇桐有 64 株，占云南省目前已知总植株数量的 63%。

2. 滇桐的人工繁殖、迁地与近地保护

2014～2017 年，为了对该物种开展迁地保护，中国科学院昆明植物研究所开展了 3 次种质采集和人工繁育，目前已在昆明植物园苗圃保存了来自文山州法斗、莲花塘、下金厂和德宏州苏典、

护国、江东共 6 个主要分布点的滇桐苗木达 2 000 余株，并在昆明植物园的极小种群野生植物专类园构建滇桐迁地保护种群，其中栽植的两株（为高则睿 2007 年采种育苗）在 2015 年开花结实，标志了该物种的迁地保护取得初步成果，同时说明滇桐从种子播种育苗至开花、结实需要 8 年左右的时间（图 3.4.4）。此外，德宏州林业局中心苗圃繁育苏典乡来源的滇桐幼苗 5 000 余株，迁地保护于苗圃中。2015 年，在文山州马关古林箐省级自然保护区管护局的合作下，在古林箐乡选定古林箐林场老场部外卡上村的一块约 11.5 亩的平整地块开展滇桐近地保护试验。该地块的海拔为 1 750m，GPS 坐标为东经 103°58′35.13″、北纬 22°50′27.69″，土壤为棕黄壤，呈中性，原始用途为田地，2016 年 1 月共定植了来自文山州的一年生滇桐幼苗 210 株。此外，中国科学院武汉植物园、中国科学院华南植物园、云南省林业科学院昆明树木园、德宏州林业局中心苗圃也开展了滇桐的迁地保护工作。

图 3.4.4 滇桐的人工育苗（1、2）、昆明植物园的迁地保护种群（3）与古林箐近地保护苗木定植（4）

3. 滇桐的回归自然工作

物种的引种回归有多种模式，在物种原有的分布范围内，为了增强原有种群的个体数量，保证该种群具有足够的单株实现自然更新、维持，而开展的保护性种苗移植为种群恢复型引种回归。一般而言，引种回归适宜在林地权属清晰、林地利用方式稳固的公益林、水源林或集体林中，选择合适种苗运输、栽培、管护的地块，集中开展种苗的引种回归。它的好处是后期便于管理和监控，保护效果可以预期。例如，2016 年，盈江县林业局选择苏典种群旁 10km 范围内的国有林开展了 155 株苏典种源幼苗的引种回归，并开展了监测。

德宏州的江东乡种群分布范围与当地多个自然村重合，成株下的土地均已成为人居区或栽培经济作物，无法自然更新，也难以建设有效的保护小区。这个种群所在的地块，林地权属均为私人所有，不适宜划出单独的地块开展引种回归。2016 年，昆明植物研究所在江东乡用本地种群的种子繁殖了约 150 株滇桐幼苗，并在 2017 年由德宏州林业局中心苗圃和江东乡林业站配合，将这批滇桐苗木由林业站分发至各自然村的护林员手中，由他们分发至有保护积极性的当地农户。农户可自由选择种植于自家屋旁或林地周围闲置地段作为风景树。这一举措开创了江东种群的特殊引种回归模式。它的缺点是无法确保种苗成活率，预期保护效果不明朗。优点是：本地采种和繁殖，没有长途运输过程，回归成本小；回归苗在整个种群上分散开，模拟自然种群的成株散生特点，扩大了种群的范围；栽培地点为当地人熟知的田间地头里不干扰其作物或苗木生长的窗口地块，由农户自主监护管理，靠其保护积极性来增加苗木成活率，增加了地方保护宣传的自主性和认知。2018 年的回访调查发现，这批回归幼苗在一年后有 80 余株成活。该地种群的分布面积从原来的 6 株 31.5hm^2 扩大到了 490hm^2（图 3.4.5）。但其后续保护效果和可行性还需连续数年跟踪调查和分析。

三、未来研究与保护工作重点

1. 种质资源的安全及有效保护

调查发现（未发表资料），不同地区间滇桐种群的花色、花期、果期的时间均已呈现较大的区别，土壤内的一些金属元素也存在含量差异。通过遗传多样性研究可知，滇桐存在地区间的巨大遗传分化。有效保护该物种，应使以下地区的滇桐种质资源都得到保存：云南省文山州、云南省德宏州、西藏自治区林芝市墨脱县、贵州省黔南州独山县麻尾镇。此外，在开展种子的种质库保存，人工育苗开展迁地保护、近地保护和回归自然的保护中，不能出现云南省的两个不同区域间的滇桐种质资源交换或混合种植的做法，同时，在我国其他地区（贵州和西藏）分布点的滇桐种质资源，也要分别在当地开展保护。对滇桐开展保护性移植时，如果要对原有分布点的滇桐开展回归引种，最好只采用当地的种源繁殖苗；如果开展种群重建，须选择离重建点最近的种源进行育苗。

2. 就地保护建议

在充分调查和了解的基础上，根据生境状况、成株数量和分布特点、林下更新情况等特点，对云南省三个滇桐分布点（文山州的下金厂乡、法斗乡和德宏州的苏典乡）的基地保护提出以下建议。

（1）下金厂乡分布点有 32 株成株，是滇桐已知的最大种群。它位于老山省级自然保护区缓冲区，附近有保护区管理站及管护人员值守，他们已经对滇桐个体的分布和该物种的重要性十分了解，种群本身已经得到了保护区的庇护，林下常见滇桐的幼苗和幼树。但还需要开展滇桐林下经济作物种植管理，特别要防止因人为活动加剧对滇桐幼苗或幼树生长发育的干扰，从而保证种群能自然更新。

（2）法斗乡分布点虽然位于文山国家级自然保护区小桥沟片区，但大部分植株分布于保护区外围交界处，人为活动相对更频繁。其中有 13 株成株集中分布在脱皮树村旁的山坳与田地交界处仅不到

图 3.4.5 江东乡成株和回归幼苗分布面积变化（1）及回归定植活动（2、3）

1. 黄圈的内圈为残留野生植株的分布区域，外圈为开展幼苗回归的区域

40 亩的范围内，树下常见萌发的幼苗和幼树，就地保护价值大、管理容易。建议在加强当地管护意识的同时，考虑规划建设保护小区，促进种群的快速恢复。

（3）德宏州林业局中心苗圃采集苏典乡分布点的种子育苗，成苗率极高。目前，该分布点已建立保护小区，完成了 9 株滇桐及其生境的保护。同时，可以采集保护小区内健康滇桐植株种子扩大育苗规模。但因周边林地权属皆为私人拥有，种植了经济林，林下有河流、电站及道路，没有发现幼苗，林下生境已破坏，种群不能自然更新，应以保护好现有 9 株滇桐及其生境为主，没有必要在林下开展种群增强回归工作。但可采用培育的苗木，在相邻的自然或半自然生境中开展回归与种群重建。该意见在 2016 年已经反映给德宏州林业局中心苗圃及盈江县林业局负责云南省极小种群野生植物保护项目的人员，并得到采纳。

第五节 漾濞槭的研究与保护

槭树科（Aceraceae）仅有槭属（*Acer* L.）和金钱槭属（*Dipteronia* Oliv.）两个属，其中金钱槭属有云南金钱槭（*D. dyerana* Henry）和金钱槭（*D. sinensis* Oliv.）两个种，均为我国特有（Sun，2018）。槭属全球共约有 129 种，广泛分布于北半球温带、部分热带地区，我国该属植物约 99 种，其中 63 种为特有种（Sun，2018）。漾濞槭（*A. yangbiense* Y. S. Chen et Q. E. Yang）特产于我国云南省漾濞彝族自治县（以下简称漾濞县），其发现比较偶然。2001 年中国科学院植物研究所的陈又生博士在四川大学标本馆查看槭树科的标本时，发现一份采自漾濞县马鹿塘的贡山槭（*A. kungshanense* Fang et Chang）标本的形态特征与贡山槭有一定区别，这份贡山槭标本的叶片 5 裂、叶片背面有显著的白色绒毛、果无毛、果实表面有显著凸起，而贡山槭的叶片通常只有 3 个裂片、叶片背面为黄棕色毛、果实有长毛、坚果卵球形，这份标本更像分布于四川的雷波槭（*A. leipoense* Fang et Soong），当时陈又生初步推断这可能是一个新种；2002 年 4 月，陈又生到漾濞县马鹿塘进行实地考察，几经周折终于在村子附近找到了这种与雷波槭更为接近的槭属植物（赵琳琳，2011）。由于这种槭树是云南漾濞特有的，后来被命名为漾濞槭，并于 2003 年正式发表（Chen and Yang，2003）。漾濞槭在形态学分类上被划分到槭属坚果槭组（sect. *Lithocarpa* Pax），有关学者使用核基因和叶绿体基因片段对槭属 90 余种植物进行系统发育研究，研究结果进一步确证了漾濞槭的新种地位（Li et al.，2008）。在国际植物园保护联盟（BGCI）出版的槭树红色名录（The Red List of Maples）中，漾濞槭被评估为极度濒危植物［CR B1ab（v）+2ab（v）］（Gibbs and Chen，2009）；在近期发表的《中国高等植物受威胁物种名录》中也被评为极危物种［CR B1ab（i，iii）；C1+2a（ii）］（覃海宁等，2017）。2009 年，云南省林业厅和云南省科学技术厅组织编制的《云省极小种群物种拯救保护规划纲要（2010—2020 年）和紧急行动计划》（2010 年 3 月得到云南省人民政府的批复）将漾濞槭列入了 20 个优先拯救保护的种类。2008 年，陈又生博士委托当地村民，将采集到的部分漾濞槭种子寄送昆明植物园开展人工育苗与迁地保护工作，昆明植物园突破了种子育苗技术（尹擎等，2009），成功培育了漾濞槭实生幼苗 1 600 余株。随后，在 NSFC- 云南联合基金项目、中国植物园联盟本土植物全覆盖保护项目、云南省林业厅物种拯救保护项目、国际植物园保护联盟中国物种保护项目等支持下，中国科学院昆明植物研究所极小种群野生植物综合保护研究团队系统开展了漾濞槭的研究与保护实践。

一、漾濞槭的保护生物学研究

1. 漾濞槭种群现状及生境特征

陈又生在发表漾濞槭时，仅在云南省大理白族自治州（以下简称大理州）漾濞县苍山西坡马鹿塘（以下简称马鹿塘）发现了 4 株（Chen and Yang，2003），随后赵琳琳在采集研究材料开展遗传多样性研究时在该分布点又发现了 1 株，共 5 株，其中只有 2 株能结实（赵琳琳，2011）。漾濞槭分布点马鹿塘的海拔约 2 400m，为山谷山坡，谷底是一条溪流，年均气温为 16.1℃，年降雨量约 1 050mm，土壤为黄红壤向黄棕壤的过渡型。该分布点 5 株漾濞槭之间的距离较远，少则几十米，多则几百米，海拔分布也有几十米到近百米的落差，较为孤立，分布在东经 100°0′15″～100°0′23″、北纬 25°44′56″～25°45′3″ 的区域内，其伴生物种比较单一，主要有核桃（*Juglans regia* L.）、紫茎泽兰［*Ageratina adenophora*（Spreng.）King & H. Rob.］、青刺尖（*Prinsepia utilis* Royle）等，生境已退化，且周围是村民住所及农田，人为活动干扰严重（赵琳琳，2011）。基于对漾濞槭遗传多样性、遗传结构和人工培育实生苗的亲本分析推断，野外可能还有漾濞槭分布（赵琳琳，2011；Yang et al.，2015）。

2016 年，中国科学院昆明植物研究所极小种群野生植物综合保护研究团队在咨询了当地林业部门和当地村民之后，踏查证实了漾濞槭具有新分布点的推断。在此基础上采用种群生态学的调查方法，系统调查研究了漾濞槭的种群数量、株高、径级结构、地理分布范围、主要伴生植物、受人为干扰程度，并采集相应的土壤样品，比较分析不同分布点的土壤理化性质。调查发现 12 个分布点（含之前发现的马鹿塘分布点）577 株漾濞槭（不含株高 20cm 以下的幼苗）（含之前发现的 5 株），其中结实株 31 株，有 4 个分布点（马鹿塘、杨梅树、牦牛厂、太平乡）漾濞槭个体数量≤5 株（表 3.5.1），灭绝风险极高；这些漾濞槭分布于东经 99°51′16.50″～100°3′8.23″、北纬 25°33′20.21″～25°46′38.64″、海拔为 1 999～2 744m 范围内的沟边及沟边阴坡上较开阔的林地中，人为干扰严重，生境退化明显（图 3.5.1）（陶丽丹，2018）。在调查发现的 12 个分布点中，马鹿塘、美翕村和大花园 3 个点位于大理苍山上，共分布有漾濞槭 62 株（占发现总株数的 10.75%），其他 9 个分布点（钓鱼岛、打鹰山、新村、罗斯白地、八达河、潘家河、杨梅树、牦牛厂、太平乡政府）均位于老和尚山上，共有漾濞槭 515 株（占发现总株数的 89.25%）；有 3 个分布点的漾濞槭分布面积仅 100m^2，罗斯白地漾濞槭的分布面积最大，约 1.47km^2（表 3.5.1）；进一步对 9 个分布点（不含仅 1～2 株的分布点）的漾濞槭径级分析显示，10～20cm 植株占比例最大，其总体径级结构呈较健康的 J 形（图 3.5.2）（陶丽丹，2018）。漾濞槭主要的伴生物种除在马鹿塘中的核桃、紫茎泽兰、青刺尖外，还有野八角（*Illicium simonsii* Maxim.）、贡山槭、青榨槭（*A. davidii* Franch）、荨麻（*Urtica fissa* E. Pritz）、旱冬瓜等。

表 3.5.1　漾濞槭现有分布点信息

分布区域	分布点	分布范围 /m^2	海拔 /m	结实株	总数
苍山	马鹿塘	25 415	2 308～2 427	4	5
	大花园	11 655	2 429～2 540	1	36
	三岔河	31 951	2 291～2 383	1	21
老和尚山	钓鱼岛	402 223	2 202～2 704	6	153
	潘家河	60 000	2 380～2 561	2	21
	杨梅树	100	2 545	—	2
	打鹰山	531 338	2 290～2 731	4	116
	牦牛厂	100	2 384	—	1
	新村	294 803	2 112～2 743	3	108
	太平乡	100	1 999	1	1
	罗斯白地	1 467 399	2 290～2 543	1	77
	八达河	20 471	2 400～2 573	8	36
总计		2 845 255（2.85km^2）		31	577

图 3.5.1 漾濞槭及其生境特征

1～4. 漾濞槭幼树及幼苗；5～7. 漾濞槭的生境

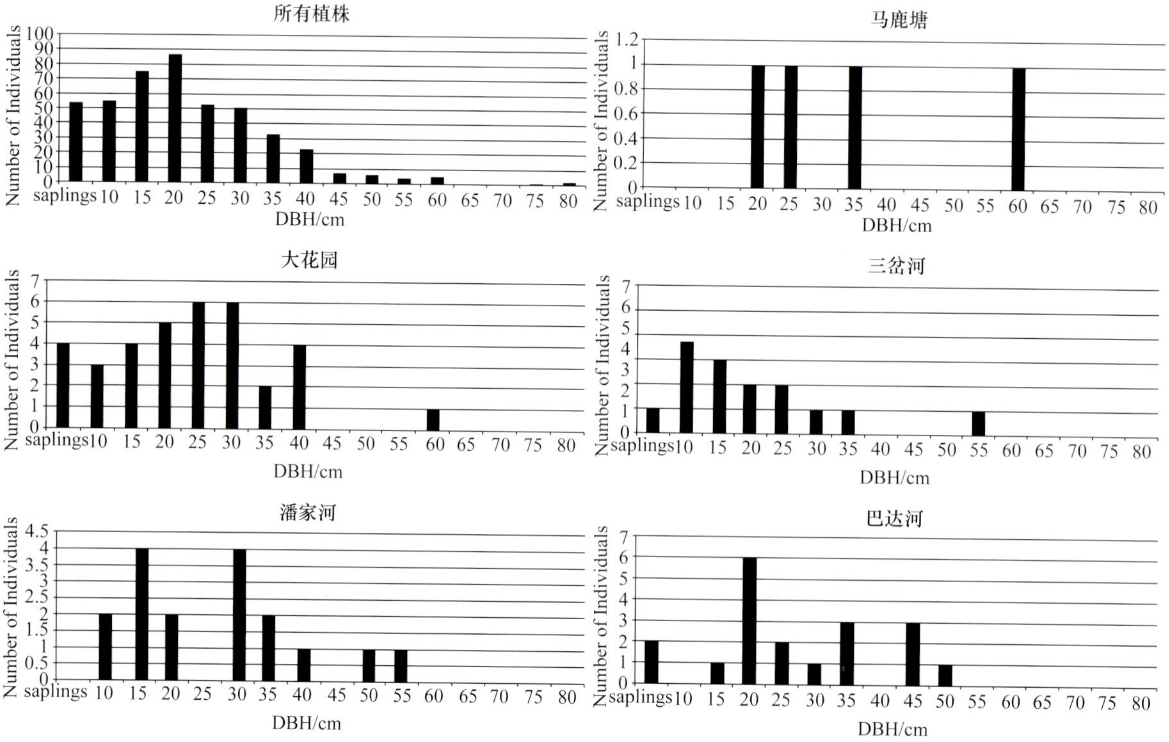

图 3.5.2 不含 1～2 植株分布点的漾濞槭径级结构图

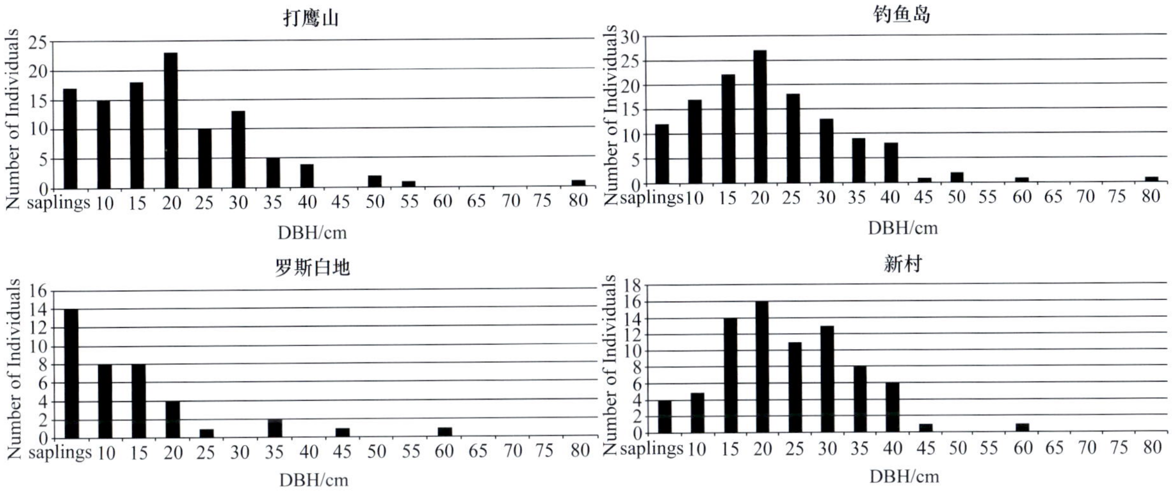

图 3.5.2 （续）

漾濞槭分布点的土壤为中壤土。对马鹿塘、潘家河和太平乡漾濞槭分布点的土壤理化性质分析结果见表 3.5.2。其 pH 为 5.36～6.51，平均土壤 pH 为 6.24（为酸性土）；按全国第二次土壤普查技术规程中的土壤肥力分级标准，漾濞槭分布点的有机质含量、全氮含量、速效氮含量均符合 1 级标准，然而土壤速效磷和速效钾含量比较低，马鹿塘分布点的土壤速效磷含量符合 4 级标准、速效钾含量符合 2 级标准；潘家河分布点的土壤速效磷和速效钾均符合 3 级标准；太平乡分布点的速效磷符合 3 级标准、速效钾符合 4 级标准。综合来看，漾濞槭各分布点的土壤肥力较高。

表 3.5.2　漾濞槭 3 个分布点土壤检测结果

地点	pH 水土比 =2.5∶1	有机质 /（g/kg）	全氮 /（g/kg）	全磷 /（g/kg）	全钾 /（g/kg）	水解性氮 /（mg/kg）	有效磷 /（mg/kg）	速效钾 /（mg/kg）	水分 /%	质地
马鹿塘	6.51	106.21	4.99	1.13	9.57	401.69	7.26	183.93	20.74	中壤
潘家河	5.45	136.37	6.57	1.28	12.81	509.75	14.60	112.60	32.98	中壤
太平乡	5.36	149.73	5.96	1.19	10.08	397.00	12.61	90.67	30.68	中壤

2. 漾濞槭繁殖生物学特性

同一植株上的漾濞槭花性别多样，有雌花、雄花、两性花（图 3.5.3）。漾濞槭在原生境和昆明植物园栽培条件下的花期差异不明显，花在 2～3 月（春节前后）开始开放，单株花期持续约 1 个月（图 3.5.4）；花总苞从顶端打开到完全开展（D1）需要 5～6 天，期间单花柄开始伸长，以总苞 100% 打开为 D1 计，则单花柄在 3～4 天后达到最长，形成垂吊的状态（D4），该状态可维持 10 天，而后开始老化和凋落的过程（图 3.5.5）。在原生境及昆明植物园栽培条件下比较观察发现，漾濞槭的主要传粉昆虫均为中华蜜蜂，偶有蝇类访花，中华蜜蜂在原生境比较常见，说明漾濞槭不缺乏传粉者，其应是异交繁育系统（陶丽丹，2018）。采用动态顶空吸附法对漾濞槭的花气味进行收集，经 GC-MS 分析未检测到吸引传粉昆虫的特殊成分；用 BS（Bellingham＋Stanley）公司的 Eclipse 糖度仪（45-81）测定漾濞槭花蜜糖分含量为 12.5%，漾濞槭通过花蜜给传粉者回报（孙卫邦团队未发表资料）。

图 3.5.3　单花形态特征（陶丽丹，2018）

观察植物为昆明植物园迁地栽培植株；1. 雄花序；2. 雌花序；3. 两性花序；4. 雄花解剖；5. 雄花单花；6. 雌花解剖；7. 雌花单花；8. 两性花雄蕊部分伸长；9. 两性花雌蕊与雌花雌蕊对比，左为雌花雌蕊，右为两性花雌蕊；10. 子房和柱头大小呈系列变化的两性花；11. 子房膨大的雌花，及雌花脱落但不散粉的花药；12. 雄蕊伸长程度呈系列变化的两性花

3. 漾濞槭种子生物学、种子在自然生境中萌发特性与实生苗培育技术

槭属植物的果实为带翅的坚果，内有种子1枚，通常把其果实称为“种子”。漾濞槭的果实为2枚相连的小坚果，侧面有长翅。坚果的翅长平均为33.45mm，翅宽平均为12.94mm；坚果平均厚度为7.76mm，平均纵径为8.01mm，平均横径为8.25mm。带翅果实千粒重平均为147.31g，不带翅果实千粒重为120.72g；种子活力约为22.5%；不同漾濞槭单株间翅果的形态指标差异不显著（图3.5.6）。

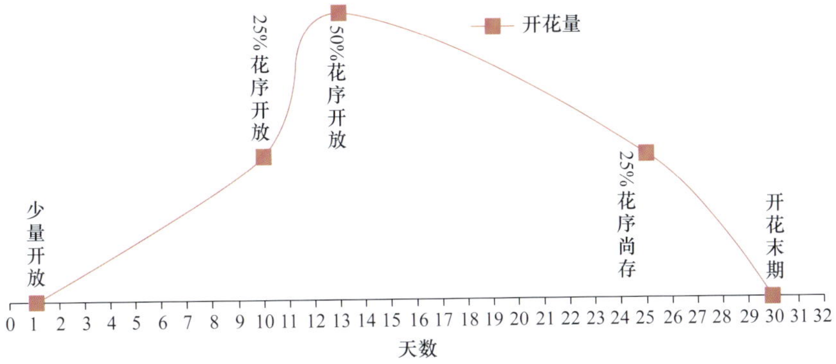

图 3.5.4　昆明植物园栽培条件下漾濞槭单株开花动态（陶丽丹，2018）

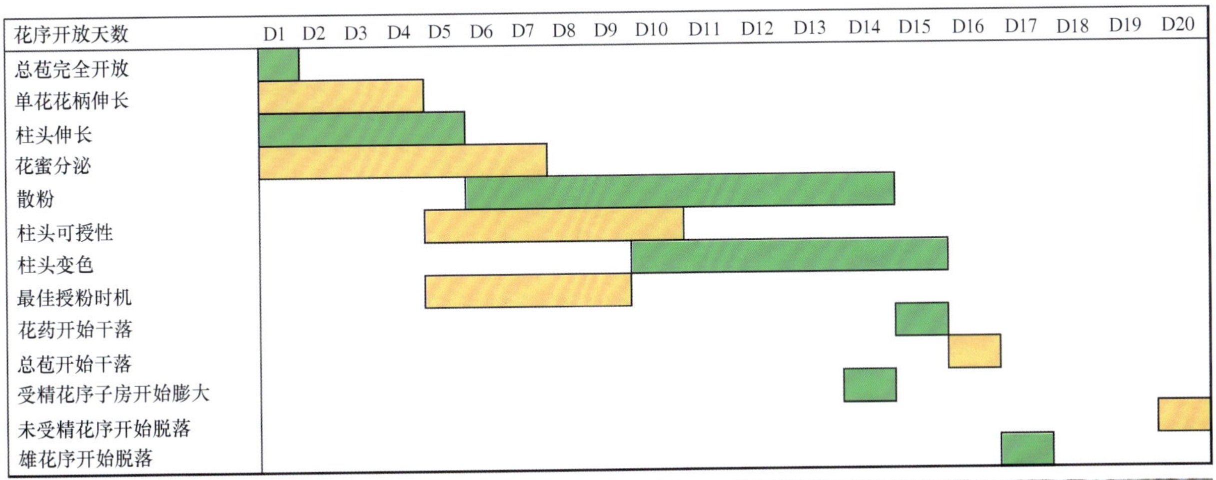

图 3.5.5　单花开花动态（陶丽丹，2018）

观察植物为昆明植物园迁地栽培植株。1～5. 总苞打开过程，此阶段雌雄花序开花动态相似；6～10. 雌花序，6. 总苞完全打开，7. 单花柄完全伸长，8. 受精的雌花子房膨大，9. 干瘪的雌花序，10. 已经脱落的雌花序的痕迹；11～15. 雄花序，11. 总苞完全打开，12. 雄蕊全部伸出，13. 雄蕊开始散粉，14. 雄蕊结束散粉，15. 雄花开始萎蔫掉落

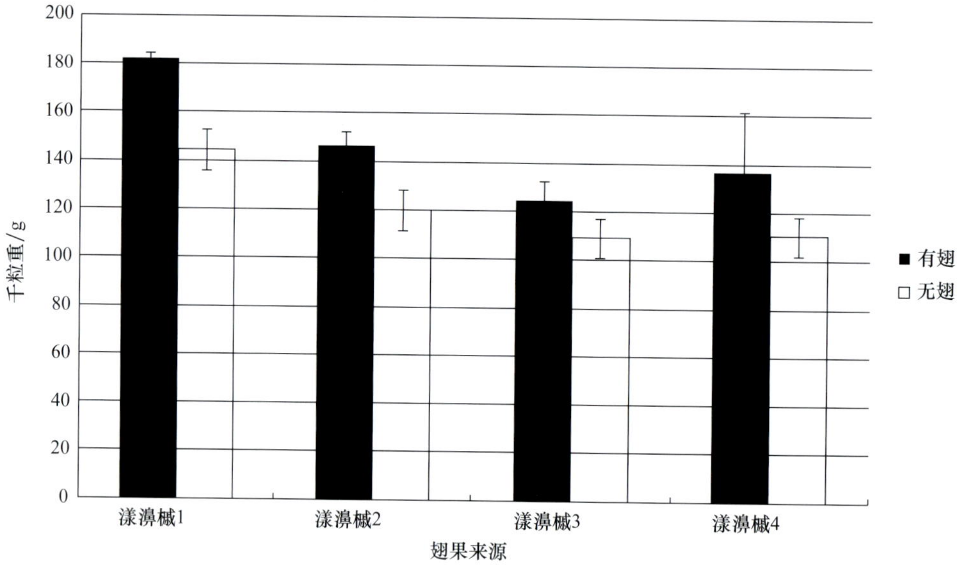

图 3.5.6　不同漾濞槭单株的果实千粒重（陶丽丹，2018）

在漾濞槭自然生境中进行种子播种试验表明，其种子萌发需要经过 4 个月的持续低温，且萌发率非常低（仅 2.1% 左右）。野外观察发现，在自然条件下结实的漾濞槭单株，其结实量很大，虽然在钓鱼岛、打鹰山、马鹿塘调查中发现了 500 余株漾濞槭幼苗，但与植株大量结实相比，其幼苗的比例也不高。这在一定程度上说明，目前漾濞槭的生境可能已经难于满足其种子萌发需要的条件。

当地林业部门曾常规播种 5 万余粒果实，最后仅获 5 株幼苗（私人通信）。昆明植物园尹擎等采用野外采集的漾濞槭种子，突破了其种子育苗技术，获得了发明专利（专利号：ZL200910094703.4）。该技术的要点是：用 0.05% 的高锰酸钾溶液消毒 10min，然后用 80% 的代锌森可湿性粉剂拌种后放在 5℃环境下，每月两次取出种子变温（15～20℃）放置 8h，进行催芽，经过 4 个月处理打破其休眠，将打破休眠的种子播种于泥炭：珍珠岩：腐叶土：红壤：有机肥=1：1：1：1：1 基质中，其成苗率可达 56%。目前，昆明植物园已采用该技术，成功培育漾濞槭苗木 5 万余株（图 3.5.7），为漾濞槭种群规模化恢复提供了支撑。

4. 漾濞槭遗传多样性与遗传结构

赵琳琳（2011）采用改良的 AFLP 法（FIASCO）共开发了 34 对具有漾濞槭特异性的微卫星引物，其中有 9 对引物具有多态性，可以用于漾濞槭遗传多样性的检测。采用 9 对多态引物对位于马鹿塘的 5 株漾濞槭和人工培育的 78 株实生苗群体共 83 个单株进行遗传多样性水平、遗传分化和亲本分析表明，漾濞槭保持了较高的遗传多样性水平，在物种水平上，漾濞槭的多态位点百分数（PPB）是 100%，Shannon 信息指数（I）为 0.588 6，Nei's 遗传多样性指数（H）为 0.386 6；在种群水平上，野生群体拥有较高的遗传多样性（PPB=88.89%，I=0.616 5），实生苗群体的遗传多样性程度较低（PPB=77.78%，I=0.529 1）（赵琳琳，2011；Yang et al.，2015）。野生群体与实生苗群体之间表现出一定的遗传分化（Gst=0.152，Fst=0.120 4）；AMOVA 结果显示，40%

图 3.5.7　昆明植物园人工培育的漾濞槭

1、2．苗床幼苗；3．移入塑料杯的小苗；4．移栽露地栽培的苗木

的变异存在于居群间；基于 Nei's 遗传距离构建的 83 个漾濞槭单株的 UPGMA 聚类树表明，野生居群有 4 个单株聚在一支，其他一个野生单株和 78 株实生苗体聚在了另一支上（赵琳琳，2011；Yang et al.，2015）。采用遗传排除法和以最大似然法为原理的 Cervus3.0 软件对漾濞槭的 78 株实生苗的亲本进行分析，结果表明，这些实生苗最可能的母本是与其聚在一起的野生植株，同时这株植物也可能是父本；用 Cervus3.0 软件分析得到了类似的结果，以 75% 的置信度确定了 31 株实生苗最可能的双亲均为该野生植株（赵琳琳，2011）。综上所述，漾濞槭保持了较高水平的遗传多样性，而实生苗群体则表现较低的遗传变异，昆明植物园于 2008 年用于培育漾濞槭实生苗的种子应全部采自马鹿塘的一个野生植株，其花粉还可能来源于该分布点以外其他漾濞槭植株或与漾濞槭亲缘关系很近的种类（赵琳琳，2011；Yang et al.，2015）。此外，陶丽丹（2018）基于赵琳琳（2011）的研究结果，开发 14 对 SSR 引物，在对这些引物的多态性进行评估的基础上，对目前确认的 12 个分布点 500 余株漾濞槭进行遗传多样性、遗传分化和遗传结构系统评估，为该物种的综合保护提供指导。

二、漾濞槭的综合保护与试验示范

1. 漾濞槭的就地保护

迄今为止发现的12个点共577株漾濞槭（不含株高20cm以下的幼苗）尚未建设有自然保护区或位于自然保护区有效保护范围内，需要尽快进行科学规划，建设保护小区或保护点对其单株和生境进行保护。中国科学院植物研究所的陈又生博士曾经在国际植物园保护联盟的支持下，针对漾濞马鹿塘分布点的漾濞槭与当地政府部门、社区群众，开展了漾濞槭保护意识提升的培训和宣传教育工作。2011年，漾濞县苍山保护管理分局对马鹿塘分布点的5株漾濞槭进行了挂牌保护，并落实了管理责任（图3.5.8）。

图3.5.8 大理苍山马鹿塘漾濞槭的挂牌保护

从2012年开始，中国科学院昆明植物研究所极小种群野生植物综合保护团队先后与漾濞县苍山保护管理分局、漾濞县林业局合作，重点对马鹿塘分布点的5株漾濞槭进行科学管护、植株生长发育状况监测与数据采集工作（图3.5.9）。目前，位于马鹿塘的5株漾濞槭得到了较好的保护，并引起了国际社会的关注。

2. 漾濞槭的迁地保护

对2008年昆明植物园成功培育的1 600余株漾濞槭实生苗的遗传多样性评估结果，需要保存这批苗木遗传多样性水平的最小取样株数约20株。基于这样的认识，昆明植物园先后在观叶观果园和极小

图 3.5.9 保护漾濞槭的宣传石碑（1）及漾濞槭植株监测与数据采集（2）

种群野生植物专类园共定植了 50 株。漾濞槭在昆明植物园生长发育良好，通过 7 年的管护，2015 年定植于观叶观果园的植株首次开花结实，标志着迁地保护取得初步成功（图 3.5.10）。2009～2014 年，

图 3.5.10 漾濞槭的迁地保护试验研究

1～3. 昆明植物园的开花结实植株；4. 漾濞县城栽培植株；5. 滇西基地 2013 年定植、2018 年拍摄的植株；6. 滇西基地 2018 年定植的 2 年生植株

同漾濞县苍山保护管理分局合作，昆明植物园先后提供 300 株漾濞槭在漾濞县县城及其有关单位庭院进行试验性栽培，生长良好（图 3.5.10）。2013 年，昆明植物园、国际植物园保护联盟、云龙县林业局漕涧林场合作建设“云南滇西极小种群野生植物近地 / 迁地保护试验示范研究基地”（以下简称滇西基地），该基地位于漕涧志本山林区（东经 99°07′35″、北纬 25°43′50″、海拔 2 400m 的地段），占地 134hm^2；2013～2014 年先后定植了昆明植物园 2008 年培育的漾濞槭苗木 200 余株（2018 年测量其平均株高 1.75m、最高株达 4.10m）（Sun，2018），2018 年又定植了漾濞县老和尚山新村种源的 2 年生漾濞槭苗木 2 000 株（图 3.5.10）。

2018 年，昆明植物园、云南省林业和草原局、红河州芷村国有林场合作建设“云南省滇南极小种群野生植物迁地 / 近地保护试验示范研究基地”。该基地位于芷村林场内（东经 103°32′22″、北纬 23°00′51″、海拔 1 400～1 550m），基地西侧为“蒙自—屏边”二级公路和正在建设的“蒙自—屏边”高速公路；2018 年 9 月已定植了漾濞县老和尚山八达河种源的 2 年生漾濞槭实生苗 4 000 株。

3. 漾濞槭的种群增强回归与种群规模化恢复

2012 年 2 月，昆明植物园与漾濞县苍山保护管理分局合作，分别在苍山西坡石钟村马鹿塘（东经 99°59′59.5″、北纬 25°44′40.9″、海拔 2 400m）和薅地么（东经 100°00′06.0″、北纬 25°45′21.6″、海拔 2 590m）开展漾濞槭种群增强回归工作，共定植 4 年生漾濞槭实生苗 200 株。这些苗木回归时的平均株高 175.04cm、平均基径 1.05cm、平均 6 个分枝。2016 年，昆明植物园在马鹿塘漾濞槭原生居群和回归点附近的紫阳河水电站安置小型气象站一座，用于采集野生漾濞槭分布点和漾濞槭回归点气候信息。目前，增强回归苗木生长发育正常。2018 年 8 月，昆明植物园与漾濞县林业局和阿拉善 SEE 基金会西南项目中心合作，分别在漾濞县太平乡漾濞槭原生境附近（东经 99°53′34.08″、北纬 25°34′55.92″、海拔约 2 460m）和丽江市鲁甸乡新主村（东经 99°26′28.05″～99°26′52.01″、北纬 27°14′16.12″～27°14′28.29″、海拔 2 737～2 849m）开展漾濞槭规模化种群恢复与重建工作，分别定植了漾濞县老和尚山新村种源的 2 年生漾濞槭实生苗 2 000 株（共 4 000 株）（图 3.5.11）。此外，由漾濞县野生茶花杜鹃花保护志愿者协会分发给志愿者在平坡镇（东经 99°59′53.49″、北纬 25°36′47.61″、海拔 2 260m）等处定植相同种源和苗龄的漾濞槭 600 株。

三、未来研究与保护工作重点

1. 漾濞槭有效保护的基础理论研究

目前，仅对分布于苍山马鹿塘的 5 株漾濞槭及其实生苗后代开展了遗传多样性水平、遗传分化及遗传结构研究。在此基础上，需要尽快开展 12 个分布点野生植株（577 株）及其实生苗群体（50 000 余株）遗传多样性与遗传结构的比较研究，在揭示物种水平的遗传变异水平的同时，指导漾濞槭种群及其生境的规模化恢复、重建。同时，还应尽快开展漾濞槭比较保护基因组学研究，从基因组水平解析漾濞槭的起源、极小种群的形成与维持、对环境变化的响应与适应机制，为进一步完善漾濞槭科学保护的策略提供理论指导。此外，还应系统开展漾濞槭种子在自然生境中传播、萌发与植株生长发育规律、土壤种子库及其生态 / 生物学功能，以及漾濞槭根际土壤生态学等研究。

图 3.5.11　漾濞槭种群增强回归与种群规模化恢复

1～3. 漾濞县苍山马鹿塘漾濞槭分布点增强回归的漾濞槭（2012 年 9 月）；4. 丽江鲁甸新主植物园半自然生境定植的漾濞槭；5. 漾濞县老和尚山新村半自然生境定植的漾濞槭；6. 定植植株本底数据采集

2. 漾濞抢救性保护工作

目前，除位于苍山马鹿塘分布点的漾濞槭进行了挂牌保护以外，其他 11 个分布点的漾濞槭面临严重的威胁。需要尽快科学制定针对性强、可操作和易管理的保护小区或保护点建设实施方案，并尽快实施、保护现存种群及其生境。此外，目前人工繁育的漾濞槭苗木 5 000 余株来自 31 株结实的漾濞槭（Sun，2018）。因此，一方面需要进一步采集其他单株的种子（如果能结实）人工育苗进行栽培保护，同时还要在研发其离体繁殖技术的基础上，对不能结实的漾濞槭植株进行组培离体保存。

3. 漾濞槭种群增强回归与种群规模化恢复的科学管护与动态监测

物种种群增强回归和种群规模化恢复重建是一项科学性强、周期长的系统工程。有必要建立一个多元化、相对稳定的工作团队，并制定高效的联合工作机制。对回归定植的漾濞槭，需要对已经制定的后续管护、动态监测、数据采集与建档等技术方案进行必要的培训，并抓好实施工作。

第六节 大树杜鹃的研究与保护

大树杜鹃的模式标本于1921年3月采集于云南省保山市腾冲县（东经98°25′、北纬25°45′），1926年将其定名为*Rhododenron giganteum* Forrest ex Tagg；同时1921年3月采自该模式标本偏北区域（东经98°25′、北纬25°50′）的另一份标本于1926年被认为是*R. giganteum*的变种，定名为*R. giganteum* Forrest ex Tagg var. *seminudum* Tagg & Forrest。1979年，Chamberlain认为*R. giganteum* var. *seminudum*与翘首杜鹃（*R. protistum* Balf. f. et Forrest）为同一物种，将*R. giganteum* var. *seminudum*作为翘首杜鹃的异名处理，并于1982年将原先发表的大树杜鹃处理为翘首杜鹃的一个变种，即目前使用的大树杜鹃［*R. protistum* Balf.f. & Forrest var. *giganteum*（Forrest ex Tagg）D. F. Chamb.］（Balfour，1920；Forrest and Tagg，1926；Cullen and Chamberlain，1979；Chamberlain，1982）。分类学上，大树杜鹃是隶属于杜鹃花科（Ericaceae）杜鹃花属常绿杜鹃亚属［Subgen. *Hymenanthes*（Blume）K. Koch］大叶杜鹃亚组（Subsect. *Grandia* Sleume）的常绿乔木，它是杜鹃花属中最大的物种，高可达30m。事实上，从1921年采集到大树杜鹃的标本后有关该物种的物种调查、标本采集及相关研究的报道极其有限。直到20世纪80年代，中国科学院昆明植物研究所的冯国楣研究员带领科技人员经过多次野外考察，在云南省保山市腾冲县界头公社（现为界头镇）重新发现了大树杜鹃的植株，当时记载仅40余株。作为一种重要的植物，大树杜鹃在《中国物种红色名录》（第一卷）（汪松和解焱，2004）和《中国高等植物受威胁物种名录》（覃海宁等，2017）中均被评估为极危，是中国亟待拯救保护的120个极小种群野生植物之一（国家林业局，2012；Ma et al.，2013；孙卫邦，2013）。关于大树杜鹃作为翘首杜鹃的一个变种是否成立，也一直备受关注。过去5年，中国科学院昆明植物研究所极小种群野生植物综合保护研究团队在对大树杜鹃和翘首杜鹃大量调查和标本采集的基础上，把大树杜鹃作为翘首杜鹃的一个“种群单元”，从种群的水平上比较研究了它们的形态学及种群生态学特征、遗传多样性水平和遗传结构，认为难于把翘首杜鹃的原变种与其变种大树杜鹃分开，也就是大树杜鹃不应作为一个独立的分类单元（Li et al.，2018a；李盛辉，2018）。实际上，在国际植物园保护联盟2011年出版的杜鹃花属红色名录（The Red List of *Rhododendrons*）中，就没有把大树杜鹃作为一个分类单元进行评估（Gibbs et al.，2011）。考虑到大树杜鹃这一中文名称作为最高大的杜鹃花属植物的知名度，建议中文名使用大树杜鹃取代翘首杜鹃，即大树杜鹃（翘首杜鹃）（*R. protistum* Balf. f. et Forrest）（Li et al.，2018a；李盛辉，2018）。因此，本节所指的大树杜鹃实际上包括了原先认为的大树杜鹃和翘首杜鹃。本节力求系统总结自2013年以来对大树杜鹃的研究和保护工作。

一、大树杜鹃的保护生物学研究

1. 大树杜鹃的种群现状及生境特征

在对中国数字植物标本馆（CVH）查询的基础上，进行了实地调查，在云南省西部共发现大河头（DHT）、茨竹河（CZH）、龙元（LY）、独龙（DL）、三对（SD）、其期（QQ）、福贡十八公里（FS）、片马东（PME）、片马西（PMW）共9个分布点，它们主要分布在高黎贡山及其以西的南北向狭长区域的高黎贡山国家级自然保护区范围内，位于东经98°18′35.8″～98°47′16.3″、北纬

25°39′43.3″～28°3′23.7″、海拔 2 151～2 672.6m 的范围内；各分布点总占地面积（area of occupation，AOD）（IUCN，2014）约 1.845km²。在发现的 9 个分布点中，茨竹河和大河头两个分布点位于保山市腾冲县境内，其他 7 个分布点均位于云南省怒江傈僳族自治州（以下简称怒江州）境内（李盛辉，2018；Li et al.，2018b）。

采用种群生态学样方法，系统调查分析了 9 个分布点大树杜鹃种群结构、地理分布范围、人为干扰程度等。具体调查和数据采集中，在每个分布点内布置 60m×60m 样方，实测样方内大树杜鹃树高和冠幅，估算种群年龄结构和种群大小。基于对茨竹河和大河头两个分布点共 1 438 株大树杜鹃的树高和冠幅的数据分析发现：在 1 158 个开花植株中，93.7% 的植株树高大于等于 4m；280 株未开花植株，92.8% 的植株树高小于 4m，同时，株高 4m 作为分界点的卡方检验值（$\chi^2=949.259$，$P<0.001$）高于其他分界假设点的卡方检测值（李盛辉，2018）。通过树高与冠幅直径是否大于 60cm 的相关性分析（Mejías et al.，2002）发现，60cm 为两倍的大树杜鹃成熟叶的叶长（Flora of China Editorial Committee，2005），在 280 株未开花植物中，81.3% 植株的冠幅直径小于 60cm 的 128 株符合树高小于 1.5m，92.1% 植株的冠幅直径大于 60cm 的 152 株符合树高大于或等于 1.5m，株高 1.5m 作为分界线的卡方检测值（$\chi^2=154.089$，$P<0.001$）高于其他分界假设高度的卡方检测值。依据以上数据分析，将大树杜鹃划分为成年树（≥4m）、幼树（1.5～4.0m）和幼苗（＜1.5m）三个等级，以此为标准对其他各分布点大树杜鹃的调查数据进行种群结构的划分，划分结果见表 3.6.1（李盛辉，2018；Li et al.，2018b）。

表 3.6.1 大树杜鹃各分布点状况

分布点代号	海拔 /m	分布点面积 /km²	估计成年植株 / 株	样地内的总植株 / 株	幼苗：幼树：成年树
LY	2 309.8	0.01	25	54	3.33：1.67：1
DL	2 520.8	0.01	6	53	24：1.5：1
SD	2 578.9	0.2	222	19	2.75：1：1
QQ	2 151	0.2	111	40	16.5：2.5：1
FS	2 370.3	0.3	1 667	41	0.75：0.3：1
PMW	2 672.6	0.01	8	3	0：0：1
PME	2 544.4	0.015	29	26	2.57：0.14：1
DHT	2 415.0	1	1 115	/	1.24：0.76：1
CZH	2 479.6	0.1	44	/	0.04：0.16：1

注：在幼苗：幼树：成年树的比值中，成年树均标准化为 1；LY. 龙元；DL. 独龙；SD. 三对；QQ. 其期；FS. 福贡十八公里；PMW. 片马西；PME. 片马东；DHT. 大河头；CZH. 茨竹河。

大树杜鹃各分布点种群结构（表 3.6.1）和植株密度（图 3.6.1）差异明显（李盛辉，2018）。植株密度最大的龙元分布点约为密度最小的片马西分布点的 18 倍；其期分布点具有最年轻的年龄结构（幼苗：幼树：成年树＝16.5：2.5：1），并且同时具有足够的成年植株（＞100 株）；其期、福贡十八公里、大河头和三对 4 个分布点同时具有良好的年龄结构和足够的成年植株；龙元、片马东和独龙 3 个分布点则具有良好的年龄结构，但是缺乏足够的成年植株（≤100 株）。茨竹河分布点具有充足的成年植株和幼苗，幼树相对较少（幼苗：幼树：成年树＝1.24：0.76：1）；片马西分布点植株年龄结构（幼苗：幼树：成年树＝0：0 ：1）极不合理。通过对比不同分布点大树杜鹃的年龄结构及植株密度，片马西及茨竹河这两个分布点相对于其他分布点的大树杜鹃年龄结构较差，值得关注。

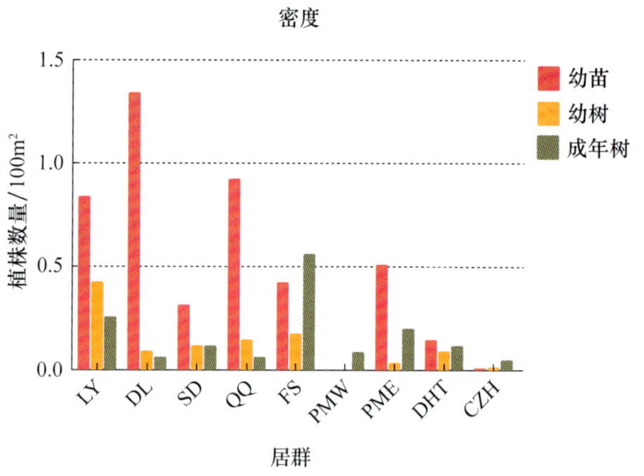

图 3.6.1　9 个分布点（居群）大树杜鹃不同龄级植株密度比较

LY. 龙元；DL. 独龙；SD. 三对；QQ. 其期；FS. 福贡十八公里；PMW. 片马西；PME. 片马东；DHT. 大河头；CZH. 茨竹河；下同

采集 9 个大树杜鹃分布点的土壤样品（每个分布点选择 3 个点，每个点分别采取 10cm、50cm、100cm 深的土样，结果取 3 个点土样分析数据的平均值），进行酸碱度（pH）、全氮（TN）、全磷（TP）、全钾（TK）、有机质（OM）、水解性氮（HyN）、速效磷（AP）、速效钾（AK）、阳离子交换量（CEC）共 9 项指标分析。全氮采用碳氮分析仪测定；全磷、全钾采用 $HClO_4$-HF 消解，ICP-AES 测定（LY/T 1254—1999）；有机质采用硫酸、重铬酸钾氧化－外加热法测定（LY/T 1237—1999）；水解性氮采用碱解扩散法测定（LY/T 1229—1999）；速效磷采用 0.03mol/L NH_4F–0.025mol/L HCl 浸提，钼锑抗比色法测定（LY/T 1233—1999）；速效钾采用 1mol/L 中性 CH_3COONH_4（pH=7.0）浸提，ICP-AES 测定（LY/T 1236—1999）；酸碱度采用电位法测定（土：水=1：2.5）（LY/T 1239—1999）；阳离子交换量采用 1mol/L 中性 CH_3COONH_4 交换，蒸馏法测定（LY/T 1243—1999）。分析结果显示，不同大树杜鹃分布点的土壤 pH、全氮、全磷、全钾、阳离子交换量差异较小；有机质含量、水解性氮、速效磷、速效钾差异较明显。并且，各地土壤的各项理化参数均无法与大树杜鹃分布点的居群状况找到明显关联。由此可见，大树杜鹃不同分布点的土壤理化性质与其生长发育状况和树龄结构的差异无关联性（李盛辉，2018）。

2. 大树杜鹃繁殖生物学特性

大树杜鹃花期为 1～3 月。单花持续时间为（14.7±2.5）天（n=30），花序持续时间为（22.6±1.5）天（n=5）。大树杜鹃每个花序包含单花（18±3）朵（n=40）。单花含雄蕊 16 枚（n=30），雌蕊一枚。大树杜鹃的花朵各形态特征见表 3.6.2：花柄长（1.69±0.27）cm（n=30），花萼长（5.63±0.52）cm（n=30），花冠高（6.38±0.62）cm（n=30），花冠直径（6.32±0.83）cm（n=30）；最短雄蕊长（3.07±0.31）cm（n=30），最长雄蕊长（5.29±0.1）cm（n=30），花朵的最短雄蕊与最长雄蕊长度间有极显著差异（t 检验，t=−23.8；P<0.001）；最短花药长（0.28±0.03）cm（n=30），最长花药（0.39±0.02）cm（n=30），花朵的最短花药长与最长花药长也具有极显著差异（t 检验，t=−22.0；P<0.001）；雌蕊长（5.17±0.46）cm（n=30），雄蕊－雌蕊最短距离长（1.14±0.17）cm（n=30）。单花花蜜含量（100±42）μL（n=30），花蜜糖浓度为 4.63%± 1.83%（n=30）。大树杜鹃的繁育系统研究结果（表 3.6.3）表明（李盛辉，2018；Li et al.，2018a）：其自花授粉不结实，与自然授粉花朵对照进行的卡方检验也显示出极显著差异（χ^2=34.757，P<0.001）；同株异花授粉的结实率为 44.4%，与异株授粉的结实率（30.7%）进行卡方检验显示出差异极不显著（χ^2=0.595，P=0.440），说明大树杜鹃为自交亲和。补充授粉的结实率为 53.3%，与自然对照的卡方检验显示差异不显著（χ^2=0.246，P=0.606），说明大树杜鹃没有受到花粉限制。对大树杜鹃果实内的种子数量统计结果显示，单果内种子数量分别为（1 572±878）粒（n=14）、（1 363±686）粒（n=8）、（1 787±415）粒（n=4）和（1 391±832）粒（n=16），对 4 个统计结果方差分析（ANOVA）

表明，它们的差异不显著（$F=0.351$，$P=0.788$）。因此，大树杜鹃的繁育系统以同株异花授粉为主，同时异株授粉也扮演了不可或缺的角色。

表 3.6.2　大树杜鹃的花朵形态特征

花朵部位	测量长度 /cm		
	范围	平均差	标准差
花柄	1.2～2.2	1.69	0.27
花萼	4.5～6.5	5.63	0.52
花冠高度	5.0～7.8	6.38	0.62
花冠直径	4.9～8.0	6.32	0.83
雄蕊最短	2.5～3.7	3.07	0.31
雄蕊最长	4.6～6.0	5.29	0.1
最短花药	0.22～0.30	0.28	0.03
最长花药	0.32～0.40	0.39	0.02
雌蕊	4.3～6.2	5.17	0.46
雄蕊 - 雌蕊最短距离	0.05～2.2	1.14	0.17

注：所有的测量数据均测量 30 次（$n=30$）。

表 3.6.3　大树杜鹃的繁育系统

授粉方式	花朵授粉数量 / 朵	结实数量 / 粒	结实率 /%	种子数量（平均值 ± 标准差）
无融合测试	12	0	0	0
自动自花测试	13	0	0	0
自花授粉	12	0	0	0
同株异花授粉	18	8	44.4	1 363±686
异株授粉	13	4	30.7	1 787±415
补充授粉	30	16	53.3	1 391±832
自然对照	30	14	46.7	1 572±878

注：结实率＝获得的果实数量 / 处理的花数量。

大树杜鹃访花者有昆虫与鸟类。昆虫主要是熊蜂（*Bombus*），鸟类发现有太阳鸟属（*Aethopyga*）和啄花鸟属（*Dicaeum*）。在总共记录的 229 次访花行为中，熊蜂属的访花次数占访花行为总数的 3/4，单次访花时间为（53.9±60.4）s（$n=172$），啄花鸟属占鸟类访花者的 91.2%，单次访花时间为（116.2±48.2）s（$n=52$），太阳鸟属占鸟类访花者的 8.8%，单次访花时间为（28±19.2）s（$n=5$）（李盛辉，2018）。大树杜鹃花气味的化学成分与叶气味的化学成分极为相似，主要为烷烃和烯烃。烷烃和烯烃是所有植物组织蜡质层的主要成分（Muller，2004），并非昆虫或其他动物访问花朵的信号。可见，熊蜂和鸟类是大树杜鹃的主要访花者和可能的传粉者，其以花色信号和花蜜回报完成传粉。此外，考虑到鸟类的飞行距离可达数千米，其在不同分布点大树杜鹃的基因交流中扮演重要角色。

大树杜鹃种子在 10～20℃变温条件下的萌发率为 91.8%±3.4%（$n=10$），相对于其他杜鹃花属（张敬丽等，2012；赵红霞等，2011；蔡静如等，2016；丁炳扬等，1997），其种子萌发率处于很高的水平。在自然生境中，大树杜鹃的种子在湿度大、郁闭度高的条件下萌发率高，但幼苗的生长发育和形态建成需要较强的光照，这种对环境条件的要求，可能是限制一些分布点自然更新的原因。

3. 大树杜鹃遗传多样性水平和遗传结构

大树杜鹃 9 个分布点的遗传多样性水平见表 3.6.4（李盛辉，2018）。从物种水平，大树杜鹃的遗传多样性低于同属其他种类（期望杂合度 He=0.494）。与同属其他种：映山红（*R. simsii* Planch.）（He=0.754）（Tan et al.，2009）、短果杜鹃（*R. brachycarpum* D. Don ex G. Don）（He=0.815）（Hirao，2010）及杜鹃（*R. ripense* Makino）（He=0.8）（Kondo et al.，2009）相比，大树杜鹃的遗传多样性处于较低水平，但高于台湾特有种阿里山杜鹃（*R. pseudochrysanthum* Hayata）（He=0.424）（Chen et al.，2014）和砖红杜鹃（*R. oldhamii* Maxim）（He=0.284）（Hsieh et al.，2013）。此外，Nybom（2004）对采用 SSR 引物分析的遗传多样性结果进行总结发现，植物的平均遗传多样性水平为 0.61，而特有种、广布种、异交种和长寿种的平均遗传多样性水平为分别为 0.42、0.62、0.65 和 0.68（使用期望杂合度 He 进行评价）。可见，大树杜鹃的遗传多样性水平不仅在同属其他种类中处于较低水平，还低于所有植物的平均遗传多样性水平，以及长寿种、广布种和异交种的平均遗传多样性水平，但略高于特有种的平均遗传多样性水平。

表 3.6.4　大树杜鹃各分布点的遗传多样性水平

分布点	PPL/%	PrA	Ao	Ae	Ho	He	*h*	*I*
龙元	100	3	4.5 （2.799）	2.737 （1.538）	0.431 （0.207）	0.544 （0.242）	0.53 （0.236）	1.034 （0.563）
独龙	100	12	4.9 （2.234）	2.88 （1.227）	0.35 （0.134）	0.61 （0.169）	0.593 （0.164）	1.165 （0.425）
三对	90	3	4.7 （0.79）	2.815 （1.63）	0.494 （0.276）	0.55 （0.255）	0.539 （0.249）	1.047 （0.589）
其期	100	7	5 （1.633）	3.092 （1.29）	0.457 （0.183）	0.628 （0.199）	0.611 （0.194）	1.19 （0.439）
福贡十八公里	100	3	4.4 （2.221）	2.518 （1.193）	0.493 （0.259）	0.523 （0.252）	0.511 （0.246）	0.953 （0.529）
片马西	90	1	3.3 （1.418）	1.802 （0.5）	0.379 （0.248）	0.408 （0.205）	0.398 （0.199）	0.701 （0.345）
片马东	90	1	3.1 （1.37）	1.868 （0.49）	0.505 （0.286）	0.429 （0.204）	0.419 （0.199）	0.717 （0.349）
大河头	100	5	3.4 （1.35）	2.091 （0.861）	0.327 （0.213）	0.463 （0.207）	0.452 （0.202）	0.819 （0.404）
茨竹河	90	5	2.1 （0.568）	1.499 （0.405）	0.247 （0.243）	0.292 （0.203）	0.285 （0.198）	0.454 （0.292）
平均值	95.6 （5.0）	4.4 （3.2）	3.933 （0.939）	2.367 （0.532）	0.409 （0.084）	0.494 （0.101）	0.482 （0.098）	0.898 （0.23）

注：括号内的数字为标准差；PPL. 多态性位点比例；PrA. 私有等位基因数；Ao. 观测等位基因数；Ae. 有效等位基因数；He. 期望杂合度；Ho. 观测杂合度；*h*. Nei's（1973）期望杂合度；*I*. 香农信息指数。

Structure 分析结果表明，当 K=2 时，ΔK 取最大值 165.02，其他的 K 值（3～9）时，ΔK 均小于 6。因此，K=2 是比较合适的分组。Structure 分析显示（图 3.6.2），可根据遗传结构将大树杜鹃分为两大支，即龙元、独龙、三对、其期及福贡十八公里分布点的大树杜鹃为一支，其他分布点大河头、茨竹河、片马东、片马西的大树杜鹃为另外一支。

二、大树杜鹃保护现状与保护建议

1. 大树杜鹃的保护现状

目前，在大树杜鹃所有分布点（云南境内）都位于高黎贡山国家级自然保护区内，都得到了不同

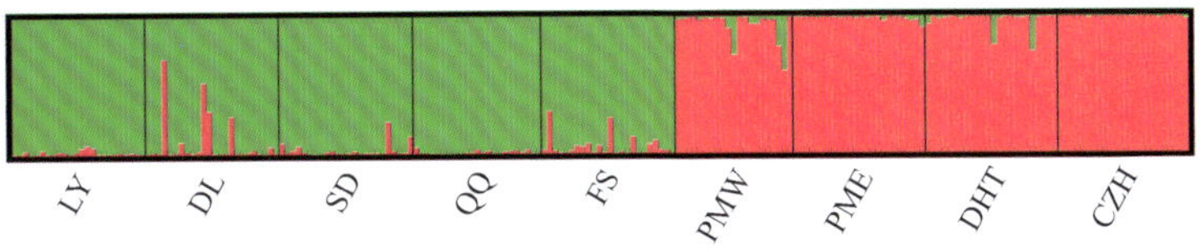

图 3.6.2　基于贝叶斯模型大树杜鹃的 Stucture 的分析（$K=2$）

每单株基因型用垂直的竖条表示，而其所含有的颜色表示不同基因分支所贡献的比例

程度的保护。其中，大河头和茨竹河两个分布点大树杜鹃（也就是被认为是“正宗大树杜鹃”）长期以来受到各级政府职能部门和保护工作者的高度关注，高黎贡山国家级自然保护区长期对这两个点的大树杜鹃进行管护、动态监测和数据采集，是杜鹃花属中受威胁物种保护就地保护的典范。在迁地保护方面，昆明植物园、云南大学、云南省林业科学院等单位对分布于大河头和茨竹河两个分布点的大树杜鹃在采种育苗的基础上进行了活植物栽培保护。大树杜鹃种子的常规播种萌发率很高，但生长极为缓慢，在昆明植物园迁地保育 12 年实生苗株高仅 97.00cm（平均每年高生长约 8.00cm）、地径 1.97cm（图 3.6.3）。同时，中国西南野生生物种质资源库也采集了相应的种质进行了大树杜鹃种子的超低温保

图 3.6.3　大树杜鹃的花及实生苗生长发育

1. 大树杜鹃的花朵；2. 播种 3 个月小苗；3. 播种 8 个月幼苗；4. 培育 3 年的苗；5. 培育 3 年 4 个月的苗；6、7. 培育 4 年的苗；8、9. 昆明植物园栽培 12 年的植株

存。目前，昆明植物园共保存了大树杜鹃 12 株，对这 12 株大树杜鹃与野外 212 个个体（共计 224 个个体）的遗传多样性（采用 SSR 分子标记）比较分析显示，10 个位点 224 个个体共检测到 83 个等位基因，其中迁地保护的 12 株共检测到 27 个等位基因，即迁地保护保存了大树杜鹃 32.5% 的遗传信息。昆明的气候条件与大树杜鹃原生生境相差较大，目前保存的 12 株大树杜鹃生长较差，且保存的株数偏少，保存的遗传信息明显不足。

2. 保护建议

遗传多样性水平决定了物种的长期保存和进化潜力，是适应环境变化的基础（Frankham，2003）。图 3.6.4 显示的是 12 个分布点（包括了中国西藏、尼泊尔及包括已经灭绝的丹珠分布点）（Li et al.，2018a）大树杜鹃的遗传结构关系。从保护遗传多样性、遗传结构的角度来看，可以把大树杜鹃分为 5 个保护单元（李盛辉，2018），即中国西藏—尼泊尔、高黎贡山北部 -I（龙元和独龙）、高黎贡山北部 -II（三对、其期、丹珠和福贡十八公里）、高黎贡山南部 -I（片马西和片马东）和高黎贡山南部 -II（茨竹河和大河头）。在未来的就地保护和迁地保护工作中，可根据这 5 个保护单元，制定相应的保护策略、措施。

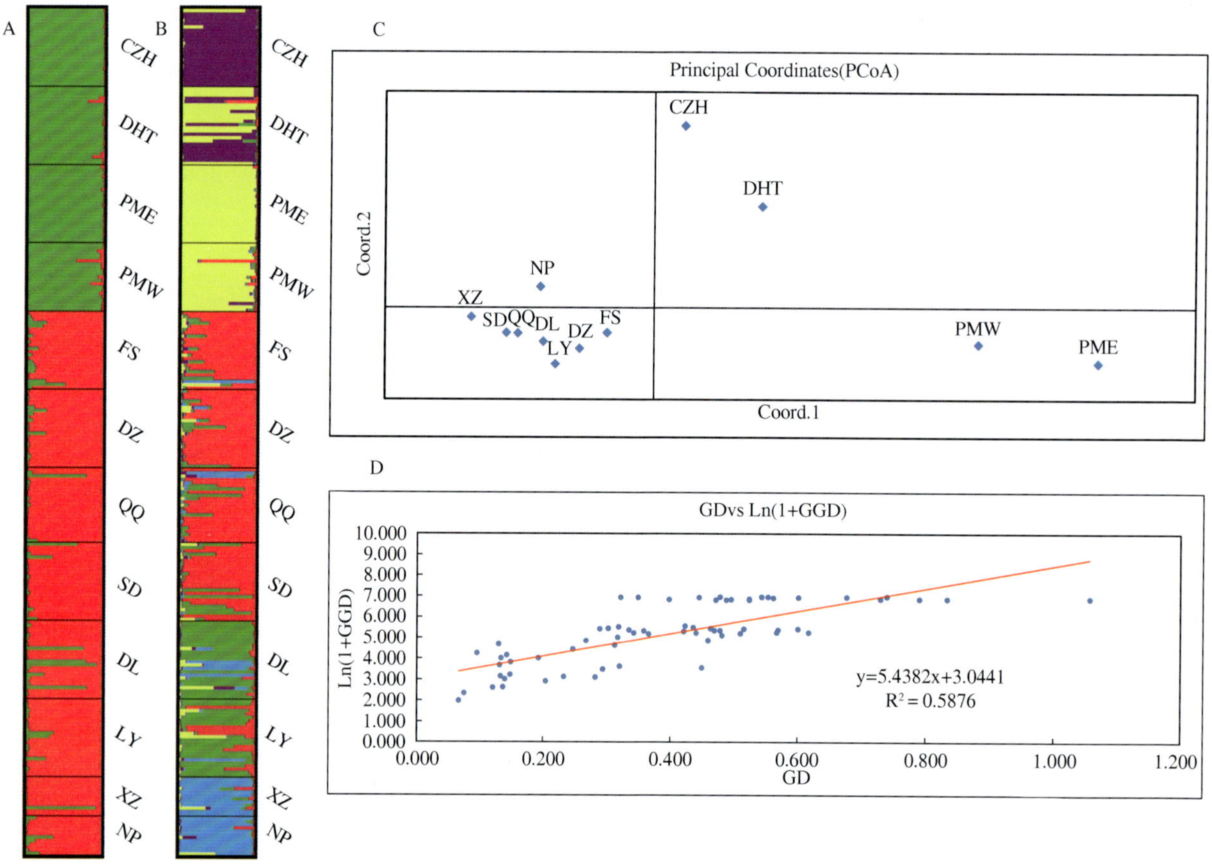

图 3.6.4　基于贝叶斯模型大树杜鹃（包括了中国西藏、尼泊尔及已经灭绝的丹珠分布点）的 Stucture 的分析结果

A-K=2；　B-K=5；　C.PCoA 主成分分析；　D. 利用 Mantel test 揭示遗传距离（GD）和地理距离（GGD）的关系；　NP. 尼泊尔；　XZ. 西藏；　DZ. 丹珠

从种群生态学的角度看，分布于云南高黎贡山的 9 个分布点，除去三对和其期两个分布点不但有较多数量的成熟植株且处于增长型的年龄结构之外，其他 7 个分布点的大树杜鹃都应该受到关注：大河头和福贡十八公里两个分布点的大树杜鹃应重点关注年龄结构的变化；龙元、独龙和片马东三个分布点的大树杜鹃要重点关注其近交衰退对其造成的影响；茨竹河及片马西两个分布点的大树杜鹃灭绝风险（种群状况及遗传多样性水平综合判断）高于其他分布点的大树杜鹃，应采取抢救性保护（覆盖其遗传多样性水平和遗传结构的近地保护和迁地保护），同时，研发其种群恢复的技术措施。

在大树杜鹃的种质保存方面，应根据划分的大树杜鹃 5 个保护单元，制定科学的种子采集策略，在现有种质库保存的基础上，补充采集能覆盖 5 个单元的种子进行保存。在活植物栽培保存方面，应重点发挥高黎贡山国家级自然保护区管理局保护设施（苗圃或种质圃）和滇西珍稀濒危植物迁地保护基地（云龙县林业局漕涧林场、昆明植物园和国际植物园保护联盟联合建设）的作用，开展大树杜鹃的迁地保护工作。

第七节 旱地木槿的研究与保护

旱地木槿（*Hibiscus aridicola* Anthony）隶属于锦葵科（Malvaceae）木槿属（*Hibiscus* L.），为金沙江干热和干暖河谷地区的标志性特有植物。根据文献及采集标本记录，该种在 20 世纪 50 年代以前曾广泛分布于金沙江沿岸。由于人类的不断干扰，其分布点不断减少，种群及其生境持续衰退，在汪松和解焱（2004）主编的《中国物种红色名录》中其受威胁等级为濒危［EN B2ab（ii）］（描述为分布点少于 5 个，种群持续衰退）；在中国高等植物受威胁物种名录（覃海宁等，2017）中的受威胁等级为易危［VU A2c；B2ab（i，ii，iii）］。从 2007 年开始，中国科学院昆明植物研究所极小种群野生植物综合保护团队持续开展了旱地木槿的研究与保护工作，新的分布点逐渐被发现。目前，该物种分布区的人类活动仍很频繁，适宜生境还在不断丧失，种群呈现严重的片断化，按极小种群野生植物概念及评估依据（Sun，2016），被列入了国家科技基础资源调查专项项目“中国西南地区极小种群野生植物调查与种质保存”的目标物种之一（孙卫邦，2017）。旱地木槿花朵硕大、花色洁白，夏秋季开花，花期长（约 6 个月），具有观赏价值；同时，因其特别耐干旱和贫瘠，也是金沙江干热、干暖河谷脆弱生态系统修复的先锋物种。我们认为，在系统研究和保护旱地木槿这一种质资源的基础上，合理开发利用这种株形优美、花色艳丽、花期持久、耐性优良的灌木，对促进金沙江干热和干暖河谷地区脆弱生态系统的维护和恢复具有重要的指导意义。此外，我们近期研究发现，旱地木槿的花色素中含有浓度较高、抗氧化活性强的萜类成分，有可能成为未来食品开发的一种新颖资源植物。本节是对 2007 年以来，我们团队在旱地木槿种群和群落现状调查、繁殖生物学和保护遗传学研究、人工繁育（种子播种与扦插繁殖）栽培与迁地保护种群构建等工作的系统总结。

一、旱地木槿的保护生物学研究

1. 旱地木槿的种群现状及生境特征

基于对旱地木槿的资料和标本整理，采用种群生态学的调查方法调查了旱地木槿野外分布点及其资源量，重点对其种群数量、分布范围、生境条件等进行了调查和记录。调查发现，旱地木槿在云南省宁蒗彝族自治县（以下简称宁蒗县）、香格里拉县和四川省金阳县（以下简称金阳县）有 4 个分布点（表 3.7.1），分布区总面积约为 1 950km^2。成熟个体（开花植株）约 1 500 株，分布在金沙江沿岸海拔 800m 左右的干热河谷及海拔 1 600～2 000m 的干暖河谷，属于喜热植物类群（张乐，2012）。其伴生植物灌木层以仙人掌［*Opuntia dilleniid*（ker Gawl.）Haw.］、余甘子（*Phyllanthus emblica* Linn.）、丽江羊蹄甲（*Bauhinia bohniana* L. Chen）、清香木（*Pistacia weinmanniifolia* J. Poisson ex Franch）、银叶铁线莲（*Clematis delavayi* Franch.）为主，草本层以卷柏［*Selaginella tamariscina*（P. Beauv.）Spring］、黄茅［*Heteropogon contortus*（Linn.）Beauv. ex Roem. et Schult］、芸香草［*Cymbopogon distans*（Nees）Wats］等禾草为主（张乐，2012）。

表 3.7.1　旱地木槿在云南和四川的分布点信息

分布点	经纬度	海拔 /m	植株数量 / 株
云南省宁蒗县拉伯乡托甸村金沙江边	27°44′20″N 100°24′01″E	1 645～1 749	120～150
云南省香格里拉县三坝乡下只恩村金沙江边	27°29′03″N 100°09′06″E	1 770～1 920	30～50
云南省香格里拉县木星土金沙江边	27°45′06″N 100°17′32″E	1 420～2 180	50～100
四川省金阳县金沙江边	27°14′45″N 102°52′59″E	710～835	1 000

野外调查发现，旱地木槿的 4 个分布点的结实量都比较大，在云南较低海拔分布的多数旱地木槿植株基部都能萌生新的枝条，尤其是 9～10 月生萌发枝较多，但实生苗稀见。在金阳县的一个海拔较高的分布点，尽管人类活动较少，但未观察到实生苗和萌生枝条；在较低海拔的金沙江边生长植株，人类活动频繁、影响较大，同样没有调查到实生苗，但植株基部有萌发枝。因此，目前旱地木槿的自然更新主要靠克隆繁殖（植株基部萌发营养枝）来实现种群维持，在目前的生境条件下，种子萌发或种子萌发后难以形成幼苗、幼树，可能是限制旱地木槿自然更新的一个主要因素。生长在金阳金沙江沿岸公路两旁的植株，有的分布在当地居民房屋前后，多数植株生长旺盛，是目前发现的分布点中成熟个体（开花植株）数量最多、长势最好、分布面积最大的一个分布点，同时在生境中发现少量实生小苗。近两年，在金阳县旱地木槿集中分布区正在修建大型水电站项目，其种群遭受到了极大的威胁，植株数量呈现逐年下降的趋势，对该分布点的植株应采取抢救性保护，需要尽快采集种子进行种质库保存，同时开展人工育苗进行迁地保护。

旱地木槿分布区的金沙江河谷，其地质构造复杂，地貌环境极其恶劣，生态环境极端脆弱，呈现出干热、干旱，支离破碎，谷坡陡峻，植被稀疏的自然景观。该区域气候类型为季风型的河谷干热气候，年平均温度 18～23℃，年降水量 500～800mm，且 90% 集中在雨季，年干燥度为 3～5。干旱特别是干热，是植物生存和生长的主要制约因素。植被以常绿或落叶、扭曲、变矮、革叶、小叶、毛叶、多刺的稀树与稀灌木为特征，多半以丛生、狭叶、硬叶、毛叶旱生禾草等草类为背景，构成稀树林、稀灌丛、稀树草丛、灌草丛、草丛等从疏林至草地的各类萨王纳景观，而且均带有次生型，也可称次生萨王纳或半自然萨王纳（金振洲，1999）。叶片较大、薄而膜质的旱地木槿能在该生境长期生存，可能与其叶片密被绒毛，防止水分蒸发、反射阳光降温等生理生态特征有关。

2. 旱地木槿的传粉生物学及繁殖策略

旱地木槿的单花自早上 6 点前后开放，到下午 4 点以后花朵开始萎蔫，单花花期约 12h。观察发现旱地木槿的花朵集中在早晨 6～10 点开放，占所有开花总数的 90% 以上，中午过后偶有花朵开放，其单花开放的过程和时间见图 3.7.1 和图 3.7.2。旱地木槿的群体花期从 6 月初可以持续到 11 月中下旬，花期长达半年。

图 3.7.1　旱地木槿单花开放动态

1～4. 花药开裂过程；5～8. 花冠完全开展过程；9～12. 单花凋谢过程

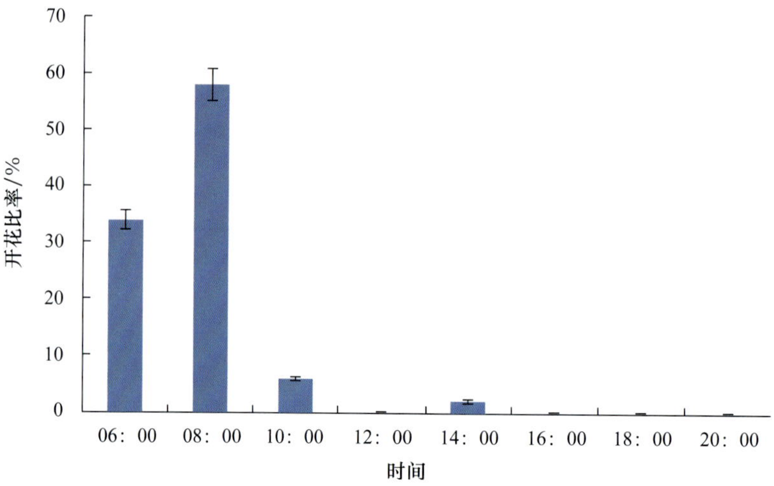

图 3.7.2　旱地木槿单花开放时间

旱地木槿开花时，其柱头角度随开花时间有弯曲变化，花柱的弯曲，缩小了雌雄蕊的空间距离，是锦葵科典型的延迟自交以增加繁殖保证的授粉策略。对不同时间花柱弯曲的角度做了观察，如图 3.7.3 所示。旱地木槿的花有白色、淡紫色、紫色三种，对盛花期单花的大小、花蜜含量和含糖量进行了测定，按花色分为白色和（淡）紫色分别做了统计，结果如表 3.7.2 和表 3.7.3 所示。

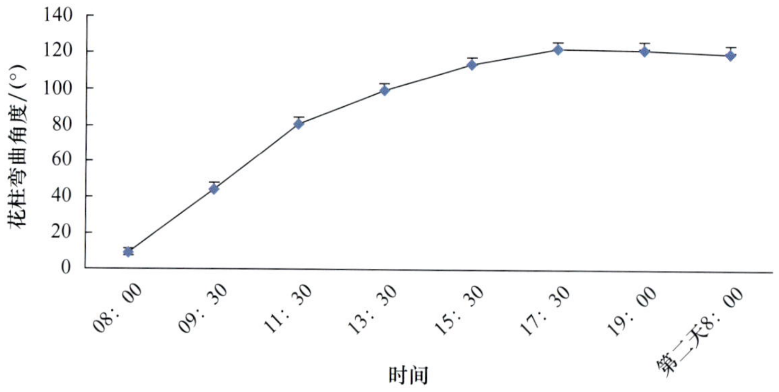

图 3.7.3　旱地木槿不同时间花柱弯曲角度

表 3.7.2　旱地木槿单花形态特征

单花	花冠			小苞片		长度	
	颜色	直径 /cm	平展直径 /cm	数目	长度 /cm	花柱 /cm	雄蕊柱 /cm
特征	白、淡紫、紫	7.57±0.14	10.34±0.08	5～7	1.50±0.04	4.00±0.08	1.66±0.04

表 3.7.3　旱地木槿单花花蜜含量和含糖量

花色	体积 /μL	含糖量 /%
白色	53.55±5.12	30.85±1.33
（淡）紫色	47.16±4.03	23.38±0.75

旱地木槿的杂交指数及花粉 - 胚珠比的结果如表 3.7.4 所示。旱地木槿的杂交指数 OCI 为 4，根据 Dafni 的标准，其为异交植物，部分自交亲和，需要传粉者帮助完成花粉的传递。P/O 比研究结果

（表 3.7.4）表明，旱地木槿的繁育系统为兼性异交。旱地木槿的主要访问及传粉昆虫为蜂类，详细种类见表 3.7.5。

表 3.7.4　旱地木槿的花粉－胚珠比

观测项目	单花花粉数量	单花胚珠数目	花粉－胚珠比	繁育系统类型
结果	43.8±0.56	17 708.0±1 799.7	400.5±40.8	兼性异交

表 3.7.5　旱地木槿的访花昆虫及传粉者

中文名	科	学名
木蜂	蜜蜂科	*Xylocopa* sp.
意大利蜜蜂	蜜蜂科	*Apis mellifera*
蚂蚁	蚁科	*Tetramorium* sp.
花椒凤蝶	凤蝶科	*Papilio xuthus*
稻棘缘蝽	缘蝽科	*Cletus punctige*

旱地木槿自然结实情况和人工控制授粉实验的结果见表 3.7.6。两次实验分别选在盛花期的 6 月和 8 月进行，区别在于有无有效传粉者木蜂的访问。一共设计 4 个处理：自然对照、直接套袋、人工异花授粉和人工自花授粉，每个处理重复 50 朵花。在 6 月无木蜂访问时，旱地木槿自然结实率为 19.6%，直接套袋的结实率为 1.9%，人工自花授粉的结实率为 34.0%，人工异花授粉的结实率为 77.2%。8 月有木蜂到访时，旱地木槿的自然结实率为 44.0%，直接套袋的结实率为 8.0%，人工自花授粉的结实率为 48.0%，人工异花授粉结实率为 78.0%。综合结果显示，旱地木槿虽然自交亲和，但异花授粉可以显著提高其结实率。木蜂是否访问对旱地木槿的自然结实率具有显著的差异，表明木蜂作为旱地木槿的传粉者具有较高的传粉效率。

表 3.7.6　不同人工控制授粉实验旱地木槿的坐果率和结籽率

处理	6 月（无木蜂）	8 月（有木蜂）
自然对照	19.6%	44.0%
直接套袋	1.9%	8.0%
人工自花授粉	34.0%	48.0%
人工异花授粉	77.2%	78.0%

旱地木槿的访花昆虫种类较少，共发现 5 种主要访问者（表 3.7.5 和图 3.7.4）。蚂蚁（*Tetramorium* sp.）访花的主要目的是采食花蜜，在观察中没有发现其接触花粉，所以未统计蚂蚁的访花频率。稻棘缘蝽（*Cletus punctiger*）在访花观察时间段内未发现访花行为，在其他实验过程中发现访花，身体和触角上沾有旱地木槿的花粉，可能是一种传粉者。花椒凤蝶（*Papilio xuthus*）主要是上午和中午访花，偶尔下午访花频率也会增加，但是访花停留时间较短，有效传粉的访花行为较少。意大利蜜蜂（*Apis mellifera*）仅在早晨观察到访花行为，但其主要访花行为是采食花蜜，为花粉的传播提供帮助有限。旱地木槿最主要的访花者是一种木蜂（*Xylocopa* sp.），体型较大，飞行速度快，携带花粉能力较强，也是旱地木槿最有效的传粉者，12：00～14：00 点，访花频率达到高峰，几种昆虫的访花频率如图 3.7.5 所示。

图 3.7.4 旱地木槿访花昆虫及传粉者

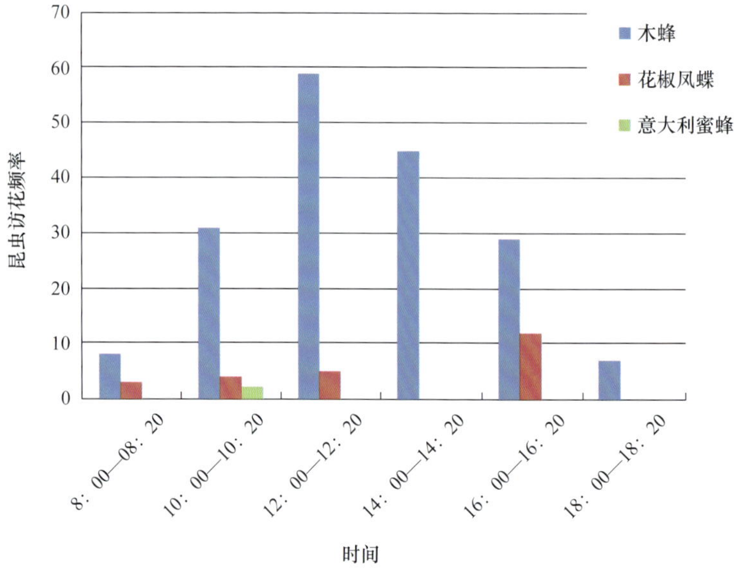

图 3.7.5 旱地木槿几种访花昆虫的访问频率

旱地木槿种子具有典型风媒传播特征，其与多数锦葵科植物的种子传播策略类似。因为种子上密被长绒毛，而金沙江干热河谷和干暖河谷因河谷属于纵深岭谷，特别容易形成河谷风，因而旱地木槿的成熟种子容易沿着河谷两岸进行传播。本节保护遗传学研究结果中，遗传多样性在不同分布点间分化弱的结论，在一定程度上说明了种子介导的基因流导致频繁的基因交流。

3. 旱地木槿的保护遗传学研究

张乐（2012）采用磁珠富集法（改良的 FIASCO 法）开发了 15 对多态性高的 SSR 引物，选用其中的 11 对引物对 4 个分布点的 71 个个体进行遗传多样性水平和遗传结构的研究。11 个微卫星位点在 4 个分布点的旱地木槿中共检测到 112 个等位基因，平均每个位点的等位基因数为 10.18 个。其中，金阳县分布点的旱地木槿无偏杂合度（He＝0.877 5）和 Shannon 信息指数（I＝0.792 9）最高。物种水平上的无偏杂合度（He）即 Nei's 遗传多样性指数为 0.792 9，高于其他受威胁植物，表现出很高的遗传多样性（Zhang et al.，2011）。可见，尽管目前旱地木槿种群不断缩小，生境退化，但其仍维持了较高的遗传多样性水平。

旱地木槿的 Fst 值为 0.056 7，遗传分化系数 Gst 值为 0.060，表明不同分布点间的遗传分化较小。物种水平上旱地木槿的遗传多样性（Nei's）值为 0.792，分布点内的遗传多样性 HS 值为 0.749，分布点间的遗传多样性 DST 值为 0.021，表明物种的遗传多样性主要存在于分布点内，分布点间的遗传多样性较低。因此，旱地木槿可能面临遗传瓶颈效应，在某个时期由于环境灾害或人为破坏等原因导致种群数量急剧下降，若该物种持续受到连续的选择压力，一些种群有可能最终灭绝（张乐，2012）。旱地木槿不同分布点间的基因流 Nm 值为 2.447 1，说明不同分布点间的基因交流频繁。对旱地木槿遗传结构的分析显示，野外分布点遗传多样性较高，且不同分布点间的遗传分化系数仅有 0.060；从遗传角度预测，旱地木槿的种群应该是一个上升的趋势，也就是说旱地木槿不应该是衰退的物种。

从遗传多样性、遗传分化和遗传结构分析结果来看，旱地木槿曾经应该是广泛连续分布，而且具有丰富的遗传基础。但随着人类活动的日益频繁，生境片断化不断加剧，形成了一些间断分布的小种群；随着人类活动加剧的生境片断化，这些小种群及其生境快速萎缩，并不断加大彼此间的隔离距离。目前的旱地木槿虽然保留了丰富的遗传多样性水平，但随着各分布点的个体数量、分布范围逐渐缩小，其不断分割的小种群将会面临灭绝的风险。保护好现有分布点的每一株旱地木槿及其生境极为紧迫。

4. 旱地木槿的人工繁殖技术

采用正交试验设计共 4 个因素分别 3 个水平包括 IBA 浓度（0mg/L、200mg/L、400mg/L）、浸泡时间（0.5h、2h、4h）、扦插前处理（国光生根粉 1min、进口生根粉 10min、CK）和基质［沙 / 珍珠岩（体积 1/1）、母土、沙］测定其对旱地木槿扦插的影响，结果如表 3.7.7 和图 3.7.6 所示（张乐，2012）。其中 IBA 浓度 0mg/L＋浸泡 4h＋进口生根粉 10min＋沙处理后生根率最高，达 46.2%±1.3%，而 IBA 0mg/L ＋浸泡 0.5h＋国光生根粉 1min＋沙 / 珍珠岩处理后生根率最低，仅为 13.8%±2.7%，愈伤组织生成率最高的处理为 IBA 0mg/L ＋浸泡 2h＋进口生根粉 10min＋母土，达 39.2%±2.1%。各因素不同水平对扦插影响的多因素方差分析结果显示，死亡率最低的组合为 IBA 400mg/L 浸泡 0.5h，直接插于沙中。愈伤生成率最高的为 IBA 0mg/L 浸泡 0.5h，扦插前进口生根粉溶液浸泡 10min 或者直接插于母土中。对提高生根率最有效的组合是 IBA 400mg/L 浸泡 4h，直接插于沙土中。对于生根率来说，IBA

0mg/L 浸泡 4h 直接插于沙中的处理结果最高，为 46.2%±1.3%。而正交试验得出的最优组合为 IBA 400mg/L 浸泡 4h 后直接插于沙中，两个组合处理的差别在于 IBA 溶液的浓度不同，理论和试验证明 400mg/L IBA 浓度有利于降低插穗死亡率，提高生根率。

表 3.7.7 扦插结果统计表

处理编号	死亡率 /%	愈伤生成率 /%	生根率 /%
1	84.1±2.3	31.2±2.7	13.8±2.7
2	77.3±2.1	39.2±2.1	17.2±2.1
3	53.8±2.4	30.3±1.7	46.2±1.3
4	66.3±1.6	12.2±1.6	23.3±2.2
5	78.2±1.7	5.2±1.7	18.9±2.2
6	84.1±2.4	1.9±1.8	19.0±1.8
7	66.3±1.6	35.2±2.3	23.7±1.7
8	56.8±1.7	22.7±2.3	21.3±1.7
9	59.6±1.1	19.5±1.7	31.5±1.1

图 3.7.6 旱地木槿 120 天插穗的生长情况

扦插生根的插穗，移栽到花盆中，有的插穗当年就可以开花，通过人工授粉，可以结实。栽培第二年，插穗都可以正常花芽分化并开花，但是由于在昆明的旱地木槿自然传粉者不足，结实一般要依赖人工辅助授粉。2011 年，扦插的移栽苗在昆明植物园露地栽培，到目前已经在昆明植物园成功存活了 7 年，并且每年都能正常开花结实。这也标志着旱地木槿在昆明迁地保护取得成功，为该种的种质资源保存、研究与利用奠定了基础。

采用氯化三苯四氮唑（TTC）法测定采自拉伯村和下只恩两个分布点的种子，结果表明，其种子活力均高于 70%，无显著性差异。种子萌发的试验结果表明未经处理的种子发芽率都特别低，新种和陈种自然发芽率都为 4%，未见差异。处理后的当年新种子萌发率总体上高于两年的陈种子，最高萌发率为沙磨 5min 的处理，为 45.3%。浓硫酸脱绒处理新种子的萌发率显著高于陈种，如图 3.7.7 所示。低温层积 4 周的种子发芽率高于层积 2 周的种子，但层积处理 6 周和 8 周的种子，可能由于沙子中水分过多导致部分种子发霉。对新种子沙磨 5min 然后丙酮浸种不同时间的处理发芽率如图 3.7.8 所示，该处理相对于种子的自然萌发率显著提高，但是和单纯的沙磨 5min 处理（丙酮浸种 0h）相比，种子的萌发率下降。

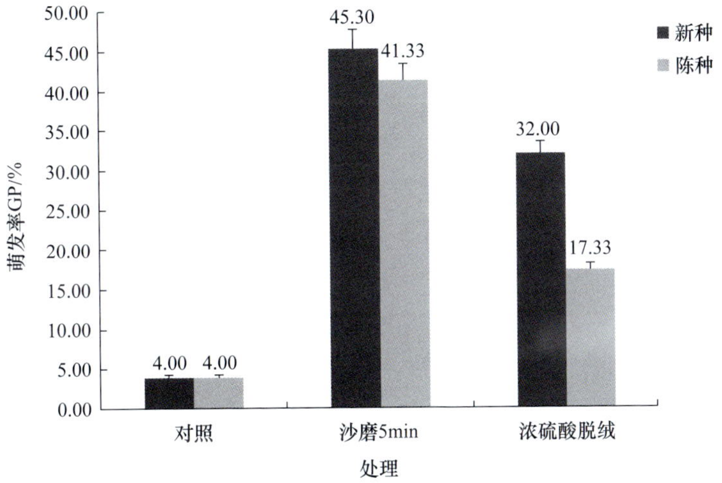

图 3.7.7　旱地木槿新种子及陈种子萌发率对比情况

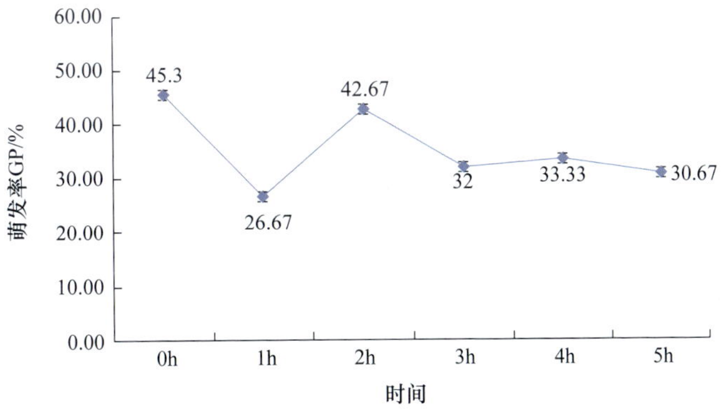

图 3.7.8　不同丙酮浸泡种子处理时间与萌发率的关系

对旱地木槿种子的无菌萌发试验结果表明培养基对种子萌发的影响无显著差异，消毒方法对种子萌发率的影响在 0.05 显著水平上，差异极显著。消毒方法中，0.1% 升汞消毒 5min，结合 1% 的次氯酸钠消毒 5min，种子在 1/2MS 培养基上的萌发率比较高，为 41.3%±2.3%，可能由于升汞的毒性影响降低了种子活力。1% 的次氯酸钠消毒 10min，种子发芽率较高，最接近于实验室测得的种子活力（75.33%）。1% 的次氯酸钠消毒 10min 和 0.1% 升汞消毒 5min，结合 1% 的次氯酸钠消毒 5min，两种消毒方法的污染率均为 8%～12%。所以，本试验中 1% 的次氯酸钠消毒 10min 是较为理想的消毒方法。

二、旱地木槿的保护现状及保护建议

目前，旱地木槿的遗传多样性水平较高。但是种群调查的结果显示，旱地木槿的野外生存环境遭到极大的破坏，种群数量持续性降低，且幼苗更新困难。如果不采取保护措施，该种将面临灭绝风险。

1. 迁地保护

旱地木槿已在三个不同地方进行迁地保护。昆明植物园迁地保护了 30 余株开花结实的旱地木槿。迁地保护于昆明植物园的旱地木槿虽然每年均能开花结实，但从未见实生苗，可能与昆明冬天的环境较冷，露地栽培不利于旱地木槿的种子萌发及幼苗形态建成有关。对昆明市白邑村迁地保护的旱地木槿观察发现，实生苗栽培两年后可以开花结实，但是否能完成种子到种子的过程还需要进一步观察。此外，在四川省彭州市军乐镇还迁地保护了旱地木槿 350 株，目前这些植株已经持续开花结实。由于旱地木槿的观赏价值高，还可以进行规模化繁殖栽培，在城市园林建设中运用，在利用中实现保护。

2. 就地保护

就地保护严格意义上来看，并没有开展实质性工作。下一步要结合保护遗传学的研究结果，应重点考虑在旱地木槿现存分布点建设保护小区。由于旱地木槿的人工繁育和幼苗形态建成关键技术已经突破，可对现有分布点进行人工干预，促进现有种群的快速恢复。此外，由于当地的生境破坏比较明显，在未来的基础规划设施建设中，尽可能降低对旱地木槿生境的破坏。

3. 近地保护

目前，攀枝花苏铁国家级自然保护区初步开展了近地保育工作，共定植了 50 余株植物。未来，还可以在云南元谋干热河谷沟蚀崩塌观测研究站和国家林业和草原局元谋荒漠生态系统定位研究站开展旱地木槿的近地保护工作。这两个地点除了气候环境的相似性之外，还可利用现有设施开展必要研究工作。

4. 种群增强与规模化种群恢复

目前，尚未开展旱地木槿种群增强与规模化种群恢复工作。作为一种金沙江流域生态修复的本土植物，应尽快根据遗传多样性与遗传结构的研究结果，结合其繁殖生物学特性和不同分布点的植株开花结实情况，制定种子采集策略，采集种子进行规模化人工繁育，开展种群的种群增强与回归。在此基础上，在金沙江流域适宜区域，开展规模化生态修复工作，示范、推动典型脆弱生态系统修复工作。

三、旱地木槿的综合保护面临的主要问题

尽管旱地木槿的近地及迁地保护在昆明植物园、攀枝花苏铁国家级自然保护区、四川省彭州市军

乐镇、昆明白邑村等地进行了迁地保育，但这些人工繁殖的幼苗在野外的生长过程需要长期监测。在彭州的试验点发现旱地木槿幼苗容易被一种毒蛾的幼虫取食，而在昆明植物园栽培的植株中，其蒴果中有 50%～80% 的钝蝽在果实里面频繁活动。因其自动自交导致的繁殖保证是否会严重导致自交衰退也需要开展幼苗形态建成在生理生态及适应性方面的研究工作。最近对旱地木槿组培方法的快速繁殖技术虽然取得成功，但繁殖保育的幼苗是否能代表旱地木槿野外居群的遗传完整性还需要进一步的分子证据。我们对旱地木槿花色素的分析发现其具有含量颇高的萜类成分，随着放置时间的推移，这类色素非常容易氧化变性，其抗氧化活性方面的工作正在进行之中。不同色素在不同居群中的特异性、稳定性、一致性和遗传及环境的关联关系也需要探索。随着金沙江河谷水电站的修建和水电站水面的上升，如何选择能代表旱地木槿遗传完整性群体开展综合保护面临挑战；在不同分布点间开展旱地木槿种群的增强与回归也需要进行更深入的科学评估。此外，不同分布点间的远交是否可能促进异交导致的远交衰退等问题也值得探索。

第八节　贯叶马兜铃的研究与保护

贯叶马兜铃（*Aristolochia delavayi* Franch.），因其全株具有酷似姜科植物草果的浓郁辛香味，也称山草果。该植物主要产于滇西北及川西金沙江干热和干暖河谷 1 580～2 500m（Yang et al.，2014；图 3.8.1）。该物种是中国马兜铃科马兜铃属的特有植物（孙汉董等，1987；Chen et al.，2015）。该特有种也是一种传统的药用植物。当地居民使用贯叶马兜铃的干燥叶当作烹饪的香料，被广泛加在食物里

图 3.8.1　贯叶马兜铃生境及其特异寄主达摩麝凤蝶

1. 贯叶马兜铃植株；2. 达摩麝凤蝶的卵；3. 达摩麝凤蝶幼虫；4. 达摩麝凤蝶蛹和预蛹；5. 达摩麝凤蝶成虫

以增加风味，且能够有效去除牛、羊、鱼的膻味和腥味，在民间已有很长的食用历史（周铁生和杨庆宽，1995；Yang et al.，2014）。有大量的研究表明，对人体有肾毒性和致癌作用的马兜铃酸通常存在于马兜铃属植物中（Debelle et al.，2008），然而，当地居民并没有意识到这种潜在的健康风险。由于当地居民的消费食用以及用于市场买卖导致过度的采挖，这是对野生贯叶马兜铃植物资源的主要威胁（Yang et al.，2014）。目前，该物种被国际自然保护联盟列为濒危物种（IUCN，2014）。最近研究发现，贯叶马兜铃是一种易危麝凤蝶属昆虫幼虫的特异寄主，其取食叶片以获得防御天敌的化学物质马兜铃酸（Chen et al.，2015；图 3.8.1）。从 2008 年开始，中国科学院昆明植物研究所极小种群野生植物综合保护团队和香港社区合作伙伴（PCD）、非政府组织“绿色昆明”以及当地社区居民组成的保护联盟，在基于国内外对贯叶马兜铃工作的基础上，系统开展了对贯叶马兜铃的种群和群落调查、开花结实习性和传粉生物学研究，同时还比较系统地研究了其种子萌发和传播、幼苗形态建成、香料成分 *E*-2- 葵烯醛及有毒成分马兜铃酸等。结合杨志云等（2014）对贯叶马兜铃的遗传学分析和研究团队最近的种群现状调查，提出了种群及生境恢复、迁地保护、近地保护、集约化栽培与可持续利用等综合保护策略、措施，同时评估了贯叶马兜铃及其特异寄主达摩麝凤蝶种群及其生境恢复的保护效果。

一、贯叶马兜铃的保护生物学研究

1. 贯叶马兜铃种群现状及生境特征

在对贯叶马兜铃研究资料系统整理的基础上，总结了贯叶马兜铃的种群数量、居群大小、地理分布范围、主要伴生植物、受人为干扰程度，以及其自然生境下的土壤理化性质。目前为止，共调查到在云南省香格里拉县、云南省丽江市大具乡、丽江市大东乡、丽江市宁蒗拉伯乡、大理州宾川县鸡足山、鹤庆县黄坪镇、大姚县铁锁乡、永胜县东山傈僳族彝族乡、昆明市禄劝县则黑乡等 10 个分布点（表 3.8.1、图 3.8.2）。贯叶马兜铃沿金沙江干热河谷斑块状散布，主要分布在金沙江中段的干支流干热河谷地带，种群规模相对较小，主要伴生植物有澜沧荛花（*Wikstroemia delavayi* Lecomte）、桦叶荚蒾（*Viburnum betulifolium* Batal.）、细瘦六道木［*Abelia forrestii*（Diels）W. W. Smith］、山地香茶菜［*Rabdosia oresbia*（W. W. Smith）Hara］、弯锥香茶菜［*Rabdosia loxothyrsa*（Hand.-Mazz.）Hara］、戟叶酸模（*Rumex hastatus* D. Don）、羊蹄甲（*Bauhinia purpurea* Lectin（BPL））、坡柳（*Dodonaea viscosa*（L.）Jacq.）、横断山马唐（*Digitaria hengduanensis* L. Liu）、芸香草［*Cymbopogon distans*（Nees）Wats.］、黄茅［*Heteropogon contortus*（Linn.）Beauv. ex Roem. et Schult.］、矛叶荩草［*Arthraxon lanceolatus*（Roxb.）Hochst.］等（孙景梅等，2008）。由于当地居民常以贯叶马兜铃干植株作香料食用，导致被大量采挖，部分小斑块分布点已濒临消失。调查还发现，曾经分布有贯叶马兜铃的生境已严重被人类生产活动侵占或被破坏，很多小斑块分布点不断向山顶萎缩，人为的干扰和采集进一步威胁了贯叶马兜铃现有种群的生存。

表 3.8.1 贯叶马兜铃已知的 10 个自然分布点状况

分布点	经纬度	海拔 /m	植株数 / 株
云南香格里拉	27°18′59″N；100°13′34″E	1 896	＞5 000
云南丽江市大具乡岩瓦金沙江边	27°20′03″N；100°14′13″E	1 732	＞1 500
云南省丽江市大东乡金沙江边	27°09′46″N；100°26′58″E	1 570	＜20
云南鹤庆县黄坪镇三家村	26°01′40″N；100°26′37″E	2 001	＞500

续表

分布点	经纬度	海拔 /m	植株数 / 株
云南大姚县铁锁乡七棵树村	26°12′16″N；100°56′13″E	1 205	＜10
云南永胜县东山傈僳族彝族乡	26°14′27″N；100°58′09″E	1 322	＞2 000
云南昆明市禄劝县则黑乡干多村	26°09′29″N；102°45′19″E	1 220	＞1 000
云南大理州宾川县鸡足山	25°56′07″N；100°24′30″E	1 700	＜20
云南丽江市宁蒗拉伯乡 A	27°45′46″N；100°23′03″E	1 640	＜50
云南丽江市宁蒗拉伯乡 B	27°45′47″N；100°25′40″E	2 250	＜50

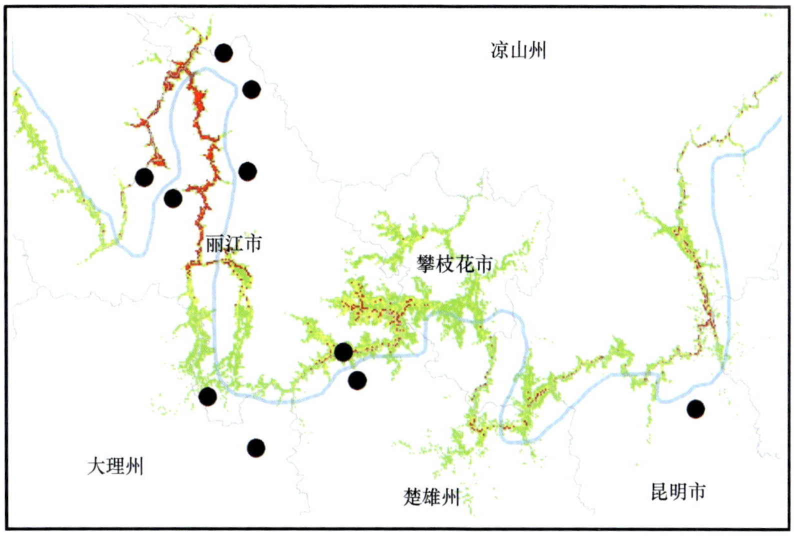

图 3.8.2　贯叶马兜铃在金沙江河谷的分布点示意图

贯叶马兜铃分布区的土壤主要为含沙石的灰化土，对其中 5 个分布点的土壤理化性质的分析表明，分布地的土壤都呈碱性，有机质含量较高，土壤氮含量和磷含量在不同的样地亦有差异，速效钾总体含量在中高水平，这说明贯叶马兜铃适宜生长在弱碱性且有机质含量比较高的土壤中（孙景梅等，2008）。此外，实地调查显示，贯叶马兜铃对沙石混合的土壤条件有着高度的适应。因此，在贯叶马兜铃的保护性引种或育苗时，要注意土壤的沙石比例，以及土壤的酸碱度和有机质含量，以保证植株和幼苗的成活率。

2. 贯叶马兜铃的传粉生物学及繁育系统

对贯叶马兜铃单花开花动态观察发现（图 3.8.3），贯叶马兜铃的花是两性花，雌花先熟，花通常只开两天，开花第一天为雌花期，第二天为雄花期。对贯叶马兜铃进行套袋隔离传粉昆虫和自然传粉处理，结果显示套袋隔离（自然自交处理）的花朵不结实，自然条件下的结实率只为 10.64%。可见，贯叶马兜铃是不能自然自交的，应是自交不亲和的植物，并可能存在传粉者限制导致自然结实率较低。

对贯叶马兜铃访花昆虫野外观察表明（图 3.8.3），由于贯叶马兜铃的花是诱捕陷阱式的结构，花囊和花外部唇瓣之间的花冠（即传粉昆虫的进出通道）内表面长有方向朝向花囊里面的刺状硬毛，这

图 3.8.3 贯叶马兜铃开花特征及有效传粉昆虫

1—3. 第一天；4、5. 第二天；6、7. 传粉毛蠓和其携带的花粉

有利于访花昆虫的进入，但限制了它们的逃离，只能滞留一天到第二天雄花期时，毛萎谢后才能爬行出去，这一机制也确保了植株间的异花授粉。通过收集开花第一天和第二天的贯叶马兜铃的花，然后在显微镜下解剖观察，确定了其传粉者以毛蠓类（Ceratopogonidae）和摇蚊类（Chironomidae）为主。这两种昆虫的体型较小，适合在花囊中活动，显微镜观察也显示，这两种昆虫的背部容易携带花粉，进一步确证了它们是贯叶马兜铃的主要访花昆虫和有效传粉者。

采用动态顶空吸附法对贯叶马兜铃的花气味进行收集，经 GC-MS 分析，共分离鉴定出 16 种挥发性化合物，其中 13 种被鉴定出来。主要成分有 *E*-2- 葵烯醛、葵烯醇、葵醛等，这些花气味主要成分具有明显的鸡肉或禽肉类风味，且该挥发性化合物产生的气味有很强的扩散能力，在自然生境中很容易吸引到访花昆虫。另外，对 193 朵开花第二天的花解剖观察发现，很少有访花昆虫出现，这表明第二天的花释放的气味可能淡化或很少量，不能有效吸引到传粉者。该结果进一步佐证了花气味在一些植物与传粉者之间扮演了重要的角色。

3. 贯叶马兜铃种子传播和萌发特性

为了解贯叶马兜铃种子传播情况，对尚未开裂的果实、已经开裂的果实，以及果实开裂掉落的种子选择标记或收集各 60 粒，10 粒为一组，摆放到野生的植株附近，分别对三种处理早中晚各观察 2h。观察结果显示，果实成熟自然开裂后，种子是靠重力来脱离母体的，没有发现种子的散播者，因此种子萌发的地方往往离母体很近。就贯叶马兜铃的自然生境来说，一般生长在有坡度的山坡上，依靠重力传播的种子可以借助地势优势并在有雨水冲刷的情况下可以逃离母体周围散布一定的距离。但种子散布的距离还是有限的，并且散布的方向也受到重力的限制。这也在一定程度上限制了贯叶马兜铃种群的扩展能力。另外，种子萌发试验结果显示，种子萌发对生境要求很高，异地种子萌发试验都极少见到幼苗，虽然种子在原生境能萌发，但自然萌发率极低（约 1.2%）。贯叶马兜铃这种在自然生境中极低的种子萌发特性，在一定程度上限制了其种群的自然更新。

4. 贯叶马兜铃的幼苗形态建成

贯叶马兜铃种子萌发对土壤环境要求较高，自然繁殖率较低，这对该物种的综合保护与持续利用带来一定的难度。因此，贯叶马兜铃组织培养育苗技术研究显得比较重要。通过设置三种培养基（启动培养基、增殖培养基、生根培养基），切取植株中带腋芽的茎段，清洗、消毒处理后，接种到启动培养基上萌发生长；当腋芽长度生长至 1.5～2cm 时，转接到增殖培养基上分枝生长；继代培养 40 天左右，剪取带 2 片叶子的健壮小苗于生根培养基中生根培养，30～35 天后可发育成带有根系的再生植株（和文佳等，2010）。待幼苗长到 3～4cm 高，并生出 3～4 条新根时，炼苗一周后便可进行移栽培养，为了提高幼苗的成活率，通常要先移栽到已消毒的珍珠岩和腐殖质（1∶1）的混合基质上，生长 4～5 周后，就可以移栽到大田中种植（和文佳等，2010）。鉴于组培苗生根率低及不稳定性（江明等，2011），有研究者针对此问题进行了相关因素的影响研究。以无菌培养苗为实验材料，利用 3 种植物生长调节剂，采用 3 因素 3 水平正交试验，分别置于不同光照强度和不同温度条件下培养 30 天后观察其生根情况（江明等,2013）。结果显示，不同植物生长调节剂及其配比对芽苗的生根有显著不同的影响，同时培养条件对芽苗生根也有很大的影响，其中不同培养条件下的生根率情况表明，贯叶马兜铃组培苗较适宜的培养条件为光照强度 2 000～3 000lx、温度（25±2）℃。光照太强容易使芽苗褐变，培养温度过高容易使芽苗玻璃化，所以说适宜的培养条件是稳定组培苗生根率的保证。合适的植物生长调节剂配比和适宜的培养条件，可使组培苗的生根率提高到 80% 左右（江明等，2013）。贯叶马兜铃组培技术的不断提高和改进，将为实施该物种人工繁育和恢复保护提供技术支撑。

5. 贯叶马兜铃遗传多样性水平与遗传结构

对包括宾川、丽江、三江口、宁蒗 4 个分布点共 69 株个体采集分子样品，利用不列颠哥伦比亚大学开发的 100 对 ISSR 引物进行 PCR 扩增条带分析，筛选出清晰、可重复性高的其中 8 条引物用于试验；同时运用 4 个叶绿体片段进行 4 个分布点的贯叶马兜铃系统地理分析。结果显示，利用 8 对引物可从 4 个居群 69 个个体中扩增出 85 条可靠的 ISSR 条带，其中有 72 条（84.71%）具有多态性，即其在物种水平上的遗传多样性较高（PPB＝84.71%，Ae＝1.514，I＝0.455）；分布于丽江的贯叶马兜铃种群具有最高的遗传多样性，宾川分布点的贯叶马兜铃遗传多样性最低。基于叶绿体 DNA 分子标记分析表明，贯叶马兜铃总的遗传多样性 HT＝0.833，居群内的遗传多样性 HS＝0.250；居群间的遗传分化系数与基因流系数相等（Gst＝Nst＝0.700）。这表明该物种最近没有发生种群的扩展（Yang et al.，2014）。AMOVA 分析表明，分布点内的遗传变异占比（67%）要高于分布点间的遗传变异（33%）；基因流水平（Nm＝0.576＜1），表明分布点间的基因流水平较低（Yang et al.，2014）。由叶绿体单倍型分析建立的系统发育树和年代分析表明，这一物种的起源大概在 3.407 个百万年，在随后的 0.479 个百万年 4 个居群开始分化，首先是丽江分布点和其他三个分布点的分化，到 0.255 个百万年宾川的分布点从剩余的三个分布点中分化出来（Yang et al.，2014）。从贯叶马兜铃物种水平拥有较高遗传多样性水平推断，该物种斑块状小种群的形成可能是以前保持了较大的有效种群规模，目前该物种的残留分布可能是由于大规模地质运动导致的生境破碎化和人类活动对生境破坏造成的（Yang et al.，2014）。从贯叶马兜铃居群间较低水平的基因流来看，有限的基因流在遗传漂变的作用下将进一步促进分布点间的分化。

杨志云等对 4 个分布点的贯叶马兜铃遗传多样性和遗传结构进行了研究（Yang et al.，2014），但我们近期的野外调查发现了新的分布点。考虑到金沙江河谷在古地质历史事件中存在河流改道和袭夺的过程，有必要进一步对目前所有的分布点（特别是注意金沙江流域两岸的分布点）进行采样，从保护遗传学的角度研究金沙江流域形成和贯叶马兜铃基因流和种子流的扩散过程。此外，我们新发现的大理鹤庆黄坪的贯叶马兜铃的叶片气味与其他居群植物释放的类似臭虫的防御气味不同，大理鹤庆黄坪的贯叶马兜铃居群叶片释放塑料气味，它和分布点之间的遗传分化及表型可塑性需要进一步研究。

6. 贯叶马兜铃的精油价值及马兜铃毒性风险

贯叶马兜铃全株具有酷似辛香料草果的浓郁气味。当地居民除了用作芳香健胃药外，就是广泛用作香料食用，通常他们以其干叶片揉碎撒到烹饪好的食物上，可以有效地去除牛羊肉的膻味（孙汉董等，1987）。对贯叶马兜铃地上部分的挥发油成分，经水蒸气蒸馏法分离出挥发油，采用 GC-MS 对挥发油及其馏分进行定性和定量分析，共鉴定出 95 个成分，占挥发油总成分的 95.3%，主要成分有反式 -2- 葵烯醛（52.00%）、反 -2- 十二烯醛（6.80%）、十二烯醛（3.35%）、庚醛（2.88%）、癸醛（2.63%），这说明贯叶马兜铃辛香料挥发油的主成分是葵烯醛（Li et al.，2013），这种 2- 烯脂肪醛类物质是高档食用香精的增香剂（周铁生，1995b）。该类物质合成技术难度较大，且价格十分昂贵，限制了它的广泛应用。然而，贯叶马兜铃的挥发油中天然地含有该类物质，为优质绿色食品香料，随着精油提取技术的不断改进，其应用前景将会十分广泛（江明等，2013）。事实上，贯叶马兜铃干植株或干叶片直接用作食用香料具有潜在健康隐患，马兜铃属和细辛属植物中的马兜铃酸Ⅰ和Ⅱ（AAS）导致的肾衰竭、尿毒症、肝毒性等病症已引起广泛的关注（Vanherweghem et al.，1993；Debelle et al.，2008；Ng et al.，2017），马兜铃属的草药也被国际癌症研究机构列为对人类有强致癌潜力的物质（Arlt et al.，2002）。从 2010 年版《中国药典》规定细辛中的马兜铃酸的使用标准来看，马兜铃酸Ⅰ的含量不应该超过干物质的 0.001%（10μg/g）。我们近期对贯叶马兜铃干燥叶、果和根分析显示，其马兜铃酸Ⅰ和Ⅱ的含量分别为 5.5μg/g 和 55.4μg/g、456.5μg/g 和 192.7μg/g、1 680.4μg/g 和 980.6μg/g，其果实和根中的马兜铃酸Ⅰ都远超《中国药典》规定的标准，但叶片中的马兜铃酸Ⅰ的含量（5.5μg/g）低于国家规定水平的最高标准（10μg/g）（陈高等，2018；Chen et al.，2015）。因此，在对贯叶马兜铃的保护与利用进行宣传的时候，应向当地居民普及不宜直接采用其根和果实作为香料食用的原因，以及可能带来的健康风险。此外，虽然贯叶马兜铃叶的马兜铃酸含量不高，但鉴于马兜铃酸及其衍生物的致突变性，长期食用或过量食用仍存在很大的健康风险（陈高等，2018）。通过宣传食用贯叶马兜铃存在健康风险的科学知识，降低或停止当地居民“杀鸡取卵”式的采挖，将有利于保护现有居群的维持和自然更新。

二、贯叶马兜铃的综合保护面临的问题

在讨论贯叶马兜铃保护面临的问题之前，我们先回顾下过去 30 年以来该物种的研究历程。金沙江干热河谷特有植物贯叶马兜铃因其特殊的辛香料成分早在 30 多年前就有研究者发现，并提出了其潜在价值的开发流程（武素功和孙汉董，1988）。随后有不同的研究者，通过水蒸气蒸馏法、溶剂提取法、动态顶空吸附法、固相微萃取法等手段对贯叶马兜铃的辛香料成分进行了收集，并用气相色谱 - 质谱联用方法对其化学组成进行了解析，结果发现该植物不同时间段采集、不同保存时间、不同气味采集方式、不同产地、无菌苗和愈伤组织培育苗等材料释放的气味组成和变异情况及其杀菌功能等均有显著的差异（周铁生，1995a，1995b；Li et al.，2013；和文佳等，2017；陈高等，2018）。为了开发利用该特异辛香料植物材料，不同研究人员探索了该植物的无性繁殖和种子育苗过程，如以贯叶马兜铃的茎尖及带腋芽的茎段为外植体进行组织培养实验（和文佳等，2010；江明等，2011），同时揭示不同的植物生长调节剂及不同的浓度配比对生根产生显著影响（江明等，2013）。但由于野外长期的大量采

挖，导致该物种的野生居群受到严重的破坏。因此，孙景梅等（2008）对贯叶马兜铃的资源现状与保护对策进行了研究，孙景梅在其研究生论文中提出了一些保育措施，如就地保护、迁地保护、人工繁殖等。但过去10年的野外调查发现，停留在书面上的措施难以保护经济价值巨大的受威胁植物类群。最近，一些研究者通过野外寻找和采集，对发现的4个分布点的贯叶马兜铃遗传结构和组成进行了分析，认为人为的大量破坏严重干扰了该物种的生存能力，其野生居群很难完成正常的繁殖过程，贯叶马兜铃遗传多样性的丧失是最近时间才发生的，这一研究结果推荐了最需要保护的单元（居群或分布点）（Yang et al.，2014）。陈高等通过10年的努力，利用综合的研究手段，弄清了贯叶马兜铃和其特异寄主达摩麝凤蝶及其蝴蝶的特异寄主寄生蜂的关系；对贯叶马兜铃的受威胁原因进行了详细阐述（传粉限制、种子传播、居群及植株分散、特殊的干热环境导致幼苗形态建成难以完成、人为过度采挖利用、气候变化等）；并提出了切实可行的保护策略（建立保护小区、当地居民学习人工传粉及种子储存方法、社区参与式的保护行动、邀请非政府组织的工作人员恢复当地传统文化、通过科普手段传递我为家乡特有动植物而自豪的情感、成立达摩麝凤蝶观赏点等）；成功恢复了香格里拉县三坝乡江边村的贯叶马兜铃和达摩麝凤蝶的自然居群（Chen et al.，2015）。通过研究，Chen等（2015）发现贯叶马兜铃的特异取食者达摩麝凤蝶能被一种特异的寄生小蜂寄生，进而调控该蝴蝶幼虫对贯叶马兜铃植株的取食程度，该寄生蜂是一种被报道的新种类群（周诗语等，2017）。该研究指导了当地居民如何科学种植管理贯叶马兜铃，并控制病虫害的暴发过程。此外，陈高等（2018）分析了辛香料植物贯叶马兜铃的根及叶挥发性成分及其食用风险，建议当地社区居民慎用该具有导致肾衰竭和尿毒症，或肝癌的传统药用植物，这在一定程度上也可以缓解野外居群被采挖的压力。此外，从2008年至今，中国科学院昆明植物研究所极小种群野生植物综合保护团队和香港社区合作伙伴（PCD）、非政府组织“绿色昆明”以及当地社区居民组成的保护联盟，在基于国内外对贯叶马兜铃工作的基础上，系统地对香格里拉县三坝乡江边村永壳社区范围内贯叶马兜铃开展了抢救性保护工作。然而，贯叶马兜铃的有效保护还面临如下问题。

1. 种群或资源量调查不充分

杨志云等的调查发现了4个分布点，并推荐丽江居群作为优先保护的种群。我们最近调查更多的分布点（达6个）群，分布范围扩大了数倍，而且在大理鹤庆黄坪发现的贯叶马兜铃的形态特征和丽江的差别极大，是否应作为一个特殊的进化稳定单元进行保护，还需要研究、探讨。如何选择保存有该物种“遗传完整性”的保护单元实施就地保护，仍需要得到保护遗传学研究结果的支持，相关的工作正在进行之中。理论上推测，从丽江大具到昆明禄劝的金沙江流域应该还有新的贯叶马兜铃分布点未被发现，对这些地区开展系统的调查工作仍有必要。

2. 繁殖策略研究深度不够

马兜铃科的传粉生物学研究比较充分，但那些研究多数是在热带雨林进行的，是否金沙江干热河谷的繁殖策略发生了明显转变，值得讨论，特别是当地传粉毛蠓的多样性和行为如何介导贯叶马兜铃的花粉流需要在不同的居群之间对比研究。该物种是靠重力进行种子传播的类群，金沙江恶劣的环境导致该物种存在反复的生理休眠。种子自然放置3年以后种子活力还保存在90%以上，种子的休眠特征、萌发过程、幼苗形态建成方面需要进一步研究。无性繁殖的组培技术取得了突破，这一技术的应用推广还需要加强。

3. 经济利用和保护的冲突需要缓和

由于贯叶马兜铃被广泛用作香料食用，该物种在金沙江沿岸已遭到了毁灭性的破坏。以一个具体例子来看，1970 年昆明植物研究所的吴素功研究员发现玉龙县奉科镇的金沙江边贯叶马兜铃非常普遍，随意采集就可以收割到几十斤①，但 2017 年我们去该地重新寻找的时候，仅发现不足十株。不同于其他的多数极小种群野生植物，贯叶马兜铃是当地居民特别喜欢的辛香料植物。虽然当地居民喜欢在房前屋后进行庭院种植，这在一定程度上可能可以保育该物种，但由于在采挖过程中导致野生种群及其生境的破坏，从而影响了其种群的自然更新。以前标本记录较多的地方，现在已经很难发现其踪迹。如何缓解经济利用和有效保护现有种群之间的矛盾仍是当前面临的问题和挑战。

4. 对保护贯叶马兜铃受威胁生态关系的认识需要加强

贯叶马兜铃是易危昆虫达摩麝凤蝶的特异食物，该蝴蝶的种群动态和贯叶马兜铃之间的动态变化关系需要进一步研究（图 3.8.4）。同时，我们观察发现特异寄生在达摩麝凤蝶幼虫内的一种寄生小蜂可能是联系贯叶马兜铃和达摩麝凤蝶的纽带，寄生小蜂交配后在预蛹上产卵（图 3.8.5）。贯叶马兜铃叶片被取食后，释放求救素吸引寄生蜂来控制蝴蝶幼虫，它们在自然生境中应该是处于一种动态平衡。以云南丽江市江边村永壳社区为例，村民吴建勋承包 4.69hm^2 土地种植贯叶马兜铃（植株均为野外挖

图 3.8.4 达摩麝凤蝶卵期产生马兜铃酸晶体的防御功能

1～5. 达摩麝凤蝶的卵及其上面密布的防御物质马兜铃酸晶体；6. 含有马兜铃酸的卵明显能驱避蚂蚁，但去除马兜铃酸的卵被蚂蚁取食

① 1 斤＝500g，下同。

掘），结果却被大量暴发的达摩麝凤蝶幼虫几乎取食殆尽所有贯叶马兜铃的植株叶片。这也在一定程度上表明，贯叶马兜铃及其取食者达摩麝凤蝶幼虫及其寄生蜂在自然生境中相互制约已经达成一种动态平衡，因而人工栽培导致蝴蝶幼虫大暴发，反而严重影响了种植基地的贯叶马兜铃的生长过程。如何指导当地种植户控制蝴蝶幼虫的发生，也是直接影响就地保育的重要因素。此外，据吴建勋所说，种植植株经过 3 年以后，通常会逐渐枯萎死掉，是否和当地共生菌有共生关系也是保护过程不能忽视的问题。

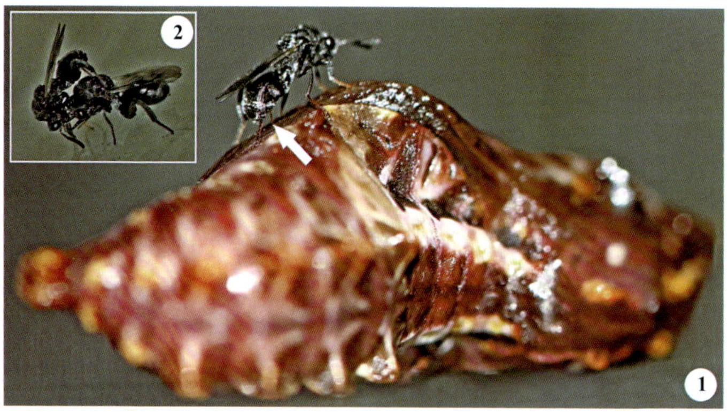

图 3.8.5　达摩麝凤蝶幼虫的寄生蜂交配后在预蛹上产卵

5. 综合保护手段需要拓展

保护生物学不仅仅是自然科学，也是社会科学，归根结底，需要多方的参与才能实现切实可行的物种保护。科研工作者需要弄清贯叶马兜铃的种群和群落组成、开花结实和种子传播策略、种子休眠的打破及植株幼苗形态建成的限制因子，以及以遗传学为基础的优先保护单元的确定。而社区居民想要弄清贯叶马兜铃精油质量及毒性马兜铃酸的含量高低问题，他们对经济性状指标及植株质量更加关心。如何构建科学、高效的贯叶马兜铃人工种植模式，避免进一步对野生资源的依赖，是对他们最大的帮助。因此，技术指导、种植地示范与推广是当地居民关注的切入点（图 3.8.6）。无疑，科普工作

图 3.8.6　贯叶马兜铃种植技术传授与示范

1. 当地学生参与自然教育课程；2. 当地居民参与贯叶马兜铃调查样方的设计；3. 社区居民调查贯叶马兜铃和达摩麝凤蝶的种群情况；4. 一志愿者见证达摩麝凤蝶羽化的瞬间；5. 社区居民采集人工授粉获得的种子；6. 培养基上刚萌发的贯叶马兜铃种子；7、8. 被蚂蚁攻击的达摩麝凤蝶幼虫通过喷臭气和“吐血”防御；9. 刚孵化的达摩麝凤蝶幼虫取食自己的卵壳；10. 刚孵化的幼虫取食自己身旁的同伴；11. 达摩麝凤蝶蛹的保护色；12. 当地社区居民开发的贯叶马兜铃产品

者及非政府组织的参与式协作理念能很好地在科研和科普之间架起桥梁，促使社区有兴趣参与受威胁物种的保护，营造他们以家乡特有动植物为豪的情感（图 3.8.7）。政府部门对受威胁物种进行立法保护，规划建立有效的保护小区或保护点，应是贯叶马兜铃综合保护的重要措施。

图 3.8.7 科普工作者和非政府组织的参与式协作促进贯叶马兜铃的有效保护利用

1. 贯叶马兜铃和达摩麝凤蝶的自然分布生境；2. 社区和外来协作单位共建的贯叶马兜铃保护警示牌；3. 以社区土地为基础共建的贯叶马兜铃保护小点；4. 恢复社区传统歌舞的部分参与者；5. 社区传统药用植物开放式问卷调查；6. 当地居民施加牲畜粪便招引贯叶马兜铃的毛蠓类传粉者；7. 检查贯叶马兜铃的组培苗

三、贯叶马兜铃的综合保护及产业发展

通过对贯叶马兜铃香格里拉县江边村永壳社区近 10 年的保护实践与探索，我们总结如下保护措施，希望能指导其他地区贯叶马兜铃或受威胁极小种群野生植物的保护工作。

1. 贯叶马兜铃就地保护经验

从物种保护的策略来看，就地保育是最佳的选择，但如何协调科研工作者、政府部门、当地社区居民、科普工作者及非政府组织之间的关系对保护成功有着不可忽视的影响。因此，通过多方合作，利用综合的保护手段对贯叶马兜铃进行抢救性保护是我们的工作重点。我们组织社区居民一起对贯叶马兜铃的种群和群落组成进行调查，设置标准的样方，统计样方内的植株数，记录开花结实情况，进而评估永壳社区范围内的贯叶马兜铃数量。通过指导当地居民进行人工异花授粉，增加了原生境中贯叶马兜铃的结实率和结籽率；指导他们如何利用家用冰箱，通过低温沙藏处理打破贯叶马兜铃的休眠，促进种子快速萌发。我们也发动当地有传统文化背景的纳西族居民，开展当地少数民族文化传统节日活动，增加居民的情感交流。通过定时在当地村委会放电影介绍纳西族文化、传统节日和歌舞，组织代表去西藏、西双版纳等地进行交流。通过宣传教育的方式向村民介绍了贯叶马兜铃的受威胁现状以及贯叶马兜铃叶片作为食用香料的潜在健康风险（肾衰竭、尿毒症、肝癌等）。

2009 年以来，在云南省香格里拉市三坝乡江边村后山，我们和当地居民建立了面积约 $2.4hm^2$ 的保护小区，社区居民在四周树立了大理石告示牌，并每家每户轮流巡山看护。保护当地特有的贯叶马兜铃和取食其叶片的达摩麝凤蝶幼虫。我们也鼓励当地居民进行庭院种植，但尽量用自己繁育的种子进行更新种植栽培，而不是野外直接采挖。在我们的指导下，最少有 17 家对贯叶马兜铃进行了人工种植，多数能正常开花结实，产生种子，而且长势明显优于野生状态。通过 10 年的努力，目前江边村分布点的贯叶马兜铃保护成效显著，2018 年 9 月我们回访发现 12 个样方（25m×25m）及实验点附近的 6 个斑块（约 320m^2）均有蝴蝶幼虫和贯叶马兜铃植株出现，表明该保护点内曾被破坏的贯叶马兜铃种群在不断恢复。

目前，如何结合种群现状 / 特征、繁殖生物学特性及群体遗传学特性，对植株数量极少的宾川鸡足山种群、丽江市大东乡种群、大姚县铁锁乡种群等开展种群增强回归，促进这些种群及其生境快速恢复还在研究、探索之中。

2. 贯叶马兜铃迁地保护

迁地保护是物种保护退而求其次的保护手段，因为选择的迁地环境和原生境除了光、温、水之间非生物因子的差别外，其当地的传粉者、种子传播者、取食者、共生微生物等生物因子也显著影响受威胁物种在迁入地的适应过程。我们在昆明植物园进行的异地播种和迁地移栽试验多次都没取得成功。我们推测昆明植物园环境和金沙江干热河谷环境差异大，可能是主要原因。此外，即使种植了 2 年以后，植株也会逐渐死亡，可能土壤微生物也会影响贯叶马兜铃在迁地保护地的适应性。可以考虑利用昆明植物园“扶荔宫温室群”的设施条件，开展贯叶马兜铃迁地保护试验研究。

目前，金沙江流域的水电站规划和修建都将显著减少贯叶马兜铃适宜生存的环境。从抢救性保护方面来看，在贯叶马兜铃分布的金沙江中间地段，如攀枝花、元谋、大姚等地可以建立迁地保护点。此外，在攀枝花苏铁国家级保护区、云南元谋干热河谷沟蚀崩塌观测研究站、国家林业和草原局元谋荒漠生态系统定位研究站均可以设置类似的迁地保护点。我们也大胆设想，在该区域建立金沙江植物园，构建集包括贯叶马兜铃在内的金沙江流域重要资源植物的迁地保护、研究、知识传播及可持续利用的基地。此外，还应充分利用中国西南野生生物种质资源库的设施条件，开展贯叶马兜铃种质资源的种质库保存。

3. 贯叶马兜铃的经济价值挖掘与持续利用

在对贯叶马兜铃野生资源及其生境开展就地和迁地保护的同时，比较分析不同分布点、同一分布点不同单株的精油 *E*-2- 葵烯醛含量，筛选出精油 *E*-2- 葵烯醛含量高、质量好、植株生长量大的种群或优良单株，进行规模化人工高效繁殖、集约栽培，并在云南西北部、四川西部等适宜区域进行推广，推动该区域特色香料产业的发展，在利用的同时实现更好的保护。

参 考 文 献

蔡静如，周兰平，王辉，等. 2016. 不同浸种处理对 4 种杜鹃花杂交种子萌发的影响 [J]. 热带作物学报，37：876-880.

陈高，葛佳，秦燕，等. 2018. 辛香料植物贯叶马兜铃的根及叶挥发性成分分析及其食用风险解析 [J]. 中国调味品，43：22-27.

陈叶. 2017. 极小种群野生植物华盖木的保护生物学研究 [D]. 北京：中国科学院大学.

楚永兴，欧阳志勤，张荣贵，等. 2011. 毛果木莲在云南大围山地区的资源分布现状及保护措施 [J]. 林业调查规划，36：63-65.

丁炳扬，何耀华，缪晶，等. 1997. 珍稀植物华顶杜鹃的种子萌发试验 [J]. 植物学报，14：53-54.

甘金佳，李楠，梁飞飞，等. 2013. 德保苏铁扶平居群与“回归项目”居群的调查 [J]. 广西农学报，28：31-37.

高则睿，张长芹，韩智强，等. 2012. 片断化生境中滇桐传粉生物学和繁育系统 [J]. 生态学杂志，31：2217-2224.

龚奕青. 2015. 叉叶类苏铁的遗传分化和谱系地理研究 [D]. 昆明：云南大学.

国家林业局. 1999. 中华人民共和国林业行业标准 LY/T 1210 1275-1999- 森林土壤分析方法 [S]. 北京：中国标准出版社.

国家林业局. 2010. 全国极小种群野生植物拯救保护实施方案（2010—2015 年）. 内部资料，1-155.

国家林业局. 2011. 全国极小种群野生植物拯救保护工程规划（2011—2015 年）. 内部资料：1-43.

国家林业局. 2012. 全国极小种群野生植物拯救保护工程规划. 内部资料.

国家林业局，农业部. 1999. 国家重点保护野生植物名录（第一批）[J]. 植物杂志，5：4-11.

和文佳，和加卫，李燕，等. 2010. 贯叶马兜铃的组织培养与快速繁殖 [J]. 植物生理学通讯，37：1273-1274.

和文佳，李志坚，张红霞，等. 2017. 山草果无菌苗和愈伤组织挥发性成分研究 [J]. 香料香精化妆品，44：5-8.

黄宏文. 2014. 中国迁地栽培植物大全. 苏铁卷（第 1 版）[M]. 北京：科学出版社：35-37.

江明，易清元，王梦. 2013. 山草果组培苗生根实验 [J]. 西部林业科学，42：82-86.

江明，易清元，文进. 2011. 山草果的组织培养实验 [J]. 西部林业科学，40：44-47.

金振洲. 1999. 滇川干热河谷种子植物区系成分研究 [J]. 广西植物，19：1-14.

李盛辉. 2018. 翘首杜鹃的保护生物学研究 [D]. 北京：中国科学院大学.

李正文，陈丽丽，李志刚，等. 2012. 德保苏铁回归后几个生理指标的比较研究 [J]. 广西植物，32：243-247.

刘玉壶. 1979. 中国木兰科植物一新属 [J]. 植物分类学报，17：74-74.

刘玉壶. 1984. 木兰科分类系统的初步研究 [J]. 植物分类学报，22：89-109.

刘玉壶. 2004. 中国木兰 [M]. 北京：北京科学技术出版社.

税玉民，陈文红. 2010. 云南东南部有花植物名录 [M]. 昆明：云南科技出版社.

司马永康. 2011. 中国木兰科植物的分类修订 [D]. 昆明：云南大学.

孙汉董，林中文，丁靖凯. 1987. 山草果精油的化学成分 [J]. 云南植物研究，1：110-113.

孙景梅，覃家理，李丽娟，等. 2008. 中国特有濒危植物山草果的资源现状与保护对策 [J]. 中国新技术新产品，16：130-135.

孙卫邦. 2013. 云南省极小种群野生植物保护实践与探索 [M]. 昆明：云南科技出版社.

孙卫邦. 2017. 国家重点研发计划科技基础资源调查专项项目“中国西南地区极小种群野生植物调查与种质保存”实施方案. 内部资料，1-17.

孙卫邦，刀志灵. 2011. 毛果木莲野生资源调查工作总结报告. 中科院昆明植物研究所（内部资料）.

孙卫邦，周俊. 2004. 中国木兰科植物分属的新建议 [J]. 云南植物研究，26：139-147.

覃海宁，杨永，董仕勇，等．2017．中国高等植物受威胁物种名录 [J]．生物多样性，25：696-744．
覃海宁，赵莉娜．2017．中国高等植物濒危状况评估 [J]．生物多样性，25：689-695．
陶丽丹．2018．两种极小种群野生植物的种群生态学特征——兼论漾濞槭的繁殖生物学及 SSR 引物筛选 [D]．北京：中国科学院大学．
汪松，解焱．2004．中国物种红色名录 [M]．北京：高等教育出版社．
王斌．2017．极小种群野生植物毛果木莲的保护生物学研究 [D]．北京：中国科学院大学．
王运华，甘金佳，陈庭，等．2018．德保苏铁回归种群繁殖特征的初步研究 [J]．亚热带植物科学，47：134-139．
武素功，孙汉董．1988．近期有开发价值的调味香料植物山草果资源 [J]．资源科学，2：66-67．
夏念和．2007．国产木兰科的分类修订 [D]．昆明：中国科学院昆明植物研究所．
徐涛，楚永兴，钱良超，等．2012．极危植物毛果木莲花粉败育及其结籽率研究 [J]．云南大学学报（自然科学版），34：586-589．
杨宇明，田昆，和世钧．2008．中国文山国家级自然保护区科学考察研究 [M]．北京：科学出版社：202-210．
尹擎，孙卫邦，陈又生，等．2009．珍稀濒危植物漾濞槭种子育苗和栽培方法．中国，CN200910094703．4[P]．2009-12-09．
喻智勇．2016．极小种群野生植物华盖木和毛果木莲的调查报告．金平分水岭国家级自然保护区资料（内部资料）．
云南省林业厅，云南省科学技术厅．2009．云南省极小种群物种拯救保护规划纲要（2011-2020）与紧急行动计划（2011-2015）．内部资料：1-51．
张芳铭．2012．攀枝花苏铁的保护遗传学研究 [D]．昆明：中国科学院昆明植物研究所．
张敬丽，吴雅文，吴红芝，等．2012．云南 4 种常绿杜鹃亚属植物种子萌发特性研究初探 [J]．云南农业大学学报，27：875-881．
张乐．2012．金沙江河谷特有观赏植物旱地木槿的保护生物学研究 [D]．昆明：中国科学院昆明植物研究所．
张略，楚永兴．2013．极度濒危植物毛果木莲的种子检测及育苗技术研究 [J]．林业调查规划，38：101-106．
赵红霞，樊金会，高文强，等．2011．光和温度对杜鹃花种子萌发的作用研究 [J]．山东林业科技，41：29-30．
赵琳琳．2011．极度濒危植物漾濞槭的遗传多样性研究 [D]．昆明：中国科学院昆明植物研究所．
中国科学院昆明植物研究所．2006．云南植物志（第 16 卷）[M]．北京：科学出版社．
中国植物志编辑委员会．1990．中国植物志（第 30 卷第一册）[M]．北京：科学出版社．
周诗语，陈高，肖晖．2017．达摩麝凤蝶蛹寄生蜂一新种（膜翅目：小蜂总科）[J]．昆虫分类学报，39：133-139．
周铁生，杨庆宽．1995a．云南山草果精油的提取研究 [J]．香料香精化妆品，22：10-12．
周铁生，杨庆宽．1995b．云南山草果精油化学成分及香气的研究 [J]．香料香精化妆品，22：13-17．
Arlt V M, Ferluga D, Stiborova M, et al. 2002. Is aristolochic acid a risk factor for Balkan endemic nephropathy - associated urothelial cancer? [J]. International Journal of Cancer, 101: 500-502.
Balfour I B. 1920. New Species of Rhododendron [G]. In Notes from the Royal Botanic Garden Edinburgh, 12: 85-186.
Calonje M, Stevenson D W, Stanberg L. 2018. The World List of Cycads, online edition, Available from: http://www.cycadlist.org.
Chamberlain D F. 1982. A revision of *Rhododendron* II. Subgenus *Hymenanthes* [M]. UK: Royal Botanic Garden, Edinburgh.
Chen B L, Hans P N. 1993. Notes on Magnoliaceae III: the Magnoliaceae of China [J]. Annals of the Missouri Botanical Garden, 80: 999-1104.
Chen C Y, Liang B K, Chung J D, et al. 2014. Demography of the upward-shifting temperate woody species of the *Rhododendron pseudochrysanthum*, complex and ecologically relevant adaptive divergence in its trailing edge populations [J]. Tree Genetics & Genomes, 10: 111-126.
Chen G, Luo S H, Mei N S, et al. 2015. Case study of building of conservation coalitions to conserve ecological interactions [J]. Conservation Biology, 29: 1527-1536.
Chen Y, Chen G, Yang J, et al. 2016. Reproductive biology of *Magnolia sinica* (Magnoliaceae), a threatened species with

extremely small populations in Yunnan, China [J]. Plant Diversity, 38: 253-258.

Chen Y S, Yang Q E. 2003. *Acer yangbiense* (Aceraceae), a new species from Yunnan, China [J]. Novon, 13: 296-299.

Chen B L, Nooteboom H P. 1993. Notes on Magnoliaceae III: the Magnoliaceae of China [J]. Annals of the Missouri Botanical Garden, 80: 999.

Chiang Y C, Hung K H, Moore S J, et al. 2009. Paraphyly of organelle DNAs in *Cycas* Sect. *Asiorientales* due to ancient ancestral polymorphisms [J]. BMC Evolutionary Biology, 9: 161.

Cicuzza D, Newton A, Oldfield S. 2007. The Red List of Magnoliaceae [M]. Cambridge: Fauna & Flora International.

Cook C G, Jones R T. 2012. Palaeoclimate dynamics in continental Southeast Asia over the last ~ 30,000 Calyrs BP [J]. Palaeogeography, Palaeoclimatology, Palaeoecology, 339: 1-11.

Cowling R M, Pressey R L, Rouget M, et al. 2003. A conservation plan for a global biodiversity hotspot—the Cape Floristic Region, South Africa [J]. Biological Conservation, 112: 191-216.

Cullen J, Chamberlain D F. 1979. A preliminary synopsis of *Rhododendron*: II [G]. UK: In Notes from the Royal Botanic Garden Edinburgh, 37: 327-378.

Dafni A. 1992. Pollination ecology [M]. New York: Oxford Unit Press.

Debelle F D, Vanherweghem J L, Nortier J L. 2008. Aristolochic acid nephropathy: a worldwide problem [J]. Kidney International, 74: 158-169.

Draper D, Rosselló-Graell A, Garcia C, et al. 2003. Application of GIS in plant conservation programs in Portugal [J]. Biological Conservation, 113: 337-349.

Feng X Y, Liu J, Gong X. 2016a. Species delimitation of the *Cycas segmentifida* complex (Cycadaceae) resolved by phylogenetic and distance analyses of molecular data [J]. Frontiers in Plant Science, 7: 134-145.

Feng X Y, Wang Y H, Gong X. 2014. Genetic diversity, genetic structure and demographic history of *Cycas simplicipinna* (Cycadaceae) assessed by DNA sequences and SSR markers [J]. BMC Plant Biology, 14:187-202.

Feng X Y, Zheng Y, Gong X. 2016b. Middle-Upper Pleistocene climate changes shaped the divergence and demography of *Cycas guizhouensis* (Cycadaceae): Evidence from DNA sequences and microsatellite markers [J]. Scientific Reports, 6: 27368-27379.

Figlar R B, Nooteboom H P. 2004. Notes on Magnoliaceae IV[J]. Blumea, 49:87-100.

Flora of China Editorial Committee. 2005. Flora of China (Vol. 14) [M]. Beijing: Science Press: 242-517

Forrest G, Tagg H F. 1926. New Species of *Rhododendron* [G]. In: Notes from the Royal Botanic Garden Edinburgh, 15: 85-186.

Fragnière Y, Bétrisey S, Cardinaux L, et al. 2015. Fighting their last stand? A global analysis of the distribution and conservation status of gymnosperms [J]. Journal of Biogeography, 42: 809-820.

Frankham R. 2003. Genetics and conservation biology [J]. Comptes Rendus Biologies, 326 S22-S29.

Frankham R, Ballou J D, Briscoe D A. 2002. Introduction to conservation genetics [M]. England: Cambridge University Press.

Gao Z R, Zhang C Q, Han Z Q, et al. 2012. Pollination biology and breeding system of *Craigia yunnanensis* in fragmented habitat [J]. Chinese Journal of Ecology, 31:2217-2224.

Gao Z R, Zhang C Q, Milne R I. 2010. Size-class structure and variation in seed and seedling traits in relation to population size of an endangered species *Craigia yunnanensis* (Tiliaceae) [J]. Australia Journal of Botany, 58: 214-223.

Gibbs D, Chamberlain D, Argent G. 2011. Red List of Rhododendrons [M]. UK: Botanic Gardens Conservation International.

Gibbs D, Chen Y S. 2009. The red list of maples [M]. UK: Botanic Gardens Conservation International.

Godefroid S, Piazza C, Rossi G, et al. 2011. How successful are plant species reintroductions? [J]. Biological Conservation, 144: 672-682.

Gong W, Chen C, Dobeš C, et al. 2008. Phylogeography of a living fossil: Pleistocene glaciations forced *Ginkgo biloba* L. (Ginkgoaceae) into two refuge areas in China with limited subsequent postglacial expansion [J]. Molecular Phylogenetics and Evolution, 48:1094-1105.

Gong Y Q, Zhan Q Q, Nguyen K S, et al. 2015. The historical demography and genetic variation of the endangered *Cycas multipinnata* (Cycadaceae) in the red river region, examined by chloroplast DNA sequences and microsatellite markers [J]. PloS One, 10: e0117719.

González-Astorga J, Vovides A P, Cabrera-Toledo D, et al. 2009. Diversity and genetic structure of the endangered cycad *Dioon sonorense* (Zamiaceae) from Sonora, Mexico: Evolutionary and conservation implications [J]. Biochemical Systematics and Ecology, 36: 891-899.

Götmark F, Thorell M. 2003. Size of nature reserves: Densities of large trees and dead wood indicate high value of small conservation forests in southern Sweden [J]. Biodiversity and Conservation, 12: 1271-1285.

Guan M M, Zhou W, Gong X. 2018. Conservation Genetics of the Cycad *Cycas hongheensis* [C]. Cycad Biology and Conservation:The 9th International Conference on Cycad Biology.

Guerrant Jr E O, Kaye T N. 2007. Reintroduction of rare and endangered plants: Common factors, questions and approaches [J]. Australian Journal of Botany, 55: 362-370.

Hamrick J L, Godt M J W, Sherman-Broyles S L. 1992. Factors influencing levels of genetic diversity in woody plant species [J]. New Forests, 6: 95-124.

Hirao A S. 2010. Kinship between parents reduces offspring fitness in a natural population of *Rhododendron brachycarpum* [J]. Annals of Botany, 105: 637-646.

Hoegh-Guldberg O, Hughes L, Mcintyre S, et al. 2008. Assisted colonization and rapid climate change [J]. Science, 321: 345-346.

Hsieh Y C, Chung J D, Wang C N, et al. 2013. Historical connectivity, contemporary isolation and local adaptation in a widespread but discontinuously distributed species endemic to Taiwan, *Rhododendron oldhamii* (Ericaceae) [J]. Heredity, 111: 147-156.

Huang S, Chiang Y C, Schaal B A, et al. 2001. Organelle DNA phylogeography of *Cycas taitungensis*, a relict species in Taiwan [J]. Molecular Ecology, 10: 2669-2681.

IUCN. 2014. Guidelines for Using the IUCN Red List Categories and Criteria [S]. Version 11. Prepared by the Standards and Petitions Subcommittee. Downloadable from http://www.iucnredlist.org/documents /Red List Guidelines.pdf.

IUCN-SSC. 2013. Guidelines for reintroductions and other conservation translocations. Version 1.0. Gland. Switzerland: IUCN Species Survival Commission.

Kadis C, Thanos C A, Lumbreras E L. 2013. Plant micro-reserves: From theory to practice [M]. Athens: Utopia Publishing.

Kondo T, Nakagoshi N, Isagi Y. 2009. Shaping of genetic structure along pleistocene and modern river systems in the hydrochorous riparian azalea, *Rhododendron ripense* (Ericaceae) [J]. American Journal of Botany, 96: 1532-1543.

Kumar V S. 2006. New combinations and new names in Asian Magnoliaceae [J]. Kew Bulletin, 61: 183-186.

Kupfer J A, Malanson G P, Franklin S B. 2006. Not seeing the ocean for the islands: The mediating influence of matrix-based processes on forest fragmentation effects [J]. Global Ecology and Biogeography, 15: 8-20.

Laguna E. 2001. The micro-reserves as a tool for conservation of threatened plants in Europe [J]. Nature and Environment Series, 121: 13-106.

Laguna E, Deltoro V, Pérez-Botella J, et al. 2004. The role of small reserves in plant conservation in a region of high diversity in eastern Spain [J]. Biological Conservation, 119: 421-426.

Li J H, Frank M, Chen Y S. 2008. Maple phylogenetics inferred from sequences of nuclear and chloroplast genomes [C]. Botanical Conference.

Li S H, Sun W B, Ma Y P. 2018a. Does the giant tree *Rhododendron* need conservation priority? [J]. Global Ecology and Conservation, 15: e00421.

Li S H, Sun W B, Ma Y P. 2018b. Current conservation status and reproductive biology of the giant tree *Rhododendron* in China [J]. Nordic Journal of Botany, 36(12): e01999.

Li Z, Torre A R, Sterck L, et al. 2017. Single-copy genes as molecular markers for phylogenomic studies in seed plants [J]. Genome Biology and Evolution, 9: 1130-1147.

Li Z J, Njateng G S S, He W J, et al. 2013. Chemical composition and antimicrobial activity of the essential oil from the edible aromatic plant *Aristolochia delavayi* [J]. Chemistry and Biodiversity, 10: 2032-2041.

Liu J, Möller M, Provan J, et al. 2013. Geological and ecological factors drive cryptic speciation of yews in a biodiversity hotspot [J]. New Phytologist, 199: 1093-1108.

Liu J, Zhou W, Gong X. 2015. Species delimitation, genetic diversity and population historical dynamics of *Cycas diannanensis* (Cycadaceae) occurring sympatrically in the Red River region of China [J]. Frontiers in Plant Science, 6: 696-710.

Ma Y P, Chen G, Grumbine R E, et al. 2013. Conserving plant species with extremely small populations (PSESP) in China [J]. Biodiversity and Conservation, 22: 803-809.

Mejías J A, Arroyo J, Ojeda F. 2002. Reproductive ecology of *Rhododendron ponticum* (Ericaceae) in relict Mediterranean populations [J]. Botanical Journal of the Linnean Society, 140: 297-311.

Muller C. 2004. Annual Plant Reviews (Vol.23) [J]. Biology of the Plant Cuticle, 23: 145-181.

Mustoe G E. 2007. Coevolution of cycads and dinosaurs [J]. The Cycad Newsletter, 30: 6-9.

Nagalingum N S, Marshall C R, Quental T B, et al. 2011. Recent Synchronous Radiation of a Living Fossil [J]. Science, 334: 796-799.

Nei M, Maruyama T, Chakraborty R. 1975. The bottleneck effect and genetic variability in populations [J]. Evolution, 29: 1-10.

Ng A W T, Poon S L, Huang M N, et al. 2017. Aristolochic acids and their derivatives are widely implicated in liver cancers in Taiwan and throughout Asia [J]. Science Translational Medicine, 9: eaan6446.

Nybom H. 2004. Comparison of different nuclear DNA markers for estimating intraspecific genetic diversity in plans [J]. Molecular Ecology, 13: 1143-1155.

Oldfield S, Lusty C, MacKinven A. 1998. The World List of Threatened trees [M]. Cambridge: World Conservation Press.

Osborne R. 2002. Cycad fossils [J]. Encephalartos, 69: 4-13.

Ottewell K M, Bickerton D C, Byrne M, et al. 2016. Bridging the gap: A genetic assessment framework for population-level threatened plant conservation prioritization and decision-making [J]. Diversity and Distributions, 22: 174-188.

Rey Benayas J M, Newton A C, Diaz A, et al. 2009. Enhancement of biodiversity and ecosystem services by ecological restoration [J]. Science, 325: 1121-1124.

Rivers M, Beech E, Murphy L, et al. 2016. The Red List of Magnoliaceae: revised and extended [M]. London: Botanic Gardens Conservation International.

Smith W W, Evans W E. 1923. *Craigia*, a new genus of Sterculiaceae [J]. Transactions of the Botanical Society of Edinburgh, 28: 69-71.

Soorae P S. 2016. Global re-introduction perspectives: Case-studies from around the globe. Gland, Switzerland: IUCN/SSC Re-introduction Specialist Group and Abu Dhabi, UAE: Environment Agency-Abu Dhabi. xiv+276 pp.

Sun W B. 2016. Words from the Guest Editor-in-Chief [J]. Plant Diversity, 38: 207-208.

Sun W B. 2018. Conservation of Chinese maples: a case of *Acer yangbiense*, the typical PSESP (Plant Species with Extremely Small Populations) endemic to Yunnan in southwest China [C]. Proceedings of the International Maple Symposium 2017. UK: The Maple Society, 30-41.

Sun W B, Zhou Y, Li X Y, et al. 2012. Population reinforcing program for *Magnolia sinica*, a critically endangered endemic tree in Southwest Yunnan province, China. *In*: Maschinski J , Haskins K E. Plant reintroduction in a changing climate [M]. Washiongton/Covelo/London: Osland Press: 65-67.

Tan X X, Li Y, Ge X J. 2009. Development and characterization of eight polymorphic microsatellites for *Rhododendron simsii* Planch (Ericaceae) [J]. Conservation Genetics, 10: 1553-1555.

Tang Y, Gilbert M G, Dorr L J. 2007. Flora of China (Vol. 12) [M]. Beijing: Science press.

Terry I, Forster P I, Moore C J, et al. 2008. Demographics, pollination syndrome and conservation status of *Macrozamia platyrhachis* (Zamiaceae), a geographically restricted Queensland cycad [J]. Australian Journal of Botany, 56: 321-332.

Tiep N V. 1980. Beitrage zur sippenstruktur der gattung *Manglietia* Bl. (Magnoliaceae) [J]. Feddes Repert, 91: 497-576.

Turkington R, Harrower W L. 2016. An experimental approach to addressing ecological questions related to the conservation of plant biodiversity in China [J]. Plant Diversity, 38: 1-10.

Ulrey C, Quintana-Ascencio P F, Kauffman G, et al. 2016. Life at the top: Long-term demography, microclimatic refugia, and responses to climate change for a high-elevation southern Appalachian endemic plant [J]. Biological Conservation, 200: 80-92.

Vanherweghem J L, Tielemans C, Abramowicz D, et al. 1993. Rapidly progressive interstitial renal fibrosis in young women: association with slimming regimen including Chinese herbs [J]. The Lancet, 341: 387-391.

Volis S. 2016. How to conserve threatened Chinese plant species with extremely small populations? [J]. Plant Diversity, 38(1): 53-62.

Wang F , Liang H B, Chen T Q. 1996. Cycads in China [M]. Guangzhou: Guangdong Science and Technology Press.

Wang B, Chen G, Li C R, et al. 2017. Floral characteristics and pollination ecology of *Manglietia ventii* (Magnoliaceae), a plant species with extremely small populations (PSESP) endemic to South Yunnan of China [J]. Plant Diversity, 39: 52-59.

Wang B, Han C Y, Li C R, et al. 2016a. Population status, distribution and conservation of *Magnolia ventii* (Magnoliaceae), a critically endangered species endemic to Yunnan province in China [J]. The Journal of the Magnolia Society International, 51: 14-22.

Wang B, Ma Y P, Chen G, et al. 2016b. Rescuing *Magnolia sinica* (Magnoliaceae), a critically endangered species endemic to Yunnan, China [J]. Oryx, 50: 446-449.

Wang H W, Ge S. 2006, Phylogeography of the endangered *Cathaya argyrophylla* (Pinaceae) inferred from sequence variation of mitochondrial and nuclear DNA [J]. Molecular Ecology, 15: 4109-4122.

Wu C S, Chaw S M. Huang Y Y. 2013. Chloroplast phylogenomics indicates that *Ginkgo biloba* is sister to cycads [J]. Genome Biology and Evolution, 5: 243-254.

Xia N H, Liu Y H, Hans P N. 2008. Magnoliaceae. *In:* Wu Z Y, Raven P H. Flora of China. Vol. 7 [M]. Science Press, Beijing & Missouri Botanical Garden Press, St. Louis.

Xie J G, Jian S G, Liu N. 2005. Genetic variation in the endemic plant *Cycas debaoensis* on the basis of ISSR analysis [J]. Australian Journal of Botany, 53: 141-145.

Yang J, Gao Z R, Sun W B, et al. 2016a. High regional genetic differentiation of an endangered relict plant *Craigia yunnanensis* and implications for its conservation [J]. Plant Diversity, 38: 221-226.

Yang J, Sun W B. 2017. A new programme for conservation of Plant Species with Extremely Small Populations in southwest China [J]. Oryx, 51: 396-397.

Yang J, Zhao L L, Yang J B, et al. 2015. Genetic diversity and conservation evaluation of a critically endangered endemic maple, *Acer yangbiense*, analyzed using microsatellite markers [J]. Biochemical Systematics and Ecology, 60: 193-198.

Yang R, Feng X Y, Gong X. 2016b. Genetic structure and demographic history of *Cycas chenii* (Cycadaceae), an endangered species with extremely small populations [J]. Plant Diversity, 39: 44-51.

Yang Z Y, Yi T S, Zeng L Q, et al. 2014. The population genetic structure and diversification of *Aristolochia delavayi* (Aristolochiaceae), an endangered species of the dry hot valleys of the Jinsha River, Southwestern China [J]. Botany, 92: 579-587.

Zhan Q Q, Wang J F, Gong X, et al. 2011. Patterns of chloroplast DNA variation in *Cycas debaoensis* (Cycadaceae): Conservation implications [J]. Conservation Genetics, 12: 959-970.

Zhang L, Sun W B, Wang Z L, et al. 2011. Isolation and characterization of microsatellite loci for *Hibiscus aridicola* (Malvaceae), an endangered plant endemic to the Dry-Hot Valleys of Jinsha River in Southwest China [J]. International Journal of Molecular Sciences, 12: 5698-5704.

Zheng Y, Liu J, Gong X. 2016. Tectonic and climatic impacts on the biota within the Red River Fault, evidence from phylogeography of *Cycas dolichophylla* (Cycadaceae) [J]. Scientific Reports, 6: 33540-33549.

Zheng Y L, Sun W B. 2009. Seed germination of Huagaimu, a critically endangered plant endemic to southeastern Yunnan, China [J]. Horttechnology, 19: 427-431.

Zhou W, Guan M M, Gong X. 2015. *Cycas chenii* (Cycadaceae), a new species from China and its phylogenetic position [J]. Journal of Systematics and Evolution, 53: 489-498.

中文名索引

拉丁名索引